食品产品开发实验技术

主　编　陈跃文
副主编　周　雁　陈　杰　朱　炫
　　　　李延华　杨玥熹　崇云青

浙江工商大学出版社
ZHEJIANG GONGSHANG UNIVERSITY PRESS

图书在版编目(CIP)数据

食品产品开发实验技术 / 陈跃文主编. —杭州 ：
浙江工商大学出版社，2018.6(2021.2重印)
ISBN 978-7-5178-2352-0

Ⅰ．①食… Ⅱ．①陈… Ⅲ．①食品加工—实验 Ⅳ．
①TS205—33

中国版本图书馆 CIP 数据核字(2017)第 218631 号

食品产品开发实验技术

主　　编　陈跃文

副主编　周　雁　陈　杰　朱　炫　李延华　杨玥熹　崇云青

责任编辑	吴岳婷
封面设计	林朦朦
责任印制	包建辉
出版发行	浙江工商大学出版社
	(杭州市教工路 198 号　邮政编码 310012)
	(E-mail：zjgsupress@163.com)
	(网址：http://www.zjgsupress.com)
	电话：0571－88904980,88831806(传真)
排　　版	杭州朝曦图文设计有限公司
印　　刷	广东虎彩云印刷有限公司绍兴分公司
开　　本	787mm×1092mm　1/16
印　　张	16
字　　数	410 千
版 印 次	2018 年 6 月第 1 版　2021 年 2 月第 3 次印刷
书　　号	ISBN 978-7-5178-2352-0
定　　价	46.00 元

序　言

　　浙江工商大学食品与生物工程学院重视专业实践教学是长期坚持的传统,老一辈教师在二十世纪七八十年代为实验课制作的标本、切片、教具等至今仍然留存,老校友常常津津乐道求学时老师们手把手指导实验以及带队实习时与同学们同行、同吃、同住的美好往事。

　　二十一世纪初,随着食品质量与安全(原食品卫生与检验)专业教学改革的进行,实践教学的重要性越发凸显,从之前作为理论教学的补充和辅助,逐步发展为自成一体的知识体系和技能模块,成为课程体系的重要组成部分。针对专业人才的培养,学院设定了"精食品、强检验、善管理"三位一体的目标,经过多年摸索实践,"'技术管理型'食品质量与安全专业人才培养模式的创新及实践"获得了2005年国家教学成果二等奖。在之后该成果推广应用的过程中,学院结合自身学科特色和行业发展要求,对食品人才培养目标有增加了时代特征,提出了"精技术、善管理、承商道、求创新"的人才培养新理念,在实践教学方面,以原有的一体化实践训练平台为基础,重构了适应学生个性化发展,整合各方面资源要素的"多阶段、多方向、多能力"的立体化实践教学体系,"'工商融和'的食品类专业人才培养模式创新与实践"荣获2014年浙江省教学成果一等奖。

　　基于上述教学成果和实践教学改革的尝试,我院食品工程与质量安全实验教学中心也于2014年获批为国家级实验教学示范中心。中心现设"食品工程实验教学""工程教学与实训""食品质量与安全专业实验"等3个分中心,面积达8000平方米,各类、各层次实验室20个,校内外实习基地十余个。中心面向校内多个学院的本科专业开设《食品理化检验实验》《食品感官科学实验》《食品工艺学实验》《水产品加工综合实验》《金工实训》《化工原理实验》等20门实验课程,年接纳实验学生1900多人,完成8.3万实验人时数;同时还实施对社会开放,成为多家中小学的教学对接点。

　　为了提高示范中心的建设水平,更好地发挥示范中心的专业育人作用,结合本学科的优势和特色,经过中心教师的多次研讨,决定编辑出版系列实验指导教材,主要包括《食品产品开发实验技术》《食品质量安全快速检测原理及技术实验手册》《食品安全微生物检验技术》《食品新产品开发虚拟仿真平台指导手册》等。系列教材立足于从基础到专业、从群体到个体、从学校到企业、从学习到创新的"四位一体"立体网络化实验教学体系,涉及《食品理化检验实验》《食品感官科学实验》《食品工艺学实验》《水产品加工综合实验》《金工实训》《化工原理实验》等多门实验课程。实验内容结合学科知识基础、行业技术进展及教师最新科研成果,以单一知识点和单项技能为出发点,将上游与下游的相关实验串联成知识链,将不同的实验课程结成面,促使单独的实验课程或实验项目变成具有内在逻辑关系的项目链和课程群,辅以问题引导、结果反推等教学方法,强化学生知识和技能的系统性、实验设计的主动性,最终完成构建满足学生的共性学习要求和个性化发展要求的教学实验体系,逐步强化学生的科学思维,培养他们的工程思维和系统思维,发展其创新创业的能力。

　　本系列实验教材的编辑出版,是示范中心建设的重要内容,是我校实践教学改革的组成部分,得到了校、院领导的大力支持,相关教师也付出了大量的心血,在此,谨表示由衷感谢!

　　由于时间仓促,教材中不免存在不足甚至错误之处,敬请提出宝贵意见,我们将在后续修订中加以改进。

示范中心执行主任　顾振宇 教授

二〇一七年十二月

国家级食品工程与质量安全实验教学示范中心系列教材编委会

主　任：顾振宇　饶平凡

委　员：（按姓氏笔画排序）

　　　　邓少平　陈建设　陈忠秀　孟岳成

　　　　顾　青　韩剑众　戴志远

目　　录

第一章 传统米面制品加工及开发实验技术

实验一 包子制作及品质评价

一、关键知识点

1. 包子面皮的种类。
2. 包子的加工工艺。
3. 包子蒸制及冷却过程中的热量传递及水分迁移。
4. 包子的品质分析方法。

二、实验技术原理

包子是一种面皮内包馅料,经过蒸汽加热熟化的传统食品。制作包子的面团通常都是发酵面团,也有部分是水调面团中的冷/热水面。在制作时一般加入肉、菜、豆沙等馅料,成品多为半球形。

其中,包子面皮的制作、蒸制、降温过程是包子温度显著变化的过程。以包子热量主导的传热传质的变化会对包子成品的食用品质产生影响。包子的醒发是面粉、水和酵母等原料混合后,酵母将面粉中的糖类转化为二氧化碳和酒精,二氧化碳被填入面筋网络从而形成气孔,面团成为多孔、富有弹性的海绵膨松状态,同时体积增大的过程;包子的蒸制是蒸汽把热量依次传递给包子皮、包子馅直至整体熟化的过程;包子的降温过程是蒸制结束后,蒸笼撤离热源自然冷却的过程。

在制作工艺固定的情况下,包子的短期食用品质变化发生在产品温度较高的阶段,这一过程伴随着热量的交换以及水分的传递,即包子温度的下降和水分的散失。水分作为包子的重要组成成分,在包子面皮、包子馅中的含量各不相同,降温过程中温度的变化及包子各层之间温度梯度的差异驱使不同状态的水分发生复杂的物理化学变化,这些变化是包子食用品质发生变化的原因。

三、原料特性分析

1. 气味口味检验:按 GB/T 5492—2008 执行。
2. 水分检验:按 GB/T 5497 执行。
3. 灰分检验:按 GB/T 5505 执行。
4. 面筋检验:小麦粉面筋质的湿基含量,以面筋占面团质量的百分率表示。按 GB/T 5506.1—2008 或 GB/T 5506.2—2008 执行。

5.粗细度检验:小麦粉颗粒的粗细程度,以通过的筛号及留存某筛号的百分率表示。按GB/T 5507—2008执行。

6.含砂量检验:小麦粉中细砂含量占试样总质量的百分率,按GB/T 5508—2011执行。

7.磁性金属物检验:小麦粉中磁性金属物的含量,以千克小麦粉中含有磁性金属物的质量表示(单位:g/kg),按GB/T 5509—2008执行。

8.脂肪酸值检验:中和100 g小麦粉中游离脂肪酸所需氢氧化钾的毫克数,以mgKOH/100 g表示,按GB/T 5510—2011执行。

9.稳定时间:面团揉合过程中粉质曲线到达峰值前第一次与500F.U.线相交,以后曲线下降第二次与500F.U.线相交并离开此线,两个交点相应的时间差值称为稳定时间,按GB/T 14614—2006执行,见附录八。

10.降落数值:亦称"哈格伯格—伯坦氏降落数"(Hagberg-Perten method FN)。物体在置于高温水浴中的面粉悬浮液中降落一定高度所需时间,可反映淀粉酶活性,并可借以快速准确地评价谷物发芽损伤。按GB/T 10361—2008执行。

11.卫生指标:应符合《粮食卫生标准:GB2715—2005》的规定。

12.理化指标:包子用小麦粉的理化指标应符合表1-1的要求。

表 1-1　包子用小麦粉理化指标

项　　目	精制级	普通级
水分(%)	≤14.0	
灰分(以干基计)(%)	≤0.55	≤0.70
粗细度	全部通过CB36号筛	
湿面筋(%)	25.0～30.0	
粉质曲线稳定时间(min)	≥3.0	
降落数值(s)	≥250	
含砂量(%)	≤0.02	
磁性金属物(g/kg)	≤0.003	
脂肪酸值(KOH)(mg/g)	≤50	
气味	无异味	

四、产品加工过程

(一)实验材料与设备

1.实验材料:中筋粉、酵母粉、泡打粉、白砂糖。

2.仪器设备:电子恒温不锈钢水浴锅、和面机、热电偶及温度采集仪、扫描仪、恒温恒湿箱、压面机、电磁炉、蒸锅等。

(二)参考配方

以酵面包子为例:中筋粉(100%),蒸馏水(40 ℃,48%),酵母粉(0.5%),泡打粉(<0.5%)。包子面皮和馅料的质量比为3:2,如取包子面皮60 g,馅40 g。

说明:制作酵面包子时泡打粉可选择性添加,制作死面包子时不添加酵母粉和泡打粉,水温也有所调整。

(三)工艺流程

以酵面包子为例:原料→和面→压面→分割→擀面皮→包馅→醒发→蒸制→降温。

(四)操作要点

1.和面:中筋粉过 60 目筛,置于和面机中,将白砂糖和酵母粉分散于部分 40 ℃蒸馏水中,加入和面机,慢速搅拌,之后再分次加入剩余的 40 ℃蒸馏水,先慢速搅拌再快速搅拌,揉匀成团。

2.压面:压面机中压面 10 次,将面团压制成 1cm 厚的面饼。

3.包馅:把一张面皮放在左手上,把馅放在面皮的中间,手心稍稍向下弯,先用右手的食指和拇指把面皮捏起来;然后用左手的食指把旁边的面皮推向右手食指的位置,形成一个褶子,如此类推下去。捏完最后一个褶子后,把收口捏紧后轻轻扭一下(菜包除外,菜包上顶部需留有小洞)。褶子最好集中在包子中上偏上的部分,呈逆时针略微倾斜状,要尽量做到均匀细腻,褶子数一般为 14、15 个。

4.醒发:40 ℃恒温恒湿箱中醒发 45 min,相对湿度 65%。

5.蒸制:包子生坯入蒸笼,再上沸水锅蒸制,依蒸汽发生功率不同(1800~3000 W),蒸制不同的时长(12~15 min)。

6.降温:蒸制结束后蒸笼撤离热源在温度可控的环境中冷却。

五、产品品质分析

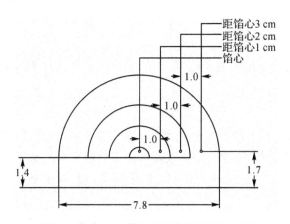

图 1-1　包子尺寸及热电偶放置位置示意图

(一)包子各层温度测定

按照图 1-1 从包子的中心位置(距底面 17 mm)由内向外依次插入热电偶(相邻热电偶之间距离为 1 cm),温度采集仪每 1s 记录 1 次温度数据。可测定醒发、蒸制、降温过程中包子各部位温度的变化。

(二)面皮气孔结构成像分析

蒸制结束冷却至室温后将包子对半切开,用平板扫描仪进行扫描,分辨率为 300 dpi,取图像中心用 ImageJ 软件对图像进行二值化处理,计算单位面积气孔的个数(个/cm²)及气孔面积占有率(%)和平均气孔面积,每组数据取 3~4 个平行样。

(三)包子在蒸制过程中吸水百分率的测定

发酵完成后称量包子重量,记为 M_0,从蒸制 2 min 开始取样,取出包子后迅速装入 PE 保鲜袋扎紧密封,称量包子重量,记为 M,每间隔 1min 取 3 个平行样,直至蒸制 12min 结束。包子吸水百分率 $=(M_0-M)/M$。

(四)包子面皮糊化度测定

取不同加热时间、加热功率所制包子面皮 20 g,精确到 0.1 g,加入 200 mL 无水乙醇,用高速旋转的家用粉碎机粉碎 3 min,使之迅速脱水。生成的沉淀用布氏漏斗抽滤,再用减压干燥 24 h,粉碎过 80 目筛后备用。

称取 2 g 样品置于离心管中,加入 20 mL 蒸馏水溶解,50±1 ℃恒温振荡器中震荡 30 min,再置于离心机离心 10 min 转速 3000 r/min。取上清液 1 mL 于容量瓶中,加入 pH=5.8 的磷酸二氢钾-磷酸氢二钾缓冲液和 0.05 mol/L 的碘-碘化钾溶液 1 mL 定容至 25 mL,同时用蒸馏水代替上清液制备空白溶液,以空白溶液调零。在分光光度计于 570 nm 处,测定吸光度 A。同时将离心得到的上清液置于 95 ℃恒温水浴锅中加热 15 min,使之全部糊化,测定吸光度 Af。计算公式:

$$\alpha=Af/A$$

溶液配制:pH=5.8 的磷酸二氢钾-磷酸氢二钾缓冲液的配制:A 液:称取 13.6 g 磷酸二氢钾,溶于蒸馏水,定容到 1000 mL;B 液:称取 16.42 g 磷酸氢二钾,溶于蒸馏水,定容到 1000 mL。取 A 液 50 mL,取 B 液 4.5 mL,定容到 1000 mL。

0.05mol/L 碘液的配制:称取 0.4 g 碘和 10 g 碘化钾,磨碎,稀释到 500 mL 于棕色瓶中,存于暗处。

(五)包子比容测定

用面包比容测定仪测定包子的体积 V,用精度 0.01 g 的天平称量包子的重量 M,比容 P(mL/g)$=V/M$。

(六)质构测定

将蒸熟后的肉包、菜包、豆沙包放在载物台上,在 25 ℃环境中,进行样品平行测定 6 次,取平均值。测定参数:采用 P/36R 探头,测前、测试和测后速率分别为 5.0 mm/s、1.0 mm/s 和 5.0 mm/s,压缩 50%,触发力 5 g,两次压缩时间间隔 5 s,数据采集速率为 200 pps。

(七)感官评价

在参考小麦粉馒头的感观评分标准 SB/T 10139—93 和 GB/T 21118—2007、扬州包子感官评价方法及速冻小笼包评分标准的基础上,联系"甘其食"等包子连锁企业长期生产经验,最终确定了包子食用品质感官评定标准。

采用综合评分法,20 名评价员按照表感官评价方法以色泽、外部形状、表皮光滑程度、挺立度、内部组织、体积、弹性做感官评价项目指标进行打分。

表 1-2　包子面皮感官评价评分标准

评分项目	满分	评分标准
色泽	5	洁白(4～5分); 白度稍差(3～4分); 发暗(0～2分)。

评分项目	满分	评分标准
外部形状	10	棱角分明形状整齐(10分); 棱角不清(6~9分); 形态差、棱角不分(0~5分)。
表皮光滑程度	25	皮光滑,无硬块,无脱皮现象(17~25分); 有褶皱,有裂缝但不明显(8~16分); 表皮粗糙,有明显褶皱或裂缝,脱皮现象(0~7分)。
挺立度	15	挺立度好,侧壁整齐饱满(10~15分); 高度稍差,侧壁稍突(5~9分); 挺立度差,侧壁突出严重(0~4分)。
内部组织	25	气孔细密、均匀、呈海绵状(17~25分); 气孔过大或过小、不均匀(8~16分); 气孔过大或过小、不均匀,而且质地粗糙(0~7分)。
体积	10	根据馒头的具体体积的大小进行评分。
弹性	10	手指按,能恢复原状且恢复性较快(7~10分); 恢复性较差(5~6分); 被按压后不能恢复原状(1~4分)。

(八)菌落数、霉菌、大肠菌群、致病菌

参照 GB 7698.1 规定的方法进行测定。

六、产品质量标准

包子品质应符合 GB/T 21118—2007 小麦粉馒头的标准。

(一)感官评价:

1.外观:形态完整,色泽正常,表面无皱缩、塌陷,无黄斑、灰斑、黑斑、白毛和粘斑等缺陷,无异物。

2.内部:质构特征均一,有弹性,呈海绵状,无粗糙大孔洞、局部硬块、干面粉痕迹及黄色碱斑等明显缺陷,无异物。

3.口感:无生感,不粘牙,不牙碜。

4.滋味和气味:具有小麦粉经发酵、蒸制后特有的滋味和气味,具有馅料的特征风味,无异味。

(二)理化指标

表 1-3　包子理化指标

项　　目	指　　标
比容/(mL/g)	≥1.7
水分/%	≤45.0
pH	5.6~7.2

（三）卫生指标

表 1-4　包子卫生指标

项　目	指　标
大肠菌群/(MPN/100 g)	≤30
霉菌计数/(CFU/ g)	≤200
致病菌(沙门氏菌、志贺氏菌、金黄色葡萄球菌等)	不得检出
总砷(以 As 计)/(mg/kg)	≤0.5
铅(以 Pb 计)/(mg/kg)	≤0.5

其他卫生指标应符合 GB7698.1 的规定。

七、实验报告要求

1.实验报告内容包括关键技术原理、工艺流程、操作要点、产品分析、结果讨论。

2.分析包子加工中的温度变化过程、水分迁移过程、包子糊化过程与包子质构和感官品质形成的关系。

3.谈谈对于包子品质控制及改良的思路和看法。

实验二　粽子制作及品质评价

一、关键知识点

1. 大米分类及分级。
2. 淀粉的糊化特性。
3. 粽子的加工工艺。
4. 粽子的配方创新。
5. 粽子的品质评价方法。

二、实验技术原理

粽子又称"角黍",是我国历史上文化积淀最深厚的米制传统食品,由糯米(和/或其他谷物)为主要原料,添加肉类、豆类、果仁、水产品、食用油、食盐等一种或几种为铺料,经原料处理,用粽叶包扎成型,水煮熟制而成。近年来,各种品种的粽子层出不穷,粽子已突破端午节节日食品的限定,成为大众接受度高的主食品种。但粽子主要原料是糯米,含较多支链淀粉,缺乏纤维质,黏度高,不易消化。因此,加强粽子的营养化配方,使粽子更加营养、健康,受到粽子企业和消费者的热切关注。

三、原料特性分析

1. 糯米:应符合 GB 1354—2009 的规定。
2. 粽叶:应成熟适度、清洁、无变质、无变色、无破损、无毒无害。
3. 肉类:禽肉应符合 GB 16869—2005 和国家相关标准要求及有关规定;畜肉应符合 GB 2707—2005 和国家相关标准要求及有关规定。
4. 杂粮及坚果:谷物类应符合 GB 2715—2005 的规定,豆类及坚果类真菌毒素限量应符合 GB 2761—2011、污染物限量应符合 GB 2762—2012、农药最大残留限量应符合 GB 2763—2016 的规定。
5. 油脂:食用植物油应符合 GB 2716 和相关标准的规定,食用动物油脂应符合 GB 10146 和相关标准的规定。
6. 米粒糊化时间:依照《大米 蒸煮过程中米粒糊化时间的评价:GB/T 25226—2010》进行测定。
7. 糯米糊化特性分析:参考《大米及米粉糊化特性测定　快速粘度仪法:GB/T 24852—2010》。糯米磨粉过 60 目筛,用 80% 乙醇脱水处理后,40 ℃ 真空干燥 24 h。称取样品 4.00 g ±0.01 g,按照 14% 湿基校正。校正公式如下:

$$S=(86\times4.00)/(100-M)$$
$$W=25+(4.00-S)$$

式中:S——经校正的试样质量,g;

M——试样的实际水分,%;

W——经校正的加水数量,mL。

使用快速黏度分析仪(Rapid Visco-Analyser,RVA)测定其糊化特性,测试程序如表1-5。

表 1-5　快速黏度仪测定程序

时　间	类　别	设定值
00：00：00	温　度	50 ℃
00：00：00	转　速	960 r/min
00：00：10	转　速	160 r/min
00：01：00	温　度	50 ℃
00：04：42	温　度	95 ℃
00：07：12	温　度	95 ℃
00：11：00	温　度	50 ℃
00：13：00	测试结束	

利用RVA配套软件TCW3收集并分析样品糊化特征参数。本试验回生值以最终黏度回生值和保持黏度之间的差值计算。

四、产品加工过程

(一)实验材料与设备

实验材料:糯米、粽叶、红豆沙、杂粮、猪肉、鸭蛋黄、猪油等。

仪器设备:高压蒸煮锅、快速黏度分析仪(RVA)、超净台、恒温恒湿培养箱等。

(二)参考配方

1.猪肉粽:糯米2.5 kg,鲜猪肉1.5 kg(肥瘦各半),料酒25 g,酱油150 g,食盐70 g,味精少许,粽叶适量。

2.红枣豆沙粽:糯米1.2 kg,红枣0.4 kg,豆沙(猪油炒制)0.4 kg,粽叶适量。

3.绿豆鸭蛋粽:糯米、绿豆各750 g,花生米25 g,熟咸鸭蛋蛋黄5个,粽叶适量。

4.杂粮桂花粽:糯米1 kg,混合杂粮(大麦仁、玉米碴、薏米仁、黑米)100 g,芝麻50 g,猪油150 g,白砂糖300 g,桂花100 g,食盐、淀粉适量,粽叶适量。

(三)工艺流程

图 1-2　粽子制作工艺流程

(四)操作要点

1.猪肉粽:糯米洗净,用室温水浸泡1 h后捞出,加糖、盐、酱油拌匀,再放置1 h。再将猪肉切成长方形小块,与剩下的配料拌匀。然后将粽叶卷成漏斗状,装入40 g糯米,放上肥、瘦肉各一块,再加盖约30 g糯米拨平,包好。将包好的粽子放入水中煮沸1 h后,再用小火煮1 h左右。蒸煮过程中要不断添水以保持原有水位,煮熟出锅即可。

2.红枣豆沙粽:糯米洗净,用室温水浸泡1 h后捞出。在卷成漏斗状的粽叶中装入糯米30

g,然后放上红枣 2～3 个,豆沙 10 g,再盖上一层糯米。包好后,将粽子入锅,加满冷水盖好,用旺火煮 2 h 左右即可。蒸煮过程中要加水以保持原有水位。

3.绿豆鸭蛋粽:糯米洗净,用室温水浸泡 1 h 后捞出。将蛋黄切碎与绿豆、花生拌匀成馅。取处理过的粽叶折成漏斗状,填入糯米及适量馅料,包好后入锅,加入冷水浸没粽子,煮沸 1 h 后,改小火煮 1 h 即可。

4.杂粮桂花粽:糯米洗净,用室温水浸泡 1 h 后捞出。将白糖、芝麻、盐、猪油拌匀,边搅边加入淀粉,然后放入桂花,拌匀后即成馅。在折成漏斗状的粽叶中填入约占 1/3 体积的糯米(含杂粮)后,再放入 1/3 的馅,最后再盖 1/3 的糯米(含杂粮)。包好后,入锅排紧,放水至浸没粽子。旺火煮 1 h 后,再小火煮 0.5 h 即可。

5.选作内容:真空包装、灭菌。可设计不同试验条件比较不同灭菌条件对粽子品质的影响。

五、产品品质分析

(一)还原糖含量测定

按 GB 5009.7—2016 规定的第一法进行测定。

(二)可溶性蛋白质的测定

采用考马斯亮蓝染色法进行检测。使用不同浓度的牛血清蛋白溶液,加入考马斯亮蓝 G-250 试剂后,于 595 nm 波长下测定吸光值并绘制标准曲线,得出标准曲线的方程。通过将样品在同等波长下测定值代入方程,可得蛋白质含量,单位为 mg/g。

(三)TPH 测定

用取样器($R=1.5$ cm)由外至内截取粽子,并切成长为 2 cm 的圆柱形粽子块(不含内馅)。用 TA 质构仪进行 TPA 测定,测定主要参数:测试速率 0.5 mm/s,压缩程度 30%。比较各项指标(硬度、粘附性、内聚性、弹性、咀嚼性)的不同。

(四)感官评价

在明亮的自然光线下,剥去粽叶,将粽子置于洁净的白色瓷盘中,用餐刀剖开,观测色泽、组织形态。用温水漱口,品尝其滋味,嗅其气味。选 20 名有经验的评价员组成评价小组,每 4 种试样为一批,在进行品评时随机放置。评定标准见表 1-6。

表 1-6　粽子感官评价标准

项　　目	评分标准
表面形态	粽角端正,扎线松紧适当,无明显露角,粽体无外角,得 8～10 分; 有一定饱满度,粽体有少许露角,得 4～7 分; 米料露角严重,得 1～3 分。
色泽	色泽均匀一致,米粒有光泽,得 8～10 分; 色泽一般均匀或略黯淡,得 4～7 分; 色泽较黯淡,很不均匀,得 1～3 分。
组织形态	质地软硬适中,黏度适中,容易剖开,有一定的嚼劲,得 8～10 分; 口感过于柔软或稍硬,黏度很大,不易剖开,无嚼感,得 4～7 分; 口感粗糙或过软,得 1～3 分。

项　　目	评分标准
风味	有糯米粽特有风味,无异味,得 8～10 分; 糯米风味较淡,无异味,得 4～7 分; 无香味,有轻微异味,得 1～3 分。

六、产品质量标准

粽子品质应符合 SB/T 10377—2004 粽子商业标准。

(一)感官评价

应符合表 1-7 要求。

表 1-7　粽子感官要求

项　　目	要　　求
色　泽	粽体应具有该品种应有的色泽、光泽
滋味和气味	具有该品种应有的滋味和气味,无异味
组织和形态	粽角端正,扎线松紧适当,无破损,无夹生,无霉变
杂　质	无杂质

(二)理化指标

应符合表 1-8 要求。

表 1-8　粽子理化指标

项　　目	指　　标
酸价(以脂肪计)(KOH)/(mg/g)	≤3.0
过氧化值(以脂肪计)/(g/100 g)	≤0.25
总砷(以 As 计)/(mg/kg)	≤0.5
铅(以 Pb 计)/(mg/kg)	≤0.5
总汞(以 Hg 计)/(mg/kg)	≤0.01
镉(以 Cd 计)/(mg/kg)	≤0.1
铬(以 Cr 计)/(mg/kg)	≤0.5
黄曲霉毒素 B1/(μg/kg)	≤5.0
其他真菌毒素限量	应符合 GB 2761 中谷物及其制品的规定
其他污染物限量	应符合 GB 2762 中谷物及其制品的规定

3.卫生指标

应符合表 1-9 要求。

表 1-9　粽子卫生指标

项　目	采样方案及限量(若非指定,均以 CFU/g 表示)			
	n	c	m	M
菌落总数	5	2	10000	100000
大肠菌群	5	2	10	100
沙门氏菌	5	0	0/25g	—
副溶血性弧菌[a]	5	1	100 MPN/g	1000 MPN/g
金黄色葡萄球菌	5	1	100	1000
大肠埃希氏菌 O157：H7[b]	5	0	0/25g	—
霉菌	≤150			

n 为同一批次产品应采集的样品件数；c 为最大可允许超出 m 值的样品数；m 为微生物指标可接受水平的限量值；M 为微生物指标的最高安全限量值。

[a] 仅适用于含水产品肉粽。

[b] 仅适用于含猪/牛肉肉粽。

七、实验报告要求

1.实验报告内容包括关键技术原理、工艺流程、操作要点、品质分析、结果讨论。

2.分析原料品质、配方加工条件与产品感官品质及营养品质形成的关系。

3.谈谈对于粽子品质控制及产品创新的思路和看法。

实验三　粉丝制作及品质评价

一、关键知识点

1. 淀粉的老化。
2. 抗性淀粉。
3. 粉丝加工工艺及关键控制点。
4. 粉丝配方改良(含原料)。
5. 粉丝的品质评价的方法。

二、实验技术原理

淀粉加入适量水,加热搅拌糊化成淀粉糊(α-淀粉),冷却或冷冻后,会变得不透明甚至凝结而沉淀,这种现象称为淀粉的老化。粉丝的生产就是利用淀粉老化这一特性。将淀粉拌水制成糊状物,用漏粉法或挤压法成型,然后在沸水中煮沸片刻,令其糊化,捞出水冷却(老化),干燥即得粉丝。淀粉在经过糊化—老化工艺过程后,由于淀粉链的重组,会生成部分抗性淀粉。

目前市面上的粉丝品种众多,淀粉的来源(主要为薯类、豆类或谷类)、加工工艺等方面的不同决定了不同种类的粉丝其口感及营养价值都有差别。我国著名地理标志粉丝产品主要有"龙口粉丝"和"卢龙粉丝"。"龙口粉丝"是采用绿豆或豌豆淀粉生产的,"卢龙粉丝"是采用红薯淀粉生产的。2014年,中国第4批国家级非物质文化遗产代表性项目名录由国务院正式公布,"龙口粉丝传统制作技艺"榜上有名。

目前我国现有对各类粉丝的标准的评价指标主要有口感、形态、色泽、断条率、丝径、含水量、总淀粉含量、灰分含量等。粉丝作为一种淀粉回生制品,是一种抗性淀粉含量较高的健康食品。最新研究表明,粉丝中抗性淀粉的含量与淀粉的原料选择及加工工艺有关,粉丝的感官品质也与抗性淀粉紧密相关。

三、原料特性分析

1. 绿豆:应符合 GB/T 10462—2008 的要求。
2. 豌豆:应符合 GB/T 10460—2008 的要求。
3. 红薯:应符合 ZB B 23007—85 甘薯的要求。鲜薯淀粉含量≥20%,无腐烂、无霉变,农药残留限量应符合 GB 2763—2016 的要求。
4. 淀粉:应符合 NY/T 1039—2014 淀粉及淀粉制品的要求。
5. 淀粉糊黏度的测定:GB/T 22427.7—2008 淀粉黏度测定第一法,用旋转黏度计进行测定。
6. 淀粉糊化及老化特性:依照《粮油检验 谷物及淀粉糊化特性测定 粘度仪法:GB/T 14490—2008》进行测定。

四、产品加工过程

(一)实验材料与设备

1. 实验材料:绿豆、豌豆、红薯或其淀粉。
2. 仪器设备:夹层锅、粉碎机、精磨机、离心机、调温缸、电磁炉、漏粉瓢、压板。

(二)参考配方

2 kg 绿豆淀粉;2.5 kg 纯净水。

(三)工艺流程

（绿豆→清理→浸泡→捞豆→磨浆→筛分→粗淀粉乳→沉淀→沉淀→筛分）→淀粉→成型→打糊→作面→漏粉→熟化→回生→成桄→吃浆→理水→晾粉→（冻粉→解冻）→干燥→包装→成品粉丝

说明:此法为漏粉法生产粉丝的流程,括号内的内容可选做。

(四)操作要点

1. 打糊(打芡):1 kg 淀粉加 55 ℃温水 1 kg 左右,拌匀调和;再用沸水 1.8 kg 左右,向调和的稀糊粉中急冲,并迅速搅拌至浆糊起泡为止,使其成为透明均匀的粉糊。

2. 作面:留待粉糊芡温度降到 45 ℃时,再将 0.8～1 kg 淀粉分次加入,搅拌均匀,用力揉至不留颗粒,细匀油光,即已和好。

3. 拉锅(漏粉)＋熟化:在锅上安好漏粉瓢,锅内水温保持 97～98 ℃。瓢底离锅水的距离,可根据粉丝粗细要求和粉团质量而定。粉丝粗,距离小些;粉丝细,距离大些。瓢底孔眼一般直径为 1 mm。操作时,将粉团陆续放在粉瓢内,粉团通过瓢眼压成细长的粉条,直落锅内微沸的水中,即凝成粉丝浮在水上面,此时应立即把粉丝捞起。

4. 回生(冷却)＋成桄:粉丝起锅后,先放入有冷水的缸内降温,以增加弹性,之后把清漂的粉丝排于事先准备好的竿上,放入冷水的缸或池内(温度 20 ℃以下)泡 1 h 左右,等粉丝较为疏松开散、不结块时捞出,切断至适宜大小,沥水。

5. 晾粉:温度控制在 20 ℃以下,可在鼓风干燥箱内进行,至水分为 25％～30％。若在自然通风房间内晾干,一般需要 8～12 h。

6. 冷冻:冷冻室的预设初始温度为 4 ℃,晾粉后的粉丝装入冷冻室后,使冷冻室的温度迅速降低,每降温 1 ℃,保温 1 h,直至 0 ℃后,使冷冻室的温度快速降至－18 ℃,并保持 8～10 h。

7. 解冻:将老化好的粉丝进行喷水(淋水)解冻,解冻水温为 15～20 ℃。

8. 干燥:热风干燥温度低于 60 ℃,干燥后粉丝含水量低于 14％。

9. 补充说明:如果用挤压法进行粉丝制作,打糊和作面可以合二为一(使用和面机),挤压和熟化过程也可合二为一(使用螺旋挤压机)。

五、产品品质分析

(一)感官评定

首先将样品置于清洁、干燥的白瓷盘中,检查色泽、形态、组织、风味和杂质。将实验制得的粉丝,任意选出 5 个产品,编号为 1、2、3、4、5,用加权平均法对 5 个产品进行感官质量评价,填于表 1-10 中,计算排列名次。

表 1-10　粉丝感官评价表

样品 得分 项目	颜色 10 分	气味 10 分	光泽 10 分	透明度 20 分	粗细均匀度 10 分	咬劲 20 分	耐煮性 20 分	评价 100 分
1								
2								
3								
4								
5								

(二)理化指标测定

1. 丝径(直径):从试样中随机抽取 20 根粉丝,截成 300 mm 长度,用精度为 0.02 mm 的游标卡尺分别测其直径,取平均值。其中单根粉丝随机测量 5 个点,其平均值为单根粉丝的直径。

2. 不整齐度测定:从样品中任意取 2 卷打开,将有毛刺、疙瘩、弯曲、并条及长度不足规定长度 2/3 的断条,一并检出称重,取 2 卷的平均数。不整齐度的测定结果,计算到小数点后 1 位。

$$不整齐度(\%)=\frac{不整齐面条重量}{样品重量}\times 100 \quad\cdots\cdots\cdots\cdots\cdots\cdots ①$$

3. 溶水干物质:称取样品 10 g,在 1000 mL 沸水中煮 30 min,取出沥水后按 GB 5009.3—2016 规定的方法检测并按式②计算。

$$X(\%)=\frac{(10-m_1-m_2)}{(10-m_2)}\times 100 \quad\cdots\cdots\cdots\cdots\cdots ②$$

式中:X——溶水干物质,%;

m_1——煮后干燥粉丝的质量,单位为 g;

m_2——10 g 粉丝的含水量,单位为 g。

4. 烹调性测定(熟断条率):从样品中任意取粉丝 30 根,放入盛有 500 mL 沸水的烧杯中,微沸煮 30 min 后,滤去水分,用玻璃棒数其断条根数。熟断条率测定结果计算到小数点后 1 位,平行测定 3 次。

$$熟断条率(\%)=\frac{断条根数}{30}\times 100 \quad\cdots\cdots\cdots\cdots\cdots\cdots ③$$

5. 耐煮时间:取长度为 20 cm 的无机械损伤的完整粉条 10 根,置于沸水中煮,同时用秒表计时。煮至 10 根完整粉条用玻璃棒夹捞开始断条时为止,记录所用时间为耐煮时间。

6. 伸长倍数:取熟后未断的长度 20 cm 的完整粉条 10 根,置于光滑平整玻璃板上逐根摆直,用手均力拉伸至断条为止,记录每根断条时的拉伸长度 L,按式④计算伸长倍数。

$$伸长倍数=\Sigma L \div(20\times 10)\times 10 \quad\cdots\cdots\cdots\cdots\cdots ④$$

式中:ΣL——断条时拉伸后长度的总和。

7. 水分:按 GB 5009.3—2016 测定。

8. 灰分:按 GB 5009.4—2016 测定。

9.淀粉：按 GB 5009.9—2016 测定。

10.抗性淀粉：按 AOAC 2002.02 淀粉与植物性基质中的抗性淀粉：酶消化法测定。

(三)质构测定

取 100 g 粉丝，放入盛有 1000 mL 沸腾蒸馏水的烧杯中，煮 5 min 后，在冷水中浸泡 2 min，后用蒸馏水冲洗 30 s，取 6 根粉丝并排放在测试台上，待测。

1.湿粉丝全质构测定：在 TA-XT Express 质构仪上用 P75 探头测定，每组数据测 6 个平行样，取平均值。

参数设定如下：TPA 模式。返回高度矫正，5 mm；测试前速度 2 mm/s，测试速率 1.0 mm/s，测试后速率 1.0 mm/s；测试距离为被测样品厚度的 70%；时间间隔 1 s；感应力 5 g。

2.湿粉丝拉伸应力测定：在 TA-XT Express 质构仪上用 A/LIE 探头测定，每组数据测 6 个平行样，取平均值。

参数设定如下：测定模式，Measure force intension。测定前速度 2.0 mm/s，测定速度 3.0 mm/s，测定后速度 10.0 mm/s；距离 40 mm；触发力 5.0 g。定后，通过除以粉丝的截面积，计算得出鲜面拉伸应力值。

3.湿粉丝剪切应力测定：在 TA-XT Express 质构仪用 A/LKB 探头测定，每组数据测 6 个平行样，取平均值。

参数设定如下：测定模式，Measure force in compression。测定前速 1.0 mm/s，测定速度 0.5 mm/s，测定后速度 10.0 mm/s；力 2000.0 g；触发力 5.0 g。测定后，通过除以粉丝的截面积，计算得出剪切应力值。

六、产品质量标准

粉丝品质应符合农业标准 NY 5188—2002《无公害食品　粉丝》的要求。绿豆/豌豆粉丝品质可再参照 GB/T 19048—2008《地理标志产品　龙口粉丝》标的要求，红薯粉丝可再参照 GB/T 19852—2008《地理标志产品　卢龙粉丝》和 DB 52/T 939—2014《地理标志产品　铜仁红薯粉丝》的要求。

(一)感官要求

感官指标应符合表1-11的规定。色泽和形态：取试样平摊于洁净的白瓷盘中，在自然光下采用目测方式进行。手感和口感：将粉丝截成 20 cm 长，取 20 根放在 1000 mL 烧杯中，加水煮沸 5 min 后品尝。

表 1-11　粉丝感官要求

项　目	指　标
色　泽	色泽白亮或产品应有的色泽、呈半透明状态
形　态	丝条粗细均匀,基本无并丝、无碎丝
手　感	手感柔韧、弹性良好
口　感	复水后柔软,有韧性,无明显断条、并条,口感滑顺,不夹生不粘牙,无砂齿感,无异常味

(二)理化指标

理化指标应符合表1-12的规定。

表 1-12　粉丝理化指标

项　　目	指　　标	测定标准
水分(%)	≤15.0	GB 5009.3—2016
淀粉(%)	≥75.0	GB 5009.9—2016
灰分(%)	≤0.50	GB 5009.4—2016
*断条率(%)	≤8.0	GB 23587—2009*

　　*断条率(以绿豆粉丝为例):截取 50 根长度为 10 cm 的无机械损伤的粉丝,在 1000 mL 烧杯中加水 900 mL,煮沸后放入粉丝并加盖表面皿,微沸煮 45 min 后,滤去水分,用玻璃棒数其完整条数,按式⑤计算断条率。

$$A = \frac{(50 - x)}{50} \times 100\% \quad \cdots\cdots\cdots\cdots\cdots\cdots\cdots\cdots\cdots\cdots \text{⑤}$$

式中:A——断条率,%;

　　　x——煮后完整条数。

按上述方法试验 3 次,取其平均值。

(三)污染物限量

应符合 GB 2762—2012 的规定。

(四)微生物限量

致病菌限量应符合 GB 29921—2013 的规定。

(五)食品添加剂限量

食品添加剂的使用应符合 GB 2760—2014 的规定。

七、实验报告要求

1.实验报告内容包括关键技术原理、工艺流程、操作要点、产品分析、结果讨论。

2.从原料淀粉特性角度讨论淀粉老化机理,以及在制备粉丝的过程中该如何充分利用淀粉老化的特性。

3.谈谈对于粉丝品质控制及改良的思路和看法。

实验四　青团制作及品质评价

一、关键知识点

1. 米粉(淀粉)的种类及特点。
2. 热加工糕点及冷加工糕点。
3. 淀粉回生及其抑制。
4. 青团制作工艺及工艺要点。
5. 青团品质评价方法。

二、实验技术原理

青团,又称清明果、艾粑粑等,作为中国南方地区清明节前后食用的一种传统食品,正受到越来越多人的喜爱,逐渐成为一年四季都可食用的中式特色糕点。青团以糯米粉为主要原料,工业化生产的青团要经过生产、运输、贮存、销售等一系列过程,在这些过程中,由于淀粉的老化会使青团变硬、丧失其柔软性,导致其食用品质下降,从而制约了青团的工业化生产。虽然淀粉的老化不能避免,但是可以通过调整糯、粳米粉比例、糖的添加量等工艺参数,或适当地添加一些抗老化剂(亲水胶体、乳化剂、变性淀粉等)来延缓淀粉的老化过程。采取有效的措施抑制淀粉回生,无论对淀粉化学理论的发展,还是对青团品质改良,都具有重要的意义。

三、原料特性分析

1. 大米:应符合 GB 1354—2009 和 GB 2715—2016 的要求。
2. 淀粉含量:根据国标 GB 5009.9—2016 测定。
3. 直链淀粉:根据国标 GB/T 15683—2008 方法分别测定糯米粉以及粳米粉经纯化、去脂后的淀粉中直链淀粉的含量。
4. 米糊黏度测定:GB/T 22427.7—2008 淀粉黏度测定第一法,用旋转黏度计进行测定。
5. 米粉(混合米粉)糊化特性分析:依照《粮油检验 谷物及淀粉糊化特性测定 粘度仪法:GB/T 14490—2008》进行测定。
6. 麦苗汁(粉)和艾草汁(粉):理化指标应符合表 1-13 的要求,农药残留应符合相关标准及规定。

表 1-13　麦苗汁(粉)、艾草汁(粉)理化指标

项　　　目	麦苗汁、艾草汁	麦苗粉、艾草粉	检验方法
pH	10~13	—	pH 试纸法/酸度计法
无机砷(以 As 计)/(mg/kg)	≤0.05	≤0.05	GB 5009.11—2014
铅(以 Pb 计)/(mg/kg)	≤0.1	≤0.2	GB 5009.12—2010

7. 食品添加剂
食品添加剂的使用应符合 GB 2760—2014 的规定。

四、产品加工过程

(一)实验材料与设备

1. 实验材料:大米(糯米、粳米)、麦苗汁(粉)、艾草汁(粉)、小苏打(碳酸氢钠)、白砂糖、淀粉糖浆、单甘酯、海藻酸钠、硬脂酰乳酸钙(CSL)、硬脂酰乳酸钠(SSL)、羟丙基变性淀粉。

2. 仪器设备:粉碎机、粉筛、搅拌机、冷却盘、压板、切刀、电磁炉、蒸锅。

(二)参考配方

糯米粉 0.8 kg,粳米粉 0.2 kg,白砂糖 0.2 kg,色拉油 0.05 kg,水 0.7 kg,红豆沙 0.5 kg,海藻酸钠 6 g,硬脂酰乳酸钙(CSL)2 g,硬脂酰乳酸钠(SSL)2 g,单甘酯 4 g(选加),羟丙基变性淀粉 40 g(选加)。

(三)工艺流程

1. 热加工青团

生米粉团经包馅、蒸制,以加热熟制作为最终工艺的青团产品。

艾草→洗涤→漂烫→洗涤→滤干→捣碎

米粉称量→配料混合→加温水→搅拌、揉粉→成型→蒸煮→冷却→包装

2. 冷加工青团

生米粉团经加热蒸制、包馅成型后,不再经过加热的青团产品

艾草→漂烫→滤干水分→加水磨浆

米粉称量→配料→揉粉→蒸熟→包馅、成型→冷却→包装→储存(4 ℃)

(四)操作要点

1. 漂烫时间:5 min,漂烫水中可加入 0.1% 小苏打(碳酸氢钠)。

2. 米粉称量:糯米和粳米的比例可适当调整(推荐比例为糯米:粳米=4:1)。

3. 揉粉:米粉中加水,水温 50 ℃,加水量为米粉质量的 70%。

4. 成型:每个青团粉团 30 g,可包豆沙馅 8~10 g。

5. 蒸煮时间:25~30 min。

6. 冷却及包装:青团蒸煮后室温下冷却 5 min,用塑料薄膜包装,放置一定时间后对其进行品质评价。

(五)加工过程卫生要求

生产加工过程卫生要求应符合 GB 14881—2013 的规定。

五、产品品质分析

(一)感官分析

将样品置于清洁干燥的白瓷盘中,在自然光下观察色泽和状态。闻其气味,用温开水漱口,品尝滋味。具体青团感官评分标准见表 1-14。

表 1-14　青团感官品质要求及分值

项目	要　　求	满分
色泽	色泽均匀一致,符合品种应有的色泽	20
形态	块形完整,表面光滑,边缘整齐,大小一致,厚薄均匀,无缺角、裂缝,无明显变形	25
组织	糖体内的果粒混合均匀,无 1 mm 以上气孔	25
风味	符合该产品应有的风味,无异味	15
杂质	无肉眼可见杂质	15
总分		100

(二)糊化度

参照实验一中包子面皮糊化度的测定方法。

(三)还原糖

按 GB5009.7—2016 规定的第一法进行测定。

(四)色度测定

采用色差仪进行测定。

(五)抗性淀粉含量测定

按照农业标准 NY/T 2638—2014 抗性淀粉含量测定:分光光度法进行测定。

(六)质构测定

采用 TA-XT Express 质构仪测定,下压探头选用 P/100 型,测定参数为:测试前速度 1.0 mm/s、测试速度 2.0 mm/s、测试后速度 2.0 mm/s、应变位移 6.0 mm、数据采集速率 200 Hz、触动力 50 g,平行测定 3 次,取平均值。硬度大小反映其回生程度,黏着性反映其黏性。

六、产品质量标准

青团品质应符合《食品安全地方标准　青团:DB 31/2001—2012》以及《淀粉制品:GB 27B—2015》的要求。

(一)感官评价

应符合表 1-15 的要求。

表 1-15　青团感官要求

项目	要　　求	检验方法
形态	外形整齐,无霉变、无开裂、无露馅,具有该品种应有的形态特征	按 GB/T 5009.56 规定的感官检验方法检查,分别嗅闻和品尝,检查其气味和滋味。
色泽	表面色泽均匀,具有该品种应有的色泽	
组织	无糖粒,无粉块,饼皮厚薄均匀,馅料具有该品种应有的质地特征	
滋味与口感	具有该品种应有的风味和口感特征	
杂质	无肉眼可见杂质	

(二)理化指标

应符合表 1-16 的规定。

表 1-16　青团理化指标

项　　目	指　　标	检验方法
酸价(以脂肪计)(KOH)/(mg/g)	≤5.0	GB/T 5530
过氧化值(以脂肪计)/(g/100g)	≤0.25	GB/T 5538
总砷(以 As 计)/(mg/kg)	≤0.5	GB 5009.11—2014
铅(以 Pb 计)/(mg/kg)	≤0.5	GB 5009.12—2010
黄曲霉毒素 B1/(μg/kg)	≤5.0	GB/T 5009.2—2016

(三)污染物限量

应符合 GB2762—2012 的规定。

(四)微生物限量

应符合表 1-17 的规定。

表 1-17　青团微生物指标

项　　目	指　　标	检验方法
菌落总数/(CFU/g) 热加工 冷加工	≤1500 ≤10000	GB 4789.2—2016
大肠菌群/(MPN/100g) 热加工 冷加工	≤30 ≤300	GB 4789.3—2016
霉菌计数/(CFU/g) 热加工 冷加工	≤100 ≤150	GB 4789.15—2016
沙门氏菌	0/25g	GB 4789.4—2016
志贺氏菌	0/25g	GB/T 4789.5—2012
金黄色葡萄球菌	0/25g	GB 4789.10—2016

七、实验报告要求

1. 实验报告内容包括关键技术原理、工艺流程、操作要点、品质分析、结果讨论。

2. 分析乳化剂及食用胶体的使用对青团品质的影响及其原理。

3. 分别探讨冷/热加工青团品质控制及改良的方法。

实验五　麻花制作及品质评价

一、关键知识点

1. 油炸面制品。
2. 麻花配方对产品特性的影响。
3. 麻花的制作工艺及原理。
4. 麻花的品质评价方法。

二、实验技术原理

麻花是我国的一种特色油炸面食,外形呈铰链形,故又称"铰链棒"。目前主要产地在天津与湖北省崇阳县。天津以生产大麻花出名,而湖北崇阳以小麻花出名。崇阳小麻花由三股条状的面拧在一起,用油炸熟即可,为民间常见的休闲小食品。麻花中膨松剂的使用和油炸工艺条件是影响麻花品质的重要因素。麻花中使用的膨松剂主要分为生物膨松剂(酵母)和化学膨松剂(泡打粉,小苏打,硫酸铝钾)两类,现在以泡打粉的使用最为广泛,也有通过在配方中加入鸡蛋来提升产品的蓬松及酥脆程度的方法。

目前我国还只有一套有关麻花食用安全性评价的地方标准,对其制作工艺及关键控制点还没有实现标准化,也没有专门用来制作麻花的专用小麦粉,这就需要在配方、工艺及品质评价方面上再进行深入研究。

三、原料特性分析

1. 小麦粉:应符合 GB 1355—1986 的规定。
2. 小麦粉面筋吸水率:通过 GB/T 5506.2—2008、GB/T 5506.4—2008 所示方法进行测定。
3. 油脂:应符合 GB 2716—2005 的规定。
4. 糖:白砂糖应符合 GB 317—2006 的规定,葡萄糖浆应符合 GB/T 20885—2007 的规定。
5. 食用盐:应符合 GB 5461—2016 的规定。
6. 泡打粉等膨松剂:应符合 GB 25591—2010 食品添加剂复合膨松剂、GB 1886.229—2016 食品添加剂硫酸铝钾、GB 1887—2007 食品添加剂碳酸氢钠等相关标准要求。
7. 鲜鸡蛋:符合 GB 2748 的要求。

四、产品加工过程

(一)实验材料与设备

1. 实验材料:小麦粉,纯净水,白砂糖,植物油,起酥油,泡打粉,小苏打,食用盐,鸡蛋。
2. 仪器设备:电子天平(量程 1000 g,精密度 0.1 g),和面搅拌机(容积 10～15 L,多级调速),恒温油炸锅(最大量程 200 ℃,容积 10 L),铁盘,铁筛,铁铲,操作台面。

(二)参考配方

面粉 100%,水 47%(以面粉吸水率的 80% 计),糖 5%,起酥油 5%,泡打粉 2%,小苏打

1%,盐 1%。

(三)工艺流程

称量→和面→熟化→分割→成型→油炸→包装

(四)操作要点

1. 称量:根据利于操作、保证效果和节约的原则,称取小麦粉 400 g,其他原料按比例准确称量。

2. 和面:先将面粉、白砂糖、泡打粉、小苏打、水(加水量的 20%~30%可由鲜鸡蛋代替)依次倒入搅拌缸内,用中档搅拌 4 min,将面粉拌成穗状或雪花片状。加入起酥油,再中档搅拌 5 min,使面团表面光滑且有韧性。水温一般应控制在 24~26 ℃。

3. 熟化:将和好的面团放入密闭容器或盖上湿布,避免风干,常温下静置 15 min,促进面筋网络充分形成。面团熟化温度不宜过高。

4. 分割:将面板涂上少量植物油,面团放置于抹油的面板上,搓成长条,再用擀棍擀成宽 100 mm、厚 6 mm 的面片。用刀切成宽为 6 mm 的面坯,重约为 10~12 g/个。

5. 成型:将切好的面坯逐只搓成约 400~500 mm 长的细长条,要求粗细均匀。操作时要注意搓长,不要拉长,否则会使成品韧缩成"矮胖形"。搓好后折叠成两股,搓成绳状,再拆搓成四股铰链状,即成生坯。生坯要求长短均匀。

6. 油炸:将恒温锅中的油加热至 160 ℃,称取生坯约 400 g 并记录重量,将生坯放入油锅,用筷子轻加搅动,待浮起,再不断翻滚,保持麻花色泽均匀,颜色变成金黄色即可捞出,油炸时间约为 7 min,此时麻花有外嫩里酥的口感。注意油温不能过高。

7. 食品生产加工过程的卫生要求应符合 GB 14881 的规定。

五、产品品质分析

(一)水分含量

按 GB 5009.3—2016 进行测定。

(二)色度测定

采用色差仪进行测定。

(三)质构测定

采用质构仪对麻花的径向硬度和脆度进行测定,采用 2 mm Cylinder Probe 探头;测试前速度为 1.0 mm/s;测试时速度为 1.0 mm/s;测试后速度为 10.0 mm/s;下降距离 4 mm。每批样品测定 6 次,计算平均值和标准偏差。根据典型测试曲线可得麻花的硬度和脆度。

(四)感官评价

采用综合评分法,将麻花冷却 10 min,称量,测其麻花前后重量变化,评价其吸油情况;对感官、口感进行评价,判定麻花品质。具体感官评分标准见表 1-18。另外,可用文字说明麻花的综合感官特点。

表 1-18　麻花面团及其制品评价标准

项目	面团软硬度	搓条难易度	吸油程度	色泽	表观形状	松脆度	总分
最高得分	10	25	15	10	10	30	100

评分细则：

1. 面团软硬度：适中（8～10分）；偏软或偏硬（5～7分）；很软或很硬（0～4分）。

2. 搓条难易度：容易，延性好（21～25分）；容易搓成长条，延性一般（15～20分）；韧性/回弹性较强或易断（8～14分）；韧性/回弹性强或很容易断（0～7分）。

3. 吸油程度：成品重≤100%生坯重（11～15分）；成品重≤120%生坯重（6～10分）；成品重≥120%生坯重（0～5分）

4. 色泽：金黄或微红色（8～10分）；灰暗色（5～7分）；黑色或灰绿色（0～4分）。

5. 表观形状：光亮、形状好（8～10分）；有少量毛刺或部分松散（5～7分）；有较多毛刺或较多松散（0～4分）。

6. 松脆度：很酥松、脆（25～30分）；稍硬，但较脆（17～24分）；较硬且不脆（9～16分）；很硬或很韧（0～8分）。

7. 单项评分＞4分，各分数相加，当总分≥80分，判定为达到要求；当总分＜80分，判定为不符合产品要求；出现单项指标≤4分，总分不进行相加，直接判定为不符合产品要求。

（五）丙烯酰胺含量测定

依照《食品安全国家标准 食品中丙烯酰胺的测定：GB 5009.204—2014》进行测定。

六、产品质量标准

麻花品质应符合《食品安全地方标准 麻花：DBS 50/012—2014》。

（一）感官评价

应符合表1-19的规定。

表1-19 麻花感官要求

项 目	要 求	检验方法
形 态	呈铰链状，形态规则，完整，表面油润	将样品置于洁净白色容器中，在光线充足的条件下目测、鼻嗅、口尝
色 泽	表面呈金黄色或棕黄色，色泽均匀	
组 织	组织酥脆	
滋味、气味	具有本品固有的滋味与气味，无酸败、油哈等异味	
杂 质	无正常视力可见的外来杂质	

（二）理化指标

应符合表1-20的规定。

表1-20 麻花理化指标

项 目	指 标	检验方法
水分/(g/100g)	≤8	GB 5009.3—2016
酸价（以脂肪计）(KOH)/(mg/g)	≤5.0	GB/T 5009.56
过氧化值（以脂肪计）/(g/100g)	≤0.25	GB/T 5009.56
羰基价（以脂肪计）/(meq/kg)	≤20	按GB/T 5009.56的方法进行试样处理；按GB/T 5009.37的方法进行测定

(三)污染物限量

应符合 GB 2762—2012 对焙烤食品的规定。

(四)微生物指标

1.指示菌限量:应符合表 1-21 的规定。

表 1-21　麻花指示菌指标

项　　目	指　　标	检验方法
菌落总数/(CFU/g)	≤1500	GB 4789.2—2016
大肠菌群/(MPN/g)	≤3.0	GB 4789.3—2016
霉菌计数/(CFU/g)	≤100	GB 4789.15—2016

2.致病菌限量:应符合 GB 29921—2013 对熟制粮食制品(含焙烤类)的规定。

(五)食品添加剂和营养强化剂

食品添加剂和营养强化剂的使用应符合 GB 2760—2014、GB 14880—2012 和相关公告的规定。

七、实验报告要求

1.实验报告内容包括关键技术原理、工艺流程、操作要点、品质分析、结果讨论。

2.分析和面工艺,不同类型膨松剂的使用、油炸工艺条件与产品品质形成的关系。

3.谈谈对于麻花品质控制及改良的思路和看法。

实验六 米发糕制作及品质评价

一、关键知识点

1. 水磨米粉。
2. 发酵米制品。
3. 酵母和乳酸菌协同发酵。
4. 发糕制作工艺及配方优化。
5. 发糕品质评价体系建立。

二、实验技术原理

米发糕是我国传统的大米发酵食品,是将大米浸泡吸水磨浆后,经过发酵、调味、蒸制等工艺制成。民间手工制作米发糕所使用的老浆中微生物体系复杂,生物活性不好控制,制作工艺不能精确化,导致产品品质不稳定。研究表明,发酵米制品中起主要作用的微生物为酵母菌和乳酸菌。乳酸菌和酵母菌在适宜的条件下可以很好地协同混合发酵。酵母菌主要产生 CO_2,并产生酒精和低分子风味物,乳酸菌在发酵过程中产生的乳酸和抗细菌生物素可抑制其他微生物生长(防腐),并能增强淀粉凝胶程度、提高淀粉凝胶体系的抗老化能力,并且能改善米发糕的风味,使其具有绵软的酸味。原料配方及发酵工艺对于米发糕的感官品质及质构特征有重要的影响。

目前我国还没有一套完整的米发糕制作及制品品质评价的标准,这就需要在配方、工艺及品质评价方面上再进行深入研究,并进行一定的产品调研,推动米发糕标准的建立。

三、原料特性分析

1. 籼米:应符合 GB 1354—2009 和 GB 2715—2016 的要求。
2. 酵母菌检验及计数:按 GB 4789.15—2016 霉菌酵母菌计数方法进行。
3. 乳酸菌检验及计数:按 GB 4789.35—2010 乳酸菌检验方法进行。
4. 糖:白砂糖应符合 GB 317—2006 的规定,红糖应符合 QB/T 4561—2013 的规定,赤砂糖应符合 QB/T 2343.2—2013 的规定。
5. 直链淀粉和支链淀粉含量测定(双波长比色法):

(1)直链淀粉/支链淀粉标准溶液的配制:分别称取直链淀粉、支链淀粉纯品 100.0 mg 于 100 mL 烧杯中,加入 0.5 mol/L KOH 溶液 10 mL,在沸水浴中磁力搅拌 30 min,待样品完全溶解后,蒸馏水定容至 100 mL,得 1.0 mg/mL 直链淀粉、支链淀粉标准溶液。

(2)双波长的选择:分别取 1.0 mg/mL 直链淀粉、支链淀粉标准液 5 mL 于 100 mL 烧杯中,加入蒸馏水 40 mL,用 0.1 mol/L HCl 溶液把 pH 调至 3.5,加入碘试剂 1 mL,以蒸馏水定容至 100 mL。静置 20 min 后,以蒸馏水为空白,进行可见光(450～900 nm)全波段扫描。在同一坐标内获得直链/支链淀粉的吸收曲线,如图 1-2 所示。通过作图法确定直链/支链淀粉含量的测定波长分别为 λ_1、λ_2、λ_3、λ_4。

(3)标准曲线的绘制:分别吸取 1.0 mg/mL 直链/支链淀粉标准溶液 1、2、3、4、5、6 mL 于

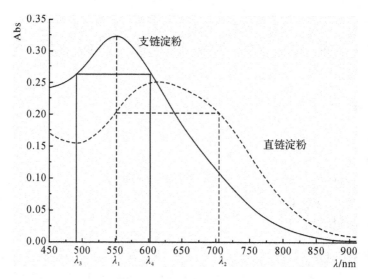

图 1-2　直链淀粉和支链淀粉吸收曲线扫描图（450～900nm）

λ_1、λ_2、λ_3、λ_4 四波长下分别测吸光值，得 ΔA 直＝$A_{\lambda}4-A_{\lambda_3}$，$\Delta A$ 支＝$A_{\lambda_1}-A_{\lambda_2}$，以 ΔA 为纵坐标，直链/支链淀粉含量（mg）为横坐标，制作直链/支链淀粉检测标准曲线（Abs 简写为 A）。

（4）样品的测定：称取脱脂脱糖后样品 0.1 g，加入 KOH 溶液于沸水浴完全溶解，定容至 100 mL，备用。移取样液 15 mL 以不加碘试剂的样液作为空白，按照与制作标准曲线相同的方法操作，测定吸光度值。

根据样液吸光度值，在标准曲线上查出相应的直链/支链淀粉含量，按下式计算样品中直链及支链淀粉含量，以质量分数（％）表示。计算公式：

$$直链淀粉＝\frac{(X_1\times V)}{(V_s\times m\times1000)}\times100\%$$

$$支链淀粉＝\frac{(X_2\times V)}{(V_s\times m\times1000)}\times100\%$$

式中：X_1、X_2——从标准曲线查得的直链、支链淀粉质量，mg；

V——样品提取液体积，mL；

V_s——测定时所取样品液体积，mL；

m——样品质量，g。

四、产品加工过程

（一）实验材料与设备

1. 实验材料：籼米；白砂糖；酵母粉；乳酸菌粉。

2. 仪器设备：电动多用磨浆机；多级调速和面机；恒定湿热实验箱；电子天平；电磁炉；蒸锅。

（二）参考配方

籼米 500 g、水 575 g、白砂糖 80 g、酵母粉 4 g（＞109 CFU/g）、乳酸菌粉 1 g（＞109 CFU/g）。

(三)工艺流程

酵母粉、乳酸菌粉
↓

原料米→清洗→浸泡→磨浆→发酵→调味→醒发→蒸煮

(四)操作要点

1. 浸泡:以料液比 1∶2 在 32 ℃恒温培养箱中浸泡 16 h,浸泡后清洗 2 遍。

2. 磨浆:沥干后以料水比为 5∶4 加水在打浆机中进行打浆.

3. 发酵:磨浆后加入发酵剂,快速发酵:38 ℃下发酵 1 h。慢速发酵:32 ℃,发酵 6 h。

4. 调味、注模:在发酵好的米浆中加入 20%的蔗糖(部分可用红糖或赤砂糖代替),拌匀,注入模具,每个样品直径约 55 mm,高约 15 mm,质量约 35 g,室温静置 10 min。

5. 蒸煮:在常压下汽蒸 15 min。

6. 冷却、脱模:室温静置 30 min 后,脱模,包装。

五、产品品质分析

(一)比容

用面包比容测定仪测定米发糕的体积 V,用精度 0.01 g 的天平称量米发糕的重量 M,比容 $P(\mathrm{mL/g})=V/M$。

(二)气孔结构成像分析

将米发糕对半切开,用平板扫描仪进行扫描,分辨率为 300 dpi,取图像中心用 ImageJ 软件对图像进行二值化处理,计算单位面积气孔的个数(个/cm^2)及气孔面积占有率(%)和平均气孔面积,每组数据取 3~4 个平行样。

(三)还原糖

按 GB 5009.7—2016 规定的第一法进行测定。

(四)质构测定

成品在室温下放置 30 min 后进行测定,也可测定成品在冷却过程中质构的变化情况(每隔 5 min 测定一次)。测定模式:TPA。测量探头:下压探头 P/36R。测定前速度:2 mm/s。测定速度:1 mm/s。测定后速度:2 mm/s。应变位移:60%。触发力:5 g。

(五)感官评价

采用五人评分法,米发糕的感官鉴定主要从色泽、形态、滋味、香味、口感等几个食用品质指标进行分析。以米发糕形态蓬松,色泽洁白均匀,有柔和的发酵味及酒香味,酸甜适中,口感松软为最高分,总分为各项指标得分之和。

表 1-22　米发糕感官评定标准

项目	香气	口感	色泽	组织	风味	总分
最高得分	20	20	20	20	20	100

评分细则:

1. 香气:发酵香味,味浓,16~20 分;有特殊发酵香味,味淡,11~15 分;有香味,6~10 分;

无香味,0～5分。

2. 口感:有嚼劲,不黏牙,16～20分;较有嚼劲,稍黏牙,11～15分;黏牙,无嚼劲,6～10分;很黏牙,0～5分。

3. 色泽:颜色洁白,16～20分;较白,11～15分;浅褐色,6～10分;深褐色,0～5分。

4. 组织:气孔细密、均匀,孔壁薄呈海绵状,16～20分;气孔细但不均匀,孔壁较薄,11～15分;气孔大小不均匀,孔壁厚度不均匀,6～10分;塌陷不成形,0～5分。

5. 风味:甜酸适中,16～20分;甜酸感皆有,但滋味淡,11～15分;只有甜或者只有酸,6～10分;有异味,0～5分。

(六)菌落数、霉菌、大肠菌群、致病菌

参照GB 7698.1规定的方法进行测定。

(七)风味物质定性及定量(选做)

1. 气质联用法:采用蒸馏—萃取法(SDE法)分离提取米发糕产生的挥发性香气成分。取25 g米发糕加入250 mL圆底烧瓶中。同时在烧瓶中加入适量的蒸馏水,接于SDE装置一端,用电热套加热。保持溶液微沸,温度约为110 ℃;SDE装置另一端接一个装有50 mL重蒸乙醚的磨口圆底锥形瓶,锥形瓶置于50 ℃恒温水浴锅中;SDE装置通冷凝水,连续蒸馏提取,提取完毕后在乙醚抽提液中加入干燥的无水硫酸钠脱水,静置一夜,并用氮吹浓缩至1 mL左右,置于冰箱中备用。

2. GC-MS测定条件:谱柱:HP-5毛细管柱(30m×0.32mm×0.25μm);FID检测器;升温程序:起始温度40 ℃,以6 ℃/min上升至100 ℃,再以5 ℃/min上升至180 ℃,保持3 min;以6 ℃/min上升至200 ℃,保持1min,最后以5 ℃/min上升至250 ℃,保持3 min;不分流方式进样,进样量1 μL;载气:He,流速为1 mL/min。

3. 质谱条件:离子源为EI源,离子源温度为230 ℃,电子能量为70 eV,扫描范围m/z为33.0～550.0。根据总离子流图进行数据库检索定性,采用面积归一化法计算各成分的出峰面积相对比例,计算相对含量。

(八)基于电子鼻对米发糕新鲜度的综合评价(选作)

德国AIRENSE公司-PEN3电子鼻系统的气室中的传感器阵列由10个非特异性传感器组成,每个传感器对某一类特殊的物质能够有较好的响应。关于传感器阵列信息如下表所示。

表1-23　PEN3电子鼻系统传感器阵列信息

传感器序号	传感器型号	功能描述	备注
1	W1C	Aromatic(芳香成分)	甲苯,10 ml · m^{-3}
2	W5C	Broad range(灵敏度大,对氮氧化合物很灵敏)	NO_2,1 ml · m^{-3}
3	W3C	Aromatic(氨水,对芳香成分灵敏)	苯,10 ml · m^{-3}
4	W6S	Hydrogen(主要对氢气有选择性)	H_2,100 ml · m^{-3}
5	W5S	Arom-aliph(烷烃,芳香成分)	丙烷,1 ml · m^{-3}
6	W1S	Broad-methane(对甲烷灵敏)	CH_3,100 ml · m^{-3}
7	W1W	Sulphur-organic(对硫化物灵敏)	H_2S,1 ml · m^{-3}

传感器序号	传感器型号	功能描述	备注
8	W2S	Broad-alcohol(对乙醇灵敏)	$CO,100 \, ml \cdot m^{-3}$
9	W2W	Sulph-chlor(芳香成分,对有机硫化物灵敏)	$H_2S,1 \, ml \cdot m^{-3}$
10	W3S	Methane-aliph(对烷烃灵敏)	$CH_4,10 \, ml \cdot m^{-3}$

由于不同的传感器自身特点的差异性,在米发糕分析检测过程也呈现出不同的信号响应特征。

将不同货架时间的米发糕(1～7 天)分别放在大小一样的 500 mL 烧杯中,用保鲜膜封口,30 ℃,平衡 30 min 后进行检测,每个样品检测一次。

对传感器响应信号做主成分分析,确定对主成分载荷因子图分析,确定响应较强的传感器,以此推断米发糕货架期内可以表征其整体品质变化的特征挥发性成分种类。

利用主成分分析(Principal Component Analysis)、判别分析(Discrimination Analysis)对数据进行分析,用偏最小二乘法对米发糕货架期建立模型。

六、产品质量标准

由学生在老师指导下设计米发糕产品质量评价标准。

1. 感官评价。

2. 理化指标。

3. 卫生指标。

七、实验报告要求

1. 实验报告内容包括关键技术原理、工艺流程、操作要点、品质分析、结果讨论。

2. 从感官指标,理化指标,卫生指标等多方面设计米发糕产品质量标准。

3. 谈谈对于米发糕品质控制及改良的思路和看法。

第二章　烘焙制品加工及开发实验技术

实验七　海绵蛋糕的制作及品质评价

一、关键知识点

1.蛋糕的加工关键技术要点。

2.了解海绵蛋糕与传统清蛋糕加工方法的区别。

二、实验技术原理

清蛋糕也称为海绵蛋糕,是利用蛋白起泡性能,使蛋液中充入大量的空气,加入面粉烘烤而成的一类膨松点心。因为其结构类似于多孔的海绵而得名。国外又称为泡沫蛋糕,国内称为清蛋糕。

清蛋糕的蓬松是通过蛋液搅打这样一种机械方式将空气引入蛋液中,并形成大量气泡。鸡蛋清中的球蛋白和其他蛋白质,受搅拌的机械作用,发生轻度变性。变性的蛋白质分子形成一层薄膜将混入的空气包围起来。同时,由于表面张力的作用,蛋白泡沫收缩成球形,吸附在气液界面上。其亲水基朝液相,疏水基朝气相,在气泡周围形成一层蛋白质吸附层即蛋白膜,增加了泡沫稳定性。同时,蛋白膜对气泡的保护作用亦使气泡不易因碰撞而发生结合或破裂。此外,蛋液的黏稠性对维持泡沫的稳定性也起了一定作用。

三、原料特性分析

1.粉质曲线图测定:使用粉质仪,粉质仪是根据面团搅拌时会受到阻力的原理而设计的,该仪器会自动绘出一条特性曲线,即粉质曲线(farinogram)。粉质图评价指标简介:参见附录。

2.面粉特性分析:参见中华人民共和国国家标准《粮油检验 小麦粉溶剂保持力的测定》。

3.面粉中湿面筋含量测定:面粉的蛋白质含量与质量是影响其食品加工品质的最重要因素。但在实际生产中,即使是蛋白含量相等的面粉,其食品加工性能也会相差较多。而湿面筋含量则较好地表征了面粉中麦谷蛋白和麦醇溶蛋白的含量及比例,因此湿面筋含量被各国作为面粉等级标准的重要指标。面粉中湿面筋含量一般是通过洗面筋的方法来测定的。具体操作参见附录。

四、产品加工过程

(一)实验材料与设备

1.实验材料:低筋面粉、无水奶油、白砂糖、鸡蛋、牛奶、纸杯。

2.实验设备:烤箱、烤盘、台秤、食物筛、电动打蛋器。

(二)参考配方

鸡蛋 280～300 g;低筋面粉 150 g;糖 150 g;无水奶油 20 g;牛奶 100 mL。

(三)工艺流程

原料预处理→调粉→成型→焙烤→冷却→成品检验

(四)操作要点

1.原料预处理:低筋面粉过筛;清洗鸡蛋,打出鸡蛋;融化黄油。

2.蛋液打发:这是制作海绵蛋糕的关键步骤,成品蛋糕是否松软成败在此。通过将蛋液和白糖一起搅打至起泡,目的是将空气混入蛋液,形成大量气泡。

制作海绵蛋糕通常有三种搅打的方法,其一是分开搅打,即先将蛋清、蛋黄分别与白糖打发,然后将二者混合,再与面粉搅拌均匀;其二是全蛋搅打至充分起泡(俗称"后粉法");其三是乳化法(乳化海绵蛋糕,俗称"先粉法")。最常用的是全蛋搅打法。制作时将全蛋液和白糖放入搅拌器,加入少量蛋糕油,快速搅打,至蛋液变白,形成假固体状即可。如果需要添加牛奶、油脂,可在此时加入。打蛋时注意避免沾染油、酸、碱,也不要加水。

3.蛋糕糊的调制:将过筛后的面粉、泡打粉(高档蛋糕可不用)加入打发好的膏浆里,用搅拌桨轻柔搅拌至均匀。或将膏浆舀出置于盆中,用刮刀将面粉拌入,从下往上翻搅,动作轻柔,避免弄破泡沫。

4.成型:将蛋糕糊装入裱花袋,挤入纸杯中,再将纸杯放入烤盘。

5.焙烤:上下火 180 ℃预热,烤制 25～30 min。

五、产品品质分析

1.感官评定:由食品专业人员组成评定小组,对样品从形态、色泽、组织、滋味与口感和杂质等方面进行综合打分,再取其平均值。

2.水分测定:参考 GB 5009.3—2016 中的直接干燥法。

3.质构:用质构仪进行质构分析,参考附录 7。

4.脂肪的检验:参考 GB 5009.6—2016 中的索氏抽提法。

六、产品质量标准

(一)感官要求

表 2-1 蛋糕感官要求

项　目	要　　求	检验方法
色　泽	具有产品应有的正常色泽	将样品置于白瓷盘中,在自然光下观察色泽和状态,检查有无异物。闻其气味,用温开水漱口后品尝其滋味。
滋味、气味	具有产品应有的滋味与气味,无异味	
状　态	无霉变、无生虫及其他正常视力可见的外来异物	

(二)理化指标

表 2-2 蛋糕理化指标

项 目	指标	检验方法
酸价(以脂肪计)(KOH)/(mg/g)	≤5.0	GB 5009.229—2016
过氧化值(以脂肪计)/(g/100g)	≤0.25	GB 5009.227—2016

注:酸价和过氧化值指标仅适用于配料中添加油脂的产品。

(三)安全标准

应符合 GB 7100—2015 的规定。

七、实验报告要求

1.实验报告内容包括关键技术原理、工艺流程、操作要点、产品分析、结果讨论。

2.分析打蛋、调粉过程需注意的问题。

实验八　乳酪蛋糕的制作及品质评价

一、关键知识点

1. 蛋糕的加工关键技术要点。
2. 了解乳酪蛋糕加工方法的特点。

二、实验技术原理

轻乳酪蛋糕是以奶油奶酪为主体材料的甜味蛋糕。此款蛋糕融合了蛋液起泡带来的松软和奶酪的细腻柔滑，是目前市场上很受欢迎的产品。

奶油奶酪（cream cheese），是一种未成熟的全脂奶酪，色泽洁白，质地细腻，口感微酸，非常适合用来制作奶酪蛋糕。

三、原料特性分析

1. 粉质曲线图测定：使用粉质仪，粉质仪是根据面团搅拌时会受到阻力的原理而设计的，该仪器会自动绘出一条特性曲线，即粉质曲线（farinogram）。粉质图评价指标简介：参见附录。

2. 面粉特性分析：参见中华人民共和国国家标准《粮油检验　小麦粉溶剂保持力的测定》。

3. 面粉中湿面筋含量测定：面粉的蛋白质含量与质量是影响其食品加工品质的最重要因素。但在实际生产中，即使是蛋白含量相等的面粉，其食品加工性能也可能相差较多。而湿面筋含量则较好地表征了面粉中麦谷蛋白和麦醇溶蛋白的含量及比例，因此湿面筋含量被各国作为面粉等级标准的重要指标。面粉中湿面筋含量一般是通过洗面筋的方法来测定的。具体操作参见附录。

四、产品加工过程

（一）实验材料与设备

1. 实验材料：低筋面粉、白砂糖、鸡蛋、牛奶、奶油奶酪。
2. 实验设备：烤箱、烤盘、台秤、食物筛、电动打蛋器。

（二）参考配方

低筋面粉 70 g；白砂糖 75 g；鸡蛋 5 个；牛奶 140 g；奶油奶酪 125 g。

（三）工艺流程

原料预处理→打蛋→调浆→注模成型→焙烤→冷却→成品检验。

（四）操作要点

1. 原料预处理：低筋面粉过筛；打出鸡蛋，分离蛋清蛋黄。

2. 蛋糕糊的调制：奶油奶酪隔热水搅拌至顺滑无颗粒；然后分次加入蛋黄，都搅拌均匀；往搅拌均匀的奶油奶酪糊里倒入牛奶，再拌匀；往奶酪糊里加入已经过筛的低粉，以切拌的方式搅拌均匀；蛋白液中分三次加入白糖，打发至接近硬性发泡；取一部分蛋白膏与蛋黄糊拌匀；再倒回蛋白里,以切拌的方式拌匀。

    3.注模成型:将拌匀的蛋糕糊倒入模具中,振出大泡后放入烤盘。

    4.焙烤:用水浴法烤制。烤箱预热至 130 ℃,130 ℃烘烤 70 min,转 160 ℃ 15 min。

五、产品品质分析

    1.感官评定:由食品专业人员组成评定小组,对样品从形态、色泽、组织、滋味与口感和杂质等方面进行综合打分,再取其平均值。

    2.水分测定:参考 GB 5009.3—2016 中的直接干燥法。

    3.质构分析:用质构仪进行质构分析,参考附录七。

    4.脂肪的检验:参考 GB 5009.6—2016 中的索氏抽提法。

六、产品质量标准

    1.感官要求:见表 2-1。

    2.理化指标:见表 2-2。

    3.安全标准:应符合 GB 7100—2015 的规定。

七、实验报告要求

    1.实验报告内容包括关键技术原理、工艺流程、操作要点、产品分析、结果讨论。

    2.分析调蛋糕糊的过程中需注意的问题。

实验九　曲奇饼干(不打发)的制作及品质评价

一、关键知识点

1. 酥性饼干加工关键技术要点。
2. 抗氧化剂的使用原则,参照 GB 2760—2014。

二、实验技术原理

饼干是一大类焙烤食品的总称,主要是以谷物粉为原料,加入糖、油脂及其他辅料,焙烤制成的口感疏松或松脆的食品。曲奇饼干是一种高糖、高油脂的酥性饼干。酥性饼干是以低筋小麦粉为主要原料,加上较多的油脂和砂糖制成的口感酥脆的一类饼干。这种饼干在面团调制过程中形成较少的面筋,面团缺乏延伸性和弹性,具有良好的可塑性和黏弹性,产品酥脆易碎,故称酥性饼干。

油脂的起酥性是指油脂用作焙烤食品的材料时可以使制品酥脆的特性。起酥是通过油脂在面团中分隔水与面筋蛋白,从而阻止面筋的形成,达到起酥作用,使食品组织比较松散,口感酥松。起酥性一般与油脂的稠度(可塑性)有很大关系。稠度适当的起酥油,起酥性比较好。如果油脂过硬,在面团中会残留一些块状,起不到松散组织的作用,甚至可能戳破面皮;如果油脂过软或为液态,就会在面团中形成油滴,使成品组织多孔、粗糙。

油脂的乳化分散性指油脂在与含水的材料混合时的分散亲和性质。乳化分散性好的油脂对改善饼干面团的性质、提高产品质量都有一定作用。

三、原料特性分析

1. 粉质曲线图测定:使用粉质仪,粉质仪是根据面团搅拌时会受到阻力的原理而设计的,该仪器会自动绘出一条特性曲线,即粉质曲线(farinogram)。粉质图评价指标简介参见附录。
2. 面粉特性分析:参见中华人民共和国国家标准《粮油检验 小麦粉溶剂保持力的测定》。
3. 面粉中湿面筋含量测定:面粉的蛋白质含量与质量是影响其食品加工品质的最重要因素。但在实际生产中,即使是蛋白含量相等的面粉,其食品加工性能也可能相差较多。而湿面筋含量则较好地表征了面粉中麦谷蛋白和麦醇溶蛋白的含量及比例,因此湿面筋含量被各国作为面粉等级标准的重要指标。面粉中湿面筋含量一般是通过洗面筋的方法来测定的,具体操作参见附录。

四、产品加工过程

(一)实验材料与设备

1. 实验材料:低筋面粉、无水奶油、白砂糖、牛奶、泡打粉。
2. 实验设备:烤箱、烤盘、台秤、食物筛。

(二)参考配方

低筋面粉 120 g;无水奶油 20 g;白砂糖 20 g;牛奶 20 g;泡打粉 3 g。

(三)工艺流程

原料预处理→面团的调制→成型→焙烤→冷却→包装。

(四)操作要点

1.原料预处理:粉类过筛;融化黄油。

2.面团的调制:将牛奶、糖倒入黄油中搅拌,形成良好的乳化体系;加入过筛后的粉类,搅拌成团。

3.成型:将面团装入模具,放入冰箱冷冻 2 h,取出切块成型。

4.焙烤:上下火 175 ℃预热,烤制 15 min。

五、产品品质分析

1.感官评定:由食品专业人员组成评定小组,对样品从形态、色泽、组织、滋味与口感和杂质等方面进行综合打分,再取其平均值。

2.水分测定:用水分测定仪测定。

3.质构测定:用质构仪进行质构分析,参考附录 7。

4.脂肪的检验:参考 GB 5009.6—2016 中的索氏抽提法。

六、产品质量标准

(一)感官要求

表 2-3　饼干感官要求

项　目	要　求	检验方法
色　泽	具有产品应有的正常色泽	将样品置于白瓷盘中,在自然光下观察色泽和状态,检查有无异物。闻其气味,用温开水漱口后品尝其滋味。
滋味、气味	具有产品应有的滋味与气味,无异味	
状　态	无霉变、无生虫及其他正常视力可见的外来异物	

(二)理化指标

表 2-4　饼干理化指标

项　目	指　标	检验方法
酸价(以脂肪计)(KOH)/(mg/g)	≤5.0	GB 5009.229—2016
过氧化值(以脂肪计)/(g/100g)	≤0.25	GB 5009.227—2016

注:酸价和过氧化值指标仅适用于配料中添加油脂的产品。

(三)安全标准

应符合 GB 7100—2015 的规定。

七、实验报告要求

1.实验报告内容包括关键技术原理、工艺流程、操作要点、产品分析、结果讨论。

2.分析面团调制过程需注意的问题。

实验十　曲奇饼干(打发)的制作及品质评价

一、关键知识点

1.酥性饼干加工关键技术要点。

2.抗氧化剂的使用原则,GB 2760—2014。

二、实验技术原理

饼干是一大类焙烤食品的总称,主要是以谷物粉为原料,加入糖、油脂及其他辅料焙烤制成的口感疏松或松脆的食品。曲奇饼干是一种高糖、高油脂的酥性饼干。酥性饼干是以低筋小麦粉为主要原料,加上较多的油脂和砂糖制成的口感酥脆的一类饼干。这种饼干在面团调制过程中形成较少的面筋,面团缺乏延伸性和弹性,具有良好的可塑性和黏弹性,产品酥脆易碎,故称酥性饼干。

油脂的起酥性是指油脂用作焙烤食品的材料时可以使制品酥脆的特性。起酥是通过油脂在面团中分隔水与面筋蛋白,从而阻止面筋的形成,达到起酥作用,使食品组织比较松散,口感酥松。起酥性一般与油脂的稠度(可塑性)有很大关系。稠度适当的起酥油,起酥性比较好。如果油脂过硬,在面团中会残留一些块状,起不到松散组织的作用,甚至可能戳破面皮;如果油脂过软或为液态,就会在面团中形成油滴,使成品组织多孔、粗糙。

油脂的乳化分散性指油脂在与含水的材料混合时的分散亲和性质。乳化分散性好的油脂对改善饼干面团的性质、提高产品质量都有一定作用。

三、原料特性分析

1.粉质曲线图测定:使用粉质仪,粉质仪是根据面团搅拌时会受到阻力的原理而设计的,该仪器会自动绘出一条特性曲线,即粉质曲线(farinogram)。粉质图评价指标简介参见附录。

2.面粉特性分析:参见中华人民共和国国家标准《粮油检验 小麦粉溶剂保持力的测定》。

3.面粉中湿面筋含量测定:面粉的蛋白质含量与质量是影响其食品加工品质的最重要因素。但在实际生产中,即使是蛋白含量相等的面粉,其食品加工性能也可能相差较多。而湿面筋含量则较好地表征了面粉中麦谷蛋白和麦醇溶蛋白的含量及比例,因此湿面筋含量被各国作为面粉等级标准的重要指标。面粉中湿面筋含量一般是通过洗面筋的方法来测定的,具体操作参见附录。

四、产品加工过程

(一)实验材料与设备

1.实验材料:低筋面粉、无水奶油、白砂糖、鸡蛋。

2.实验设备:烤箱、烤盘、台秤、食物筛。

(二)参考配方

低筋面粉 200 g;无水奶油 135 g;白砂糖 50 g;鸡蛋 1 个。

(三)工艺流程

原料预处理→面团的调制→成型→焙烤→冷却→包装。

(四)操作要点

1.原料预处理：低筋面粉过筛；打出鸡蛋、搅拌；软化黄油。

2.面团的调制：软化好的黄油用电动打蛋器搅打至顺滑，加入糖，再搅打至细腻膨松；分次加入搅匀的蛋液，每次都要搅拌均匀；搅打成很蓬松的羽毛状；加入面粉，用橡皮刀切拌成面团。

3.成型：装入裱花袋挤入烤盘。

4.焙烤：上下火 175 ℃预热，烤制 15 min。

五、产品品质分析

1.感官评定：由食品专业人员组成评定小组，对样品从形态、色泽、组织、滋味与口感和杂质等方面进行综合打分，再取其平均值。

2.水分测定：用水分测定仪测定。

3.质构分析：用质构仪进行质构分析，参考附录七。

4.脂肪的检验：参考 GB 5009.6—2016 中的索氏抽提法。

六、产品质量标准

1.感官要求：见表 2-3。

2.理化指标：见表 2-4。

3.安全标准：应符合 GB 7100—2015 的规定。

七、实验报告要求

1.实验报告内容包括关键技术原理、工艺流程、操作要点、产品分析、结果讨论。

2.分析面团调制过程需注意的问题。

实验十一 蛋黄酥的制作及评价

一、关键知识点

1. 蛋黄酥加工关键技术要点。
2. 抗氧化剂的使用原则,参照 GB 2760—2014。
3. 油脂的起酥性。
4. 面筋的延伸性。

二、实验技术原理

油脂的起酥性是指油脂用作焙烤食品的材料时可以使制品酥脆的特性。起酥是通过油脂在面团中分隔水与面筋蛋白,从而阻止面筋的形成,达到起酥作用,使食品组织比较松散,口感酥松。起酥性一般与油脂的稠度(可塑性)有很大关系。稠度适当的起酥油,起酥性比较好。如果油脂过硬,在面团中会残留一些块状,起不到松散组织的作用,甚至可能戳破面皮;如果油脂过软或为液态,就会在面团中形成油滴,使成品组织多孔、粗糙。

面筋拉长到某种程度而不至于断裂的特性是面筋的延伸性。在蛋黄酥的加工中,延伸性代表了酥皮可能形成的层次和每层酥皮的厚薄。测定方法:将经过测定弹性后的面筋搓成 5 cm 长度,在米尺旁用两手的拇指、食指、中指三个手指拿住两端,左手放在米尺的零点处,右手沿着米尺拉伸断裂为止,记录拉断的长度,测定结果在 15 cm 以上者为延伸性的,在 8～15 cm 之间为延伸性中等,在 8 cm 以下为延伸性差。

三、原料特性分析

1. 粉质曲线图测定:使用粉质仪,粉质仪是根据面团搅拌时会受到阻力的原理而设计的,该仪器会自动绘出一条特性曲线,即粉质曲线(farinogram)。粉质图评价指标简介:参见附录。

2. 面粉特性分析:参见中华人民共和国国家标准《粮油检验 小麦粉溶剂保持力的测定》。

3. 面粉中湿面筋含量测定:面粉的蛋白质含量与质量是影响其食品加工品质的最重要因素。但在实际生产中,即使是蛋白含量相等的面粉,其食品加工性能也可能相差较多。而湿面筋含量则较好地表征了面粉中麦谷蛋白和麦醇溶蛋白的含量及比例,因此湿面筋含量被各国作为面粉等级标准的重要指标。面粉中湿面筋含量一般是通过洗面筋的方法来测定的。具体操作参见附录。

4. 面团拉力测定:使用面团拉力测定仪。这是测定具有一定软硬度的面团的延伸程度和延伸强度的装置,可以反映面粉的加工特性。

四、产品加工过程

(一)实验材料与设备

1. 实验材料:中筋面粉、无水奶油、白砂糖、低筋面粉、红豆沙、咸蛋黄(生)、鸡蛋、芝麻。
2. 实验设备:烤箱、烤盘、小毛刷、台秤、食物筛。

(二)参考配方

中筋面粉 150 g;无水奶油 110 g;白砂糖 5 g;低筋面粉 120 g;红豆沙 375 g;咸蛋黄(生)11个;鸡蛋 1 个;芝麻适量;水 65 g。

(三)工艺流程

原料预处理→油皮制作→油酥制作→制作油酥皮→包馅→烤制→晾凉→成品

(四)操作要点

1.原料预处理:蛋黄以 180 ℃烤至表面金黄,晾凉,切成两半;红豆沙分成 25 g/份,每份包入半个咸蛋黄;鸡蛋打出,搅匀备用。

2.油皮制作:60 g 无水奶油中加入过筛的中筋面粉和细砂糖搓成碎屑状,加入水揉至表面光滑,用保鲜袋套好,静置 30 min。

3.油酥制作:50 g 无水奶油中加入过筛的低筋面粉揉匀。

4.油酥皮制作:将松弛好的油皮分割成 18 g/个,油酥分割成 12 g/个;将油皮压扁,加入一份油酥包成球状,收口朝上;取一份油酥皮擀成牛舌状;松弛后的面团擀成长条,卷成小筒,收口朝上,松弛 20 min。

5.包馅:取一份松弛好的酥皮,封口朝上,大拇指从中间按下,然后四角收紧成圆球,擀成圆形;包入包有咸蛋黄的豆沙,收紧口,收口朝下排入烤盘。

6.烤制:表面均匀地扫上蛋黄液,撒少许芝麻,入预热 180 ℃的烤箱,中层,上下火 30 min。

五、产品品质分析

1.感官评定:由食品专业人员组成评定小组,对样品从形态、色泽、组织、滋味与口感和杂质等方面进行综合打分,再取其平均值。

2.水分测定:皮的测定方案参考 GB/T 21305—2007 中的粉碎样品的方法测定;馅料中剥离出的豆沙的测定方案参考 GB/T 21270—2007 中的附录部分。

3.质构分析:用质构仪进行酥皮的酥脆性质构分析,参考附录七。

4.脂肪的检验:酥皮参考 GB 5009.6—2016 中的索氏抽提法。

六、产品质量标准

(一)感官要求

表 2-5　烘烤类糕点感官要求

项　目	要　求
形　态	外形整齐,底部平整,无霉变,无变形,具有该品种应有的形态特征
色　泽	表面色泽均匀,具有该产品应有的色泽特征
组　织	无不规则大空洞。无糖粒,无粉块。带馅类饼皮厚薄均匀,皮馅比例适当,馅料分布均匀,馅料细腻。具有该品种应有的组织特征
滋味与口感	味醇正,无异味,具有该品种应有的组织特征
杂　质	无可见杂质

(二)理化指标

表 2-6　理化指标

项　目	烘烤糕点	
	蛋糕类	其他
干燥失重/(%)	≤42.0	
蛋白质/(%)	≤4.0	—
粗脂肪/(%)	—	≤34.0
总糖/(%)	≤42.0	≤40.0

(三)安全标准

应符合 GB 14934—2016 的规定。

七、实验报告要求

1. 实验报告内容包括关键技术原理、工艺流程、操作要点、产品分析、结果讨论。
2. 分析产品的起酥性、面筋的延伸性等调配方法与产品综合感官特征形成的关系。

实验十二　榨菜肉月饼的制作及评价

一、关键知识点

1. 榨菜肉月饼加工关键技术要点。
2. 抗氧化剂的使用原则,参照 GB 2760—2014。
3. 油的起酥性。
4. 面筋的延伸性。

二、实验技术原理

油脂的起酥性是指油脂用作焙烤食品的材料时可以使制品酥脆的特性。起酥是通过油脂在面团中分隔水与面筋蛋白,从而阻止面筋的形成,达到起酥作用,使食品组织比较松散,口感酥松。起酥性一般与油脂的稠度(可塑性)有很大关系。稠度适当的起酥油,起酥性比较好。如果油脂过硬,在面团中会残留一些块状,起不到松散组织的作用,甚至可能戳破面皮;如果油脂过软或为液态,就会在面团中形成油滴,使成品组织多孔、粗糙。

面筋拉长到某种程度而不至于断裂的特性是面筋的延伸性。在蛋黄酥的加工中,代表了酥皮可能形成的层次和每层酥皮的厚薄。测定方法:将经过测定弹性后的面筋搓成 5 cm 长度,在米尺旁用两手的拇指、食指、中指三个手指拿住两端,左手放在米尺的零点处,右手沿着米尺拉伸断裂为止,记录拉断的长度,测定结果在 15 cm 以上者为延伸性的,在 8～15 cm 之间为延伸性中等,在 8 cm 以下为延伸性差。

三、原料特性分析

1. 粉质曲线图测定:使用粉质仪,粉质仪是根据面团搅拌时会受到阻力的原理而设计的,该仪器会自动绘出一条特性曲线,即粉质曲线(farinogram)。粉质图评价指标简介参见附录。
2. 面粉特性分析:参见中华人民共和国国家标准《粮油检验 小麦粉溶剂保持力的测定》。
3. 面粉中湿面筋含量测定:面粉的蛋白质含量与质量是影响其食品加工品质的最重要因素。但在实际生产中,即使是蛋白含量相等的面粉,其食品加工性能也可能相差较多。而湿面筋含量则较好地表征了面粉中麦谷蛋白和麦醇溶蛋白的含量及比例,因此湿面筋含量被各国作为面粉等级标准的重要指标。面粉中湿面筋含量一般是通过洗面筋的方法来测定的。具体操作参见附录。
4. 面团拉力测定:使用面团拉力测定仪。这是测定具有一定软硬度的面团的延伸程度和延伸强度的装置,可以反映面粉的加工特性。

四、产品加工过程

(一)实验材料与设备

1. 实验材料:中筋面粉、无水奶油、白砂糖、低筋面粉、夹心肉、榨菜、鸡蛋、芝麻、调味料。
2. 实验设备:烤箱、烤盘、小毛刷、台秤、食物筛。

(二)参考配方

中筋面粉150 g;无水奶油110 g;白砂糖5 g;低筋面粉120 g;夹心肉500 g;榨菜2颗;鸡蛋1个;芝麻适量;水65 g;调味料适量。

(三)工艺流程

原料预处理→油皮制作→油酥制作→制作油酥皮→包馅→烤制→晾凉→成品。

(四)操作要点

1.原料预处理:将买来的肉和榨菜剁成末,然后加鸡精、酱油、老酒、生姜末、水搅拌均匀备用。

2.油皮制作:60 g无水奶油中加入过筛的中筋面粉和细砂糖搓成成碎屑状,然后加入水揉至表面光滑后,用保鲜袋套好,静置30 min。

3.油酥制作:50 g无水奶油中加入过筛后的低筋面粉揉匀。

4.油酥皮制作:将松弛好的油皮分割成18 g/个,油酥分割成12 g/个;将油皮压扁,加入一份油酥包成球状,收口朝上;取一份油酥皮擀成牛舌状;松弛后的面团擀成长条,卷成小筒,收口朝上,松弛20 min。

5.包馅:取一份松弛好的酥皮,封口朝上,大拇指从中间按下,然后四角收紧成圆球,擀成圆形;包入肉馅,收紧口,收口朝下排入烤盘。

6.烤制:烤箱预热180 ℃,将月饼送上烤箱烘烤10 min左右;取出刷蛋液,再进烤箱烤10 min;再刷一次蛋液,撒上芝麻,最后烘烤10 min即可。

五、产品品质分析

1.感官评定:由食品专业人员组成评定小组,对样品从形态、色泽、组织、滋味与口感和杂质等方面进行综合打分,再取其平均值。

2.水分测定:皮的测定方案参考GB/T 21305—2007中的粉碎样品的方法测定;馅料的测定方案参考GB 5009.3—2016中的附录部分。

3.质构分析:用质构仪进行酥皮的酥脆性分析,参考附录七。

4.脂肪的检验:酥皮参考GB 5009.6—2016中的索氏抽提法。

六、产品质量标准

1.感官要求:见表2-5。
2.理化指标:见表2-6。
3.安全标准:应符合GB 14934—2016的规定。

七、实验报告要求

1.实验报告内容包括关键技术原理、工艺流程、操作要点、产品分析、结果讨论。
2.分析产品的起酥性、面筋的延伸性等调配方法与产品综合感官特征形成的关系。

第三章 糖果制品加工及开发实验技术

实验十三 硬质糖果制作及品质评价

一、关键知识点

1. 硬糖的物理和化学特性。
2. 硬糖保质期内质量的变化特性（发烊和反砂）。
3. 硬糖的分类及基本组成。
4. 硬糖的生产流程。

二、实验技术原理

硬糖是以砂糖、淀粉糖浆等多种糖类（碳水化合物）为主要原料，添加一些香味料，经过高温熬煮脱水浓缩而成的，一种常温下质地坚硬易脆裂的固体物质。砂糖是由大量蔗糖分子有序排列形成的结晶体。蔗糖溶于水，并在偏酸性环境中加热浓缩时，部分蔗糖分子会发生水解，形成转化糖（葡萄糖和果糖）。进一步浓缩会形成含蔗糖、转化糖及淀粉糖浆的无定型结构，即糖膏。糖膏不稳定，有分子重排的趋势，分子重排形成结晶，即反砂。加入抗结晶物质，如胶体物质、糊精、还原糖等，可保持糖膏无定型状态的稳定性，抑制反砂。糖膏没有固定的凝固点，在冷却过程中，温度降低，黏度增大，逐渐由流体状变为固体。

三、原料特性分析

1. 感官品质的测定：观察原料样品晶粒均匀情况，粒度大小，干燥松散情况，透明度和色泽；品尝晶粒或其水溶液的滋味及异味情况。白砂糖感官品质应符合 GB 317—2006，具体感官要求见要求表 3-1。

表 3-1 白砂糖感官要求

项　目	要　求
粒　度	晶粒均匀、粒度在下列某一范围内应不少于80％ （粗粒：0.80～2.50 mm；大粒：0.63～1.60 mm；中粒：0.45～1.25 mm；小粒：0.28～1.80 mm；细粒：0.14～0.45 mm）
色　泽	洁白、有色泽
形　态	干燥松散
风　味	微甜、无异味

项 目	要 求
杂 质	无肉眼可见杂质,无明显黑点

2.水分及挥发物测定:采用快速水分测定仪测定,结果以百分含量(%)计。白砂糖干燥失重应符合 GB 317—2006,具体要求见要求表 3-2。

表 3-2 白砂糖理化要求

项 目	指 标			
	精制	优级	一级	二级
蔗糖分/(%)	99.8	99.7	99.6	99.5
还原糖分/(%)	0.03	0.04	0.10	0.15
电导灰分/(%)	0.02	0.04	0.10	0.13
干燥失重/(%)	0.05	0.06	0.07	0.10
色值/IU	25	60	150	240
浑浊度/MAU	30	80	160	220
不溶于水杂质/(mg/kg)	10	20	40	60

3.糖度测定:使用糖度计测定。

4.蔗糖测定:盐酸水解后直接滴定法测定。

5.糖的溶解度:析晶法。

6.还原糖测定:直接滴定法。白砂糖还原糖分应符合 GB 317—2006,具体要求见要求表 3-2。

7.水不溶杂质(mg/kg)测定:糖液经减压抽滤过滤孔径 40 mm 的坩埚式玻璃过滤器(上面铺 5mm 后的玻璃纤维),蒸馏水减压过滤冲洗滤渣,130 ℃干燥至恒重后计算。白砂糖不溶于水杂质应符合 GB 317—2006,具体要求见要求表 3-2。

8.灰分测定:高温灼烧法。白砂糖灰分应符合 GB 317—2006,具体要求见要求表 3-2。

9.淀粉糖浆的黏度测定:使用数字式黏度计测定。

四、产品加工过程

(一)实验材料与设备

实验材料:砂糖、淀粉糖浆、柠檬酸、水果香精、着色剂。

仪器设备:化糖锅、熬糖锅、模型盘、操作台、振动筛、手持糖度计、NDJ 型数字式黏度计等。

(二)参考配方

白砂糖 10 kg,淀粉糖浆 2.5 kg,柠檬酸 25 g,苹果香精 20 mL,食用色素少许,热水 3 kg。

(三)工艺流程

物料→化糖→过滤→熬糖→冷却→成型→包装→成品。

（四）操作要点

1.化糖：热水（约 80 ℃）倒入锅中，加入白砂糖后用大火熬煮。熬至砂糖晶体变为纯透明的无定型状态，随后加入饴糖。饴糖的加入可起到抗结晶的作用，防止由于砂糖浓度的增加而反砂。但饴糖的加入要严格控制比例，防止糖果表面发黏。

化糖温度不能超过 100 ℃，并要不断搅拌，以促使白砂糖和硬糖均匀分布，避免粘锅和焦化，使糖浆尽快融化。同时，这样可以促进水分蒸发，避免涨锅外溢现象。

2.过滤：趁热迅速以 80～100 目筛将糖浆过滤，以除去杂质。如果要求糖果品质更高，可使用更高目数的筛子。

3.熬糖：熬糖时火力要大，且最高温度要达 160～165 ℃。当加热至 130 ℃时，要揭开锅盖防止外溢。此时，温度不宜过低，否则糖果会含水量高，硬度低，而糖的吸水性也会使产品发黏；而温度同样不宜过高，防止糖果颜色加深，香味减弱。

4.冷却：糖液冷却至 90～100 ℃时，依次加入食用色素、香精和柠檬酸，快速搅匀后，及时倒入擦油的冷却盘中。加入香精时，温度应保持适宜，过高会造成香精损失、香味减弱；过低则会影响其与糖液的混匀。

5.成型：待倒入冷却盘的糖液降至 80 ℃左右时浇注于模型盘中冷却成型，可使用振动筛对成型的糖果进行挑拣，去除残次品。

6.包装：手工扭结包装。

五、产品品质分析

1.干燥失重：按 SB/T 10018—2008 附录 A 进行测定。

2.还原糖：按 GB 5009.7—2016 规定的第一法进行测定。

3.色度测定：采用色差仪进行测定。

4.质构测定：采用质构仪对硬糖的硬度和脆度进行测定。采用 2 mm Cylinder Probe 探头；测试前速度为 1.0 mm/s；测试时速度为 1.0 mm/s；测试后速度为 10.0 mm/s；下降距离 4 mm。每批样品测定 3 次，取平均值用于分析。根据硬糖的典型测试曲线可得硬糖的硬度和脆度。

5.感官评价：采用综合评分法，硬糖评分标准参照商业行业标准 SB/T 10018—2008 对硬质糖果的感官要求，具体硬糖感官评分标准见表 3-3。硬糖硬度感官评价标准是：硬度适中（15 分）、较硬（7.5 分）、过硬（0 分）、较软（7.5 分）、过软（0 分）。由食品专业人员组成评定小组，对样品从口感、风味、色泽等方面进行综合打分，再取其平均值。

表 3-3 硬质糖果感官品质要求及分值

项目	要求	满分
色泽	光亮，色泽均匀一致，符合品种应有的色泽	15
硬度	硬度适中，符合品种应有的硬度	15
形态	块形完整，表面光滑，边缘整齐，大小一致，厚薄均匀，无缺角、裂缝，无明显变形	20
组织	糖体坚硬而脆，不粘牙、粘纸	15
风味	符合该产品应有的风味，无异味	20
杂质	无肉眼可见杂质	15
总分		100

6.菌落数、霉菌、大肠菌群、致病菌:参照 GB 7698.1 规定的方法进行测定。

六、产品质量标准

硬质糖果品质应符合 SB/T 10018—2008 的行业标准。

(一)感官评价

表 3-4　硬质糖果感官要求

项　目		要　求
色泽	砂糖、淀粉糖浆型	光亮,色泽均匀一致,具有品种应有的色泽
	砂糖型	微有光泽,色泽较均匀,具有品种应有的色泽
	夹心型	均匀一致,具有品种应有的色泽
	包衣、包衣抛光型	均匀一致,具有品种应有的色泽
形　态		块形完整,表面光滑,边缘整齐,大小一致,厚薄均匀,无缺角、裂缝,无明显变形
组织	砂糖、淀粉糖浆型	糖体坚硬而脆,不粘牙,不粘纸
	砂糖型	糖体坚硬而脆,不粘牙,不粘纸
	夹心型	糖皮厚薄较均匀,不粘牙,不粘纸;无破皮、馅心外漏;无 1mm 以上气孔
	包衣、包衣抛光型	块形完整,表面光滑,边缘整齐,大小一致,厚薄均匀,无缺角、裂缝,无明显变形,无粘连,包衣厚薄均匀一致
滋味、气味		符合品种应有的滋味气味,无异味
杂　质		无肉眼可见杂质

(二)理化指标

表 3-3　硬质糖果理化指标

项　目	指　标				
	砂糖、淀粉糖浆型	砂糖型	夹心型	包衣、包衣抛光型	其他型
干燥失重/(g/11g)	≤4.0	≤3.0	≤8.0	≤7.0	≤4.0
还原糖(以葡萄糖计)/(g/100g)	12.0~29.0	10.0~20.0	12.0~29.0	12.0~29.0	—

注:夹心型硬质糖果的还原糖以外皮计。

(三)卫生指标

应符合 GB 7698.1 的规定。

七、实验报告要求

1.实验报告内容包括关键技术原理、工艺流程、操作要点、产品分析、结果讨论。

2.分析产品的干重失重率、还原糖含量与产品综合感官特征形成的关系。

3.谈谈对于品质控制及改良的思路和看法。

实验十四　凝胶糖果制作及品质评价

一、关键知识点

1. 凝胶剂的凝胶特性。
2. 胶体分散体系的形成。
3. 凝胶糖果的组成、特性及分类。
4. 凝胶糖果的生产工艺。
5. 凝胶糖果加工工艺环节的操作要点。

二、实验技术原理

凝胶糖果又称软糖，是含水量在14％以上、质地柔软的一类糖果。软糖以白砂糖、淀粉糖浆为主要原料，以琼脂、淀粉、明胶、果胶等为凝固剂，经熬制、成型等工艺制成。根据所含凝胶剂种类的不同可分为淀粉型、果胶型、明胶型、琼脂型及树胶型凝胶糖果。

凝胶剂的凝胶性质使得凝胶糖果实际上是一种含有糖溶液的凝胶体系。在这个凝胶体系中，最初凝胶剂和糖类通过水作为介质形成胶体溶液状态；在后续凝胶体形成的过程中，胶体溶液中的亲水性胶粒相互连接，胶团间结合形成许多长链，长链进一步组合、相互交错，形成复杂的三维网状结构。而熔化的糖液紧紧附着在胶粒的亲水基周围，由此形成一种相对稳定的胶体分散体系。

三、原料特性分析

1. 凝胶剂的凝胶强度测定：用质构仪分析凝胶剂的特征值硬度、黏性、弹性、回复性、凝聚力和咀嚼性，并根据破断曲线分析凝胶强度。
2. 凝胶剂的感官品质的测定：观察凝胶样品凝胶均匀情况透明度和色泽；品尝凝胶或其水溶液状态的滋味及异味情况。
3. 糖的溶解性：析晶法。
4. 糖的黏度：使用数字式黏度计测定。

四、产品加工过程

(一)实验材料与设备

实验材料：砂糖、淀粉糖浆、干明胶、柠檬酸、水果香精、着色剂。

仪器设备：化糖锅、滤网、夹层锅、溶胶锅、模盘、操作台、糖度计、黏度计等。

(二)参考配方

白砂糖 4.0 kg，淀粉糖浆 7.0 kg，干明胶 0.8 kg，柠檬酸 70 g，水果香精适量，色素适量。

(三)工艺流程

溶糖→过滤→熬糖→冷却→拌和→静置→浇模→干燥→分筛→模粉→清粉→拌砂→整理→包装→成品。

(四)操作要点

1.陈胶制备:干明胶加入 2～3 倍重量的水,完全浸润后,缓慢加热至全部化成溶胶。溶胶冷却凝结有成一定厚度的陈胶后,分切,待用。

2.熬糖:白砂糖溶化后加入淀粉糖浆,待全部溶化后,进行过滤熬糖。当熬煮温度达到 115～120 ℃时,停止熬糖。

3.拌和、静置:待熬制的糖液温度冷却至 100 ℃时,加入陈胶并搅拌调和,然后加入食用色素、香料,缓慢搅拌均匀。搅拌完成后,静置,待糖液中的气泡聚集到糖液表面时,撇除。

明胶受热极易分解,因此熬糖过程中及糖浆温度较高时不能加入明胶。混合时搅拌速度要缓慢,防止速度过快使空气进入而产生不易排除的细小气泡。

4.浇模成型:将干燥的淀粉均匀平整地撒至盘中,并用石膏模印轻压印一下,制成淀粉模盘后,将静置后的糖浆浇在粉模中。淀粉的吸水能力较强,因此粉模不仅具有定型作用,还有吸水干燥的作用。

5.干燥:浇模成型后的糖体表面再轻轻覆盖一层干燥的淀粉,在干燥箱内低温干燥,干燥温度应低于 40 ℃。

6.拌砂、包装:将浇模成型后的明胶软糖,从淀粉中分筛出来,用均匀的糖霜或细白砂糖进行搅拌。粘着糖粒的明胶软糖可进行包装。

五、产品品质分析

1.干燥失重:按 SB/T 10021—2008 附录 A 进行测定。

2.还原糖:按 GB 5009.7—2016 规定的第一法进行测定。

3.色度测定:采用色差仪进行测定。

4.质构测定:采用质构仪对凝胶软糖的硬度、弹性、粘聚性及咀嚼性进行测定。通过 TPA 测试模式,采用 Probe 36R 圆柱形探头;测试前、测试时及测试后速度均为 2.0 mm/s;压缩率 50%;触发力 5 g;停留时间 5 s。每批样品测定 3 次,取平均值用于分析。根据凝胶软糖质构的仪器分析结果可得凝胶软糖的硬度、弹性、粘聚性及咀嚼性。

5.感官评价:将样品置于清洁、干燥的白瓷盘中,检查色泽、形态、组织、风味和杂质。具体凝胶糖果感官评分标准见表 3-4。

表 3-4　凝胶糖果感官品质要求及分值

项目	要　　求	满分
色泽	色泽均匀一致,符合品种应有的色泽	15
硬度	硬度适中,符合品种应有的硬度	15
形态	块形完整,表面光滑,边缘整齐,大小一致,厚无缺角、裂缝,无明显变形,无粘连	20
组织	糖体表面可附有均匀的细砂糖晶粒,有弹性和咀嚼性;无皱皮,无气泡	15
风味	符合该产品应有的风味,无异味	20
杂质	无肉眼可见杂质	15
总分		100

六、产品质量标准

凝胶糖果感官品质应符合 SB/T10018—2008 的行业标准。

(一)感官评价

表 3-5　凝胶糖果感官要求

项 目		要 求
色 泽		符合品种应有的色泽
形 态		块形完整,表面光滑,边缘整齐,大小一致,无缺角、裂缝,无明显变形,无粘连
组织	植物胶型	糖体光亮,略有弹性;不粘牙,无硬皮,糖体表面可附有均匀的细砂糖晶粒
	动物胶型	糖体表面可附有均匀的细砂糖晶粒,有弹性和咀嚼性;无皱皮,无气泡
	淀粉型	糖体表面可附有均匀的细砂糖晶粒,口感韧软,略有咀嚼性;不粘牙;无淀粉裹筋现象。以淀粉为原料的,表面可有少量均匀熟淀粉,具有弹性和韧性;不粘牙
	混合胶型	有弹性和咀嚼性
	其他胶型	有弹性和咀嚼性
	夹心型	糖体光亮,有弹性和咀嚼性,无馅心外露
	包衣、包衣抛光型	糖体表面光亮,糖体符合主题糖果的要求
滋味、气味		符合品种应有的滋味及气味,无异味
杂 质		无肉眼可见杂质

(二)理化指标

表 3-6　凝胶糖果理化指标

项 目	指 标					
	植物胶型	动物胶型	淀粉型	夹心型	其他胶型	包衣、包衣抛光型
干燥失重/(g/100g)	≤18.0	≤20.0	≤18.0	≤20.0	≤20.0	符合主体糖果的要求
还原糖(以葡萄糖计)/(g/100g)	≥10.0					

注:夹心型凝胶糖果的还原糖以外皮计。

(三)卫生指标

应符合 GB 7698.1 的规定。

七、实验报告要求

1.实验报告内容包括关键技术原理、工艺流程、操作要点、产品分析、结果讨论。

2.分析产品的干重失重率、凝胶剂凝胶特性与产品综合感官特征形成的关系。

实验十五　巧克力制作及品质评价

一、关键知识点

1. 巧克力的基本特性、组成及分类。

2. 巧克力加工关键技术要点。

3. 巧克力物料精磨技术,物料的精炼过程,调温处理工艺。

4. 非可可脂肪的添加量、巧克力成分含量要求,参照 GB 7698.2—2014。

二、实验技术原理

巧克力(Chocolate)是以可可制品(可可脂、可可液块或可可粉)、白砂糖和/或甜味剂为主要原料,添加或不添加乳制品、食品添加剂(香料、表面活性剂等),经特定工艺制成的固体食品。巧克力基本原料经混合、精磨、精炼、调温、浇模成型等科学加工,形成具有独特的色泽、香气、滋味和精细质感的、耐保藏的、高热值的香甜固体食品。其中,物料的精磨对巧克力的细度有决定作用,而后续的精炼及保温过程则对物料的香味及质构影响较大。

三、原料特性分析

1. 感官品质的测定:试样加热至 50 ℃,用玻璃棒边搅拌边嗅气味;加热后的试样注入比色管中,50 ℃恒温培养 24 h 后观察其透明度和色泽;可可脂感官品质需符合 GB 20707—2006 标准要求;具体要求见表 3-7。

表 3-7　可可脂感官要求

项　　目	指　　标
色　泽	熔化后的色泽呈明亮的柠檬黄至淡黄色
透明度	澄清透明至微浊
气　味	溶化后具有正常的可可香气,无霉味、焦味、哈败味或其他异味

2. 水分及挥发物:采用快速水分测定仪测定,结果以百分含量(%)计。可可脂水分及挥发物需符合 GB/T 20707—2006 标准要求;具体要求见表 3-8。

3. 折光指数:参考 GB/T 5527—2010 用阿贝折光仪测定,可可脂折光率需符合 GB 20707—2006 标准要求;具体要求见表 3-8。

4. 碘值:参考 GB 5532—2008 测定,可可脂碘值需符合 GB 20707—2006 标准要求;具体要求见表 3-8。

5. 皂化值:参考 GB 5534—2008 测定,可可脂皂化值需符合 GB 20707—2006 标准要求;具体要求见表 3-8。

表 3-8 可可脂理化要求

项 目	指 标
色阶/($K_2Cr_2O_7/H_2SO_4$)/(g/100 mL)	≤0.15
折光指数/(n_D^{4D})	1.4560~1.4590
水分及挥发物/(%)	≤0.20
游离脂肪酸(以油酸计)/(%)	≤1.75
碘价(以碘计)/(g/100g)	33~42
皂化价(以 KOH 计)/(mg/g)	188~198
不皂化物/(%)	≤0.35
滑动熔点/(℃)	30~34

四、产品加工过程

(一)实验材料与设备

实验材料:可可脂、可可液块等,白砂糖、脱脂奶粉等辅料,香兰素、磷脂等食品添加剂。

仪器设备:夹层锅、粉碎机、精磨机、精炼机、调温缸、浇注机、折光仪。

(二)参考配方

可可脂 22 kg;可可液块 48 kg;白砂糖 30 kg;磷脂 0.3 kg;香兰素 0.05 kg。

(三)工艺流程

原料→混合→精磨→精炼→过筛→保温→调温→浇模→振动→冷却硬化→脱模→拣选→包装→成品。

(四)操作要点

1.原料混合:先将可可液块和可可脂在夹层锅中融化,白砂糖用经粉碎机磨成超微糖粉,然后将以上物料在搅拌机中充分搅拌混合。

2.精磨:将混合后的物料送入精磨机进行精磨,精磨至颗粒粒径小于 25 mm(以 18~20 mm 最佳)。

3.精炼:精磨后的巧克力还不够细腻,精炼可进一步提升质量。利用巧克力精炼机对物料进行精炼,去除挥发性酸、水分等,促进物料中呈味物质的化学变化,促进巧克力制品色泽和风味。一般在 45~55 ℃下精炼 24~72 h。

4.调温:采用连续调温机进行三段式调温。第一阶段,物料冷却至 29 ℃,可可脂产生晶核;第二阶段,物料继续冷却至 27 ℃,部分不稳定的晶型转变为稳定晶型,黏度增大;第三阶段,物料温度从 27 ℃回升至 29~30 ℃,使 29 ℃下不稳定的晶型融化,只保留熔点较高的 β 和 β' 晶型,同时物料黏度降低,可用于进一步浇模成型。

5.浇模、振动:浇模时物料的温度控制在 30 ℃左右,此时黏度适中,适宜浇注操作。浇模后,对模型进行震荡,减少气泡缝隙的产生,使结构坚实。震荡幅度不宜超过 5 mm,频率约 1000 次/min。

6.冷却硬化:浇模震荡后,将物料置于 8~10 ℃的冷藏室内,冷藏 5 min 后物料温度降至约 21 ℃;再持续冷藏约 20 min,使物料温度降至 12 ℃。冷却时的速度不宜过快,冷却后期可适当提高冷藏温度。

五、产品品质分析

1.感官评定：首先将样品置于清洁、干燥的白瓷盘中,检查色泽、形态、组织、风味和杂质。其次由感官评定小组对产品的脆性、咀嚼性、内聚性、弹性及整体接受性进行感官评定。脆性,将一小块产品放于臼齿间,缓慢咬下并持续到饼干式结构的突然和连续的破碎现象的出现,在尽可能一致的咬合速率下评估产品破碎成为小碎片的程度;咀嚼性,咀嚼样品使其能够吞咽的工作量;内聚性,是用臼齿咬住样品使其变形(而不是碾碎、裂碎、破碎)的程度;弹性是用臼齿对样品部分施力使其恢复到原来状态的程度;总体接受性是对样品总体的接受程度。评定分数采用1～7分制,分别为极不好、非常不好、不好、一般、好、非常好、极好。

2.质构分析:应用质构分析仪采用穿刺、三点弯曲和 TPA 三种常见的测定方法对产品的硬度、黏性、内聚性、弹性、咀嚼性及脆性进行测定。记录结果,并结合感官分析结果分析。

六、产品质量标准

生产的巧克力品质应符合 GB 7698 标准要求。

(一)感官要求

表 3-9　巧克力感官要求

项　目	要　　求	检验方法
色　泽	具有产品应有的正常色泽	取适量试样置于 50 mL 烧杯或白色瓷盘中,在自然光下观察色泽和状态。闻其气味,用温开水漱口,品尝其滋味。
滋味、气味	具有产品应有的滋味、气味	
状　态	常温下呈固体或半固体状态,无正常视力可见的外来异物	

(二)污染物限量

应符合 GB 2762—2012 的规定。

(三)微生物限量

致病菌限量应符合 GB 29921—2013 的规定。

七、实验报告要求

1.实验报告内容包括关键技术原理、工艺流程、操作要点、产品分析、结果讨论。

2.分析产品的可可脂含量、晶型与产品综合感官特征形成的关系。

3.谈谈对于品质控制及改良的思路和看法。

实验十六　充气糖果(花生牛轧糖)制作及品质评价

一、关键知识点

1.充气糖果的组成。

2.充气糖果的分类。

3.充气糖果的产品特性。

4.充气糖果的制作工艺及工艺要点。

5.糖果充气技术。

二、实验技术原理

充气糖果是在传统糖果加工的基础上利用糖果充气技术使产品的体积增大、密度降低,进而发生稠度、质构和色泽的变化,从而获得的一种具有独特口感的糖果。其本质属于一种多相分散体系,其中,糖类分散于水相中形成连续相,而细小的气泡(空气)分散在整个体系中形成分散相,部分脂肪则以微小的脂肪球颗粒状存在于体系中。充气糖果的充气主要是通过不断地搅拌物料而充入空气,搅拌时可加入发泡剂降低气液两相间的表面张力,促进微小气泡的形成。充气糖果有韧性和酥脆性两种质构效果。韧性充气糖果比较黏稠,组织较为紧密,富有弹性,不易断裂,拒绝性好;而酥脆性充气糖果质地较为松软,易发生断裂。

三、原料特性分析

1.感官品质的测定:观察样品晶粒均匀情况,粒度大小,干燥松散情况,透明度和色泽;品尝晶粒或其水溶液的滋味及异味情况。白砂糖感官测定及要求同实验十三的原料特性分析。

2.水分及挥发物:采用快速水分测定仪测定,结果以百分含量(%)计。白砂糖水分及挥发物测定及要求同实验十三的原料特性分析。

3.糖度测定:使用糖度计测定。

4.糖的溶解度:析晶法。

5.还原糖测定:直接滴定法。白砂糖还原糖分测定及要求同实验十三的原料特性分析。

6.不溶于水杂质(mg/kg)测定:白砂糖不溶于水杂质测定及要求同实验十三的原料特性分析。

7.灰分测定:高温灼烧法。白砂糖灰分测定及要求同实验十三的原料特性分析。

8.糖浆的黏度测定:使用数字式黏度计测定。

9.发泡性能测定:采用振荡法测定发泡剂的性能。采用一定量的初始发泡剂母液,按一定比例与水稀释成发泡液,移入细长圆柱形发泡泡沫体积与原始发泡液体积之比(即发泡倍数)表示发泡能力。用在自然静置环境下泡沫体积随时间的变化情况表示泡沫的稳定性。

四、产品加工过程

(一)实验材料与设备

实验材料:白砂糖、淀粉糖浆、蛋白粉、全脂奶粉、香料等。

仪器设备:化糖锅、熬糖锅、过滤筛、搅拌机、冷却盘、压板、切刀等。

(二)参考配方

白砂糖 2.4 kg,淀粉糖浆 2.4 kg,卵蛋白粉 44 g,奶油 0.1 kg,全脂奶粉 0.1 kg,花生仁 1.4 kg,香料 适量,水 700 g。

(三)工艺流程

卵蛋白→浸泡→过筛→混合、搅拌→熬煮→混合→切割→整理、包装。

(四)操作要点

1.卵蛋白前处理:将卵蛋白粉先浸泡于水中,放置过夜后过筛备用。

2.混合、搅拌:白砂糖与淀粉糖浆充分搅拌溶解后过滤,加热至115~120 ℃。将处理后的蛋白液置于搅拌机中,高速搅拌成稠密的气泡基。从加热至 118 ℃的糖液取 1/3 冲入气泡基中,保持中速搅拌成黏稠的泡沫体。

3.熬煮:剩余的糖液继续加热至130 ℃左右,再将糖液冲入泡沫体内,形成充气结构。

4.混合:充气结构中加入奶油、花生仁及香料等辅料的同时,缓慢搅拌混合均匀。不可过度混合,防止破坏充气结构。

5.切割:将混合后的糖料均匀地倒在铺有米纸的冷却盘上后,在其上表层平铺一层米纸。可在铺平的糖料顶部放置压板以防止气泡的上升造成表面粗糙不平。冷却 12 h 后,糖膏基本成型,有一定的坚实度,此时可进行切割。切割速度要快,防止糖膏断裂,影响成品品质。

五、产品品质分析

1.感官分析:将样品置于清洁干燥的白瓷盘中,检查色泽、形态、组织、风味和杂质。具体充气糖果感官评分标准见 3-10。

表 3-10 充气糖果感官品质要求及分值

项目	要 求	满分
色泽	色泽均匀一致,符合品种应有的色泽	20
形态	块形完整,表面光滑,边缘整齐,大小一致,厚薄均匀,无缺角、裂缝,无明显变形	25
组织	糖体内的果粒混合均匀,无1mm 以上气孔	25
风味	符合该产品应有的风味,无异味	15
杂质	无肉眼可见杂质	15
总分		100

2.干燥失重:按 SB/T 10104—2008 附录 A 进行测定。

3.还原糖:按 GB 5009.7—2016 规定的第一法进行测定。

4.色度测定:采用色差仪进行测定。

5.质构测定:采用质构仪对凝胶软糖的硬度、弹性、粘聚性及咀嚼性进行测定。通过 TPA 测试模式,采用 Probe 36R 圆柱形探头;测试前、测试时及测试后速度均为 2.0 mm/s;压缩率 50%;触发力 5 g;停留时间 5 s。每批样品测定 3 次,取平均值用于分析。根据凝胶软糖质构的仪器分析结果可得充气糖果的硬度、弹性、粘聚性及咀嚼性。

六、产品质量标准

充气糖果感官品质应符合 SB/T 10018—2008 的行业标准。

(一)感官评价

表 3-11 充气糖果感官要求

项 目			要 求
色 泽			均匀一致,符合品种应有的色泽
形 态			块形完整,表面光滑,边缘整齐,大小一致,厚薄均匀,无缺角、裂缝,无明显变形
组织	高度充气类	弹性型	糖体表面平滑、细腻,指压后能立即复原,无皱皮
		脆性型	糖体有脆性,表面及剖面不粗糙,无皱皮
		夹心型	糖体内有夹心,无馅心外漏
		包衣、包衣抛光型	—
	中度充气类	胶质型	糖体表面及剖面光滑,内部气泡均匀,口感润滑,软硬适中,有咀嚼性
		砂质型	糖体内微晶体均匀,软硬适中,内部气孔均匀,表面及剖面不粗糙,
		混合型	糖体内果料混合均匀,无 1mm 以上气孔
		夹心型	糖体内有夹心,无馅心外漏
		包衣、包衣抛光型	—
	低度充气类	胶质型	糖体表面及剖面细腻润滑,软硬适中,有弹性,内部气孔均匀,表面及剖面不粗糙,口感柔软
		砂质型	糖体内微晶体均匀,软硬适中,有弹性,内部气孔均匀,表面及剖面不粗糙,不糊口,有咀嚼性
		混合型	糖体内果料混合均匀,无 1 mm 以上气孔
		夹心型	糖体内有夹心,无馅心外漏
		包衣、包衣抛光型	—
滋味、气味			符合品种应有的滋味及气味,无异味
杂 质			无肉眼可见杂质

(二)理化指标

表 3-12 充气糖果理化指标

项 目	指 标													
	高度充气类				中度充气类					低度充气类				
	弹性型	脆性型	夹心型	包衣、包衣抛光型	胶质型	砂质型	混合型	夹心型	包衣、包衣抛光型	胶质型	砂质型	混合型	夹心型	包衣、包衣抛光型
干燥失重/(g/100 g)	≥14.0				≤9.0					≤9.0				

项 目	指 标													
	高度充气类				中度充气类					低度充气类				
	弹性型	脆性型	夹心型	包衣、包衣抛光型	胶质型	砂质型	混合型	夹心型	包衣、包衣抛光型	胶质型	砂质型	混合型	夹心型	包衣、包衣抛光型
还原糖（以葡萄糖计)/(g/100 g)	≥15.0		同主体糖果		≥10.0	≥6.0		同主体糖果		≥10.0	≥8.0	≥8.0	同主体糖果	
脂 肪/(g/100g)	—				≥1.5									

注：夹心型充气糖果的还原糖和脂肪以外皮计。

（三）卫生指标

应符合 GB 7698.1 的规定。

七、实验报告要求

1. 实验报告内容包括关键技术原理、工艺流程、操作要点、产品分析、结果讨论。

2. 分析气泡剂的起泡性能、产品的还原糖含量与产品综合感官特征形成的关系。

实验十七　压片糖果（泡腾片）制作及品质评价

一、关键知识点

1. 压片糖果的组成。
2. 压片糖果的产品特性。
3. 压膜技术、压片机机理及使用。
4. 压片糖果的制作工艺。

二、实验技术原理

压片糖果是利用药片生产工艺上的压膜技术将经粉碎混合的物料造粒、模压及包衣后形成的颗粒整齐、有一定坚实度的一类糖果。压片糖果的制造主要依靠压力把粉末颗粒状物料间距离缩小至可以产生足够内聚力，排除掉颗粒缝隙间的空气，增加颗粒间的接触面积从而使其紧密结合。产品主要物料除传统糖果所用的糖等，还需添加湿润剂、黏合剂、润滑剂及崩解剂。湿润剂和黏合剂可增加颗粒间的相互附着的作用；润滑剂主要是用以增加粉状颗粒的流动性使模压时颗粒滑动挤紧；崩解剂促进物料颗粒或晶体发生溶解或崩解，减小缝隙，从而加速压面糖果整体片状的形成。

三、原料特性分析

1. 感官品质的测定：观察样品晶粒均匀情况，粒度大小，干燥松散情况，透明度和色泽；品尝晶粒或其水溶液的滋味及异味情况。白砂糖感官测定及要求同实验十三的原料特性分析。
2. 水分及挥发物：采用快速水分测定仪测定，结果以百分含量（％）计。白砂糖水分及挥发物测定及要求同实验十三的原料特性分析。
3. 糖度测定：使用糖度计测定。
4. 蔗糖测定：盐酸水解后直接滴定法测定。
5. 糖的溶解度：析晶法。
6. 还原糖测定：直接滴定法。
7. 不溶于水杂质（mg/kg）测定：白砂糖不溶于水杂质测定及要求同实验十三的原料特性分析。
8. 灰分测定：高温灼烧法。白砂糖灰分测定及要求同实验十三的原料特性分析。
9. 糖浆的黏度测定：使用数字式黏度计测定。

四、产品加工过程

（一）实验材料与设备

实验材料：白砂糖、糖醇等填充料，糊精、明胶等黏合剂，淀粉、羧甲基淀粉等崩解剂，硬脂酸镁、液状石蜡等润滑剂。

仪器设备：台秤、天平、干燥箱、搅拌机、制粒机、压片机、质构仪等。

(二)参考配方

白砂糖 2.5 kg,碳酸氢钠 50 g,变性淀粉 0.2 kg,粉末香精 40 g,浓缩果汁 0.5 kg,明胶 6 g,柠檬酸 50 g,硬脂酸镁 50 g。

(三)工艺流程

原料→混合→制粒→干燥→整粒→调和→压片→混合→挑选→包装

(四)操作要点

1.原料预处理:所有原辅材料需经过粉碎、过筛或干燥等处理,使原料细度达到 80～100 目筛的要求。

2.混合:提前需计算好果汁的含水量,各物料充分混合后应尽可能呈干粉状,水分不宜过多。因为小苏打(碳酸氢钠)吸潮会失效而失去起泡能力,因此要在其他物料充分混合后再加入小苏打并搅拌均匀。

3.制粒:将混合均匀的物料加入制粒机进行造粒,筛底选择 30 目筛。

4.干燥:制粒完成后,迅速将物料放入干燥箱进行干燥,避免时间过久造成物料受压变形或结块。干燥温度控制在 50～60 ℃为宜;干燥过程中应逐渐升高温度,防止颗粒表面变黄、糖片出现斑点。对于结晶水含量过多的物料,干燥温度不宜过高,时间不宜太长,避免使物料颗粒失去太多结晶水而松脆,造成压片成型困难。当物料颗粒中的水分蒸发至 5% 左右时,停止干燥。

5.整粒:干燥后所得的干粒过 40 目筛整粒,滤去大径或是粘连的颗粒,使颗粒粒度均匀一致,流散性更好。

6.调和:过筛后的物料颗粒与浓缩果汁、粉末香精、硬脂酸镁混合,调和充分后装袋备用。

7.压片成型:调节压片机参数,物料放入进料斗,压片成型。可压制成片重为 8 g 左右的大圆片型。

五、产品品质分析

1.干燥失重:按 SB/T 10347—2008 附录 A 进行测定。

2.色度测定:采用色差仪进行测定。

3.质构测定:采用质构仪对压片糖果的径向硬度和脆度进行测定。

4.感官评价:采用综合评分法,评分标准参照商业行业标准 SB/T 10347—2008 对压片糖果的感官要求。具体感官评分标准见表 3-13。

表 3-13 压片糖果感官品质要求及分值

项目	要 求	满分
色泽	色泽均匀一致,符合品种应有的色泽	20
形态	块形完整,大小一致,无缺角、裂缝,表面光滑,纹路清清晰,无明显变形	20
组织	坚实,不松散,剖面紧密,不粘连	20
风味	香气适中,滋味纯正,符合该产品应有的风味,无异味	20
杂质	无肉眼可见杂质	20
总分		100

5. 崩解时间测定:纯水 55 ℃预热 30 min 后,放入 1 片泡腾片并开始计时,等完全崩解时终止计时。其中,泡腾片与水的比例为 1∶70(m/V)。平行测定 6 次,取平均值,即为崩解时间。

6. pH 测定:按 1 g 泡腾片溶于 70 mL 水的比例将 1 片泡腾片溶解或分散于 45～55 ℃的水中,待气泡停止释放后,无聚集的颗粒残留,测定 pH。

7. 发泡容量测定:泡腾片溶解的过程中,立即用 100 mL 量筒以排水法收集产生的 CO_2,至不再有气体产生,记录量筒中气体的体积,即为发泡容量。

8. 菌落数、霉菌、大肠菌群、致病菌:参照 GB 7698.1 规定的方法进行测定。

六、产品质量标准

压片糖果品质应符合 SB/T 10347—2008 的行业标准。

(一)感官评价

表 3-14 压片糖果感官要求

项 目		要 求
色 泽		均匀一致,符合品种应有的色泽
形 态		块形完整,大小一致,无缺角、裂缝,表面光滑,花纹清晰,无明显变形
组织	坚实型	坚实,不松散,剖面紧密,不粘连,入口易化
	夹心型	夹心紧密吻合,不脱层,入口易化
	包衣、包衣抛光型	表面平滑或光亮,入口易化
滋味、气味		香气适中,滋味纯正,符合品种应有的滋味及气味,无异味
杂 质		无肉眼可见杂质

(二)理化指标

表 3-15 压片糖果理化指标

项 目	指 标		
	坚实型	夹心型	包衣、包衣抛光型
干燥失重/(g/100g)	≤5.0	≤10.0	≤5.0

(三)卫生指标

应符合 GB7698.1 的规定。

七、实验报告要求

1. 实验报告内容包括关键技术原理、工艺流程、操作要点、产品分析、结果讨论。

2. 分析原料起泡容量、崩解时间与产品综合感官特征形成的关系。

3. 谈谈对于品质控制及改良的思路和看法。

实验十八 硬质夹心糖果(酒心夹心巧克力)制作及品质评价

一、关键知识点

1.硬质夹心糖果产品的特点。
2.糖果夹心加工工艺流程。
3.硬质夹心糖果糖坯制作及涂层工艺的控制。

二、实验技术原理

硬质夹心糖果是以硬质糖果基体作为外层包裹不同的心体物料,经充填拉伸成型的外皮坚脆均匀的固体糖块,其外层的原辅料构成和理化性质与硬质糖果相似。其心体被称作馅料,根据心料形态及特性不同主要分为酥心型、粉心形、酱心型、果心型、浆心型五种。

三、原料特性分析

1.感官品质的测定:白砂糖感官测定及要求同实验十三的原料特性分析;可可脂感官测定及要求同实验十五的原料特性分析。

2.水分及挥发物:白砂糖水分及挥发物测定及要求同实验十三的原料特性分析;可可脂水分及挥发物测定及要求同实验十五的原料特性分析。

3.折光指数:可可脂折光指数测定及要求同实验十五的原料特性分析。

4.碘值:可可脂碘值测定及要求同实验十五的原料特性分析。

5.皂化值:可可脂皂化值测定及要求同实验十五的原料特性分析。

6.还原糖测定:白砂糖还原糖测定及要求同实验十三的原料特性分析。

7.水不溶杂质(mg/kg)测定:白砂糖不溶于水杂质测定及要求同实验十三的原料特性分析。

8.灰分测定:白砂糖灰分测定及要求同实验十三的原料特性分析。

四、产品加工过程

(一)实验材料与设备

实验材料:白砂糖、酒、可可粉、食用酒精、糖粉、可可脂。
仪器设备:化糖锅、熬糖锅、冷却台、模具盘、保温箱等。

(二)参考配方

白砂糖 10 kg,酒 1.5 kg,可可粉 4.0 kg,可可脂 1.6 kg,糖粉 1.5 kg,食用酒精 0.4～0.6 kg。

(三)工艺流程

原料→制模→熬糖→灌模→保温→掸粉涂衣→冷却成型→包装→成品。

(四)操作要点

1.制模:按 10∶3 的比例配好面粉和滑石粉,混合后经烘焙除去水分,其中一部分用印模印制出呈半圆球形,使其间距均匀,深浅一致。另一部分放于木盘内压紧压平备用。

2.熬糖、灌模:糖等原料溶糖后,在所熬得糖浆浓度适当时随即加入酒精和酒,并立即灌模成型。灌模时糖浆流量要缓慢而均匀,切不可冲坏模型的形状。

熬糖时要掌握好加水量及最终熬制温度,如果最终温度过高,制的糖坯会成为硬糖,没有酒浆析出;如果过低,会因糖浆过嫩而不能结成糖块。灌模应趁热一次灌完,防止糖浆的温度降低而造成反砂。

3.保温:趁热将温度较高的糖浆挤压在喷嘴灌模,糖浆流量需缓慢而均匀。灌模后上面覆盖一层烘焙的面粉和滑石粉混合物,厚度约 1 cm。灌模后的粉盘放入恒温 35 ℃的保温室内,静置 12 h,使之结晶。

保温时,湿度不能忽高忽低,否则难以结晶。应让糖浆自然冷却,防止产生粗粒状结晶。

4.掸粉、涂衣:干燥后,将模盘中的糖坯轻轻挖出,并用毛刷掸去糖坯表面所黏附的粉末,然后涂巧克力浆。将可可粉、可可脂、糖粉加微热,熔融成浆,稍冷呈糊状时(接近冷却但尚未凝结),将糖坯放入,浸没后随即捞出。涂衣的巧克力中可可脂含量应略高些,温度要控制在 30～32 ℃范围内,浆料温度过高或浸没时间过长会导致糖坯的软化,以糖坯温度略低于浆料温度为好。

5.冷却成型、包装:将糖置于蜡纸上冷却成型。涂衣干燥后的糖块在迅速冷却,温度控制在 7～15 ℃。定型后,用蜡纸进行包装,即为成品。

五、产品品质分析

1.干燥失重:按 SB/T 10018—2008 附录 A 进行测定。

2.还原糖:按 GB 5009.7—2016 规定的第一法进行测定。

3.色度测定:采用色差仪进行测定。

4.质构测定:采用质构仪对硬糖的硬度和脆度进行测定。采用 2 mm Cylinder Probe 探头;测试前速度为 1.0 mm/s;测试时速度为 1.0 mm/s;测试后速度为 10.0 mm/s;下降距离 4 mm。每批样品测定 3 次,取平均值用于分析。根据硬糖的典型测试曲线可得硬糖的硬度和脆度。

5.感官评价:采用综合评分法,硬质夹心糖果评分标准参照商业行业标准 SB/T 10018—2008 对硬质糖果的感官要求,具体硬质夹心糖果感官评分标准见表 18-1。硬糖硬度感官评价标准是:硬度适中(15 分)、较硬(7.5 分)、过硬(0 分)、较软(7.5 分)、过软(0 分)。由食品专业人员组成评定小组,对样品从口感、风味、色泽等方面进行综合打分,再取其平均值。

表 3-16　硬质夹心糖果感官品质要求及分值

项目	要　求	满分
色泽	均匀一致,符合品种应有的色泽。	15
硬度	硬度适中,符合品种应有的硬度。	15
形态	块形完整,表面光滑,边缘整齐,大小一致,厚薄均匀,无缺角、裂缝,无明显变形。	20
组织	糖皮厚薄较均匀,不粘牙、不粘纸;无破皮、馅心外漏;无 1mm 以上气孔。	15
风味	符合该产品应有的风味,无异味。	20
杂质	无肉眼可见杂质。	15
总分		100

6.菌落数、霉菌、大肠菌群、致病菌：参照 GB 7698.1 规定的方法进行测定；

六、产品质量标准

硬质夹心糖果品质应符合 SB/T 10018—2008 的行业标准。

(一)感官评价

表 3-17　硬质夹心糖果感官要求

项　　目		要　　求
色泽	砂糖、淀粉糖浆型	光亮,色泽均匀一致,具有品种应有的色泽
	砂糖型	微有光泽,色泽较均匀,具有品种应有的色泽
	夹心型	均匀一致,具有品种应有的色泽
	包衣、包衣抛光型	均匀一致,具有品种应有的色泽
形　　态		块形完整,表面光滑,边缘整齐,大小一致,厚薄均匀,无缺角、裂缝,无明显变形
组织	砂糖、淀粉糖浆型	糖体坚硬而脆,不粘牙,不粘纸
	砂糖型	糖体坚硬而脆,不粘牙,不粘纸
	夹心型	糖皮厚薄较均匀,不粘牙,不粘纸,无破皮、馅心外漏;无 1 mm 以上气孔
	包衣、包衣抛光型	块形完整,表面光滑,边缘整齐,大小一致,厚薄均匀,无缺角、裂缝,无明显变形,无粘连,包衣厚薄均匀一致
滋味、气味		符合品种应有的滋味气味,无异味
杂　　质		无肉眼可见杂质

(二)理化指标

表 3-18　硬质夹心糖果理化指标

项　　目	指　　标				
	砂糖、淀粉糖浆型	砂糖型	夹心型	包衣、包衣抛光型	其他型
干燥失重/(g/11g)	≤4.0	3.0	8.0	7.0	4.0
还原糖(以葡萄糖计)/(g/100g)	12.0~29.0	10.0~20.0	12.0~29.0	12.0~29.0	—

注:夹心型硬质糖果的还原糖以外皮计。

(三)卫生指标

应符合 GB 7698.1 的规定。

七、实验报告要求

1.实验报告内容包括关键技术原理、工艺流程、操作要点、产品分析、结果讨论。

2.分析糖坯还原糖含量、糖衣可可脂含量、熬煮及涂衣温度与产品综合感官特征形成的关系。

第四章　饮料与乳制品加工及开发实验技术

实验十九　复合果蔬汁饮料制作及品质评价

一、关键知识点

1.果蔬汁饮料的分类及特点。

2.果汁饮料加工关键技术要点。

3.果汁饮料杀菌技术,UHT 在线杀菌系统。

4.甜味剂、酸味剂、抗氧化剂等食品添加剂的使用原则,参照 GB 2760—2014。

二、实验技术原理

复合果蔬汁是指由多种果蔬榨汁混合制得的饮料,主要分为浑浊汁和澄清汁。浑浊果蔬汁一般指带有果肉的果蔬汁,而澄清汁是指不带有任何果肉颗粒及残渣的果蔬汁。复合果蔬汁产品的开发包括原料特性分析、制备工艺研究、产品品质分析等过程。其中,制备工艺研究又包括原料处理、破碎与榨汁、过滤与澄清、调配、灭菌、包装等环节的工艺筛选和参数优化。

三、原料特性分析

1.外观品质的测定:用直尺测量原料的长度(测定 40 个样品的平均值);用游标卡尺测量直径(40 个样品的平均值);用百分位天平测量原料重量(40 个样品的平均值)。

2.水分含量:采用快速水分测定仪测定。

3.果胶含量:咔唑比色法。

4.粗蛋白含量:用凯氏定氮法测定,转换系数 6.25。

5.总糖:用苯酚-硫酸法测定。

6.还原糖:用水杨酸比色法测定。

7.粗纤维含量:中性洗涤纤维(NDF)法。

8.类胡萝卜素含量:采用分光光度计法。

表 4-1　芒果的主要营养组成

成　　分	含　　量
水分/g・100g^{-1}	84.78
g・100g^{-1}	1.19

成　　分	含　　量
总脂肪/g·100g^{-1}	0.33
灰分/g·100g^{-1}	0.348
粗纤维/g·100g^{-1}	5.078
总果胶/g·100g^{-1}	0.163
水溶性果胶/g·100g^{-1}	0.0379
总糖/g·100g^{-1}	8.746
还原糖/g·100g^{-1}	7.826
β-胡萝卜素/mg·100g^{-1}	13.38

四、产品加工过程

(一)实验材料与设备

实验材料:苹果、菠萝、橙子等水果,胡萝卜、番茄、芹菜等蔬菜,白砂糖、麦芽糊精等辅料,甜味剂、酸味剂、稳定剂等食品添加剂。

仪器设备:榨汁机、分离机、剪切机、均质机、UHT、手持糖度计、便携式 pH 计。

(二)参考配方

主料:总量 5000 g,果蔬＞20％,白砂糖 250 g(5.0％)。

甜味剂:0.5～1.0‰(阿斯巴甜＜0.6‰,甜蜜素＜0.65‰)。

酸味剂:2.5～3.0‰(柠檬酸 1.‰,苹果酸 1‰,柠檬酸钠 1‰)(按需要适量)。

抗氧化剂:Vc-Na 0.5。

增稠剂:2.0‰(海藻酸钠 1.2 g/L,羧甲基纤维素钠(CMC-Na)0.4 g/L,黄原胶 0.4 g/L)(按需要适量)。

(三)工艺流程

果蔬原料→清洗→去皮、去芯→切块→榨汁→分离→调配→剪切→均质→UHT 杀菌→灌装→成品。

(四)操作要点

1.原料清洗:选择成熟适度、组织新鲜的果蔬原料,用流动水和空气翻动对原料进行清洗,去除原料表面的泥沙和杂质,同时防止原料挤压破碎。挑出杂质及腐烂果。

2.去皮、去芯:带皮果蔬手工去皮;因果蔬种子含油脂及单宁,损伤后会影响成品质量,核果类原料需去除果核部分。

3.切块与破碎:果蔬原料去皮后切成大小适宜的小块,一般厚度为 5～8 mm,然后沸水热烫 3～5 min;采用果蔬破碎机进行破碎处理时,原料多次少量加入破碎机,根据原料特点可进行一次或多次破碎处理。

4.榨汁:采用果蔬榨汁机进行榨汁,榨汁前后对设备进行充分清洗,确保卫生;榨汁过程中加入果蔬原料两倍量的纯净水;榨汁同时,连续添加适量的浓度为 0.1％Vc 和 0.1％柠檬酸混合溶液进行护色。

表 4-2 护色剂抑制褐变机理

种类	试剂	抑制褐变机理
酸类物质	柠檬酸、酒石酸	降低 pH,于 PPO 位点螯合 Cu^{2+}
	草酸、梢酸、棚酸	降低 pH
还原剂	抗坏血酸、亚硫酸氢钠、异抗坏血酸钠、L-半胱氨酸等	具有还原性,将 O-醌还原为无色的 O-二酚化合物
螯合剂	EDTA、EDTA-2Na	于 PPO 位点螯合 Cu^{2+} 以降低 PPO 酶的活性 Ca^{2+} 与果胶酸作用形成果胶酸钙,增加组织硬度
离子化合	$CaCl_2$ NaCl	阻止液泡组织液外泄与酶类接触,降低褐变程度除氧气

5.分离:采用双层纱布过滤去除果蔬残渣,或采用小型离心过滤设备进行除渣;所得果蔬残渣可变废为宝,用于开发其他产品或用作生物发酵的原料。

(澄清:用酶和澄清剂结合使用,分别采用单因素分析试验,在常温 25 ℃,反应 2 h,依据滤液的澄清度,确定酶处理最佳条件。此法可去除果汁中果胶、蛋白质、酚类物质,使果汁澄清透明,同时避免二次沉淀的产生。)

6.调配:将果蔬原汁混合,搅拌混匀,最大限度地保持原料本身特有的风味;然后溶解甜度剂、酸度调节剂,再添加到混合汁中,补充饮用水至产品的最终体积。

7.剪切:剪切处理具有物料破碎和混匀的双重作用;剪切设备使用时,先将剪切头解除都果汁容器的底部,然后提起约 1~2 cm 的高度,固定剪切头进行剪切。

调配液搅拌均匀后,进行剪切处理,开始时采用 B~C 档速度剪切,然后采用 C~D 速度进行剪切,总处理时间为 5 min 左右。

8.均质:均质机进料前要确保物料分散均匀无颗粒杂质存在,以防设备通路堵塞;其操作过程如下:

(1)接通电源;

(2)打开冷却水阀门,打开数显压力表;

(3)逆时针旋转手柄,开启均质机(均质机启动时锁紧均质阀,高压将会损坏机器,并可能伤害人身);

(4)将样品缓缓倒入进料斗,按下机器前面的马达启动按钮;

(5)观察流量,当柱塞摆动脉冲稳定时,流量为正常值;如果流量脉冲不稳,让机器继续运行,将管线中空气排尽;

(6)升压均质阀操作。顺时针旋转第二级均质机手柄,直到压力达到所期望总压的 10%,确保非常缓慢地旋动手柄,压力增大非常快;顺时针旋转第一级均质机手柄,直到压力达到所期望的总压;

(7)观察流量并从排放管收集样品,注意在物料处理过程中,进料斗千万不能缺料液;

(8)均质机卸压。物料快处理完毕时,速加洁净水补充液位,逆时针旋转手柄,先卸掉第一级均质阀压力,再卸第二级均质阀压力,直至零;

(9)均质机在无压力状态下排尽料液,并清洗机器;

(10)按下电源开关关掉马达;关闭冷却水。

9. UHT 杀菌:为了最大限度保留饮料中的有效成分,采取 115～135 ℃瞬时杀菌 5 s,然后立即将汁液冷却至室温,以便更好地保存果汁中的营养成分。也可采用 100 ℃的杀菌温度进行常压杀菌,杀菌时间为 2～4 min;实验时可将产品在 37 ℃下放置 10 天后进行微生物检验,通过比较分析确定最佳杀菌条件。

UHT 在线杀菌系统的操作流程如下:

(1)打开均质机连接管的 CIP 旁通阀;

(2)设置 UHT 主机上螺杆泵的流速为约 25 L/h;

(3)打开均质机在最大速度状态(22 L/h);

(4)慢慢关闭均质机 CIP 旁通阀,观察泵压,此时压力会上升;

(5)慢慢关小 UHT 主机前面板上的均质阀,并维持泵压在 1 bar 左右;

(6)增加均质机第二级压力,约占所需总压的 10‰(如总压为 500 bar,第二级均质压力为 50 bar);增加均质机第一级压力至最终压力;随时观察泵压,不允许出现负数;

(7)设置 UHT 主机的加热温度到所需要的温度;

(8)通过背压阀设置背压,均质机出口压力在显示器上显示;同时慢慢降低均质机与 UHT 主机流速至 20 L/h,观察压力不发生变化;

(9)操作结束后,先慢慢卸掉第一级均质压力,再慢慢卸掉第二级均质压力,打开均质机 CIP 旁通阀与 UHT 主机上的均质阀;

(10)按常规冷却主机。

10. 灌装:在无菌条件下进行灌装,立即封口。包装容器采用玻璃瓶,灭菌后不宜进行冷却,必须趁热灌装,在灌装时玻璃瓶要进行相应的灭菌,采用 75%的酒精清洗杀菌,晾干备用。瓶装果汁在灌装、封盖后置于 95～100 ℃的沸水中杀菌 15 min。杀菌完毕后进行冷却,冷却方法使用分段过渡式冷却至 38～40 ℃。温度分段为 70 ℃、50 ℃、30 ℃。

11. 保存:产品灌装、冷却后,擦净容器外表水分及时入库保存,在 30～35 ℃条件下保存 7 d,对各项指标进行检查。

五、产品品质分析

1. 澄清度:分光光度计法。

2. 可溶性固形物:折光法。

3. 总酸:按总酸度测定－NaOH 滴定法。

4. 稳定性的测定:用离心沉淀法来测量,在 10 mL 离心管中,精确加入配好了的饮料 10 mL,4000 r/min 离心 15 min,测定顶部的浮层厚度,然后弃掉上面部分的溶液,准确称取沉淀物的重量,利用下面的公式计算沉淀量。

$$沉淀量(\%)=[沉淀重量(g)/10 \text{ mL 饮料总重量}(g)]×100\%$$

5. 感官评定法:由食品专业人员组成评定小组,对样品从口感、风味、色泽等方面进行综合打分,再取其平均值;感官分析方法见表 4-3。

表 4-3　饮料感官评定标准

感官	评定指标	得分
色泽(10分)	色泽鲜艳适中,色泽光亮	8～10
	色泽稍偏暗,色泽亮度不够	5～7
	色泽偏暗,色泽微亮	2～4
	色泽严重偏暗,色泽不好	1以下
滋味(30分)	有特定水果味,酸甜适合	24～30
	单一物质风味过重,酸甜适合	21～23
	单一物质风味过重,酸甜不适合	18～20
	口感欠佳,酸甜不适合,存在异味	17以下
香气(20分)	具果香味,味道纯正,无异味	16～20
	果香味较淡,偏向于单一物质的风味,无异味	11～15
	果香味很淡,偏向于单一物质的风味	6～10
	风味不协调,无清新感,有微量异味	5以下
组织形态(40分)	外观均匀,无分层现象	32～40
	有少量分层现象,但不明显	23～31
	有少量分层现象,有微小颗粒	14～22
	分层较严重,颗粒沉淀较多	13以下

6.菌落数、霉菌、大肠菌群、致病菌:参照《食品卫生微生物学检验:GB 4789—2008》进行测定。

六、产品质量标准

(一)感官要求

饮料感官要求应符合表 4-4 的规定。

表 4-4　饮料感官要求

项　目	要　求
色　泽	具有本品应有的色泽
滋味、气味	具有该品应有的滋、气味
组织状态	澄清半透明、呈浆状
杂　质	无肉眼可见外来杂质

(二)理化指标

饮料理化指标应符合表 4-5 的规定。

表 4-5 饮料理化要求

项 目	指 标	
	低温复原果汁	果汁饮料
果汁含量/%	≥100	≥10
总酸/%	≥0.3	≥0.16
可溶性固形物/%	≥10	≥6
铅(以 Pb 计)/(mg/L)	≤0.05	
总砷(以 As 计)/(mg/L)	≤0.2	
二氧化硫(以 SO_2 计)/(mg/L)	≤100	
展青霉素[a]/(μg/L)	≤50	
a 仅适用于苹果汁、山楂汁。		

(三)微生物指标

饮料微生物指标应符合表 4-6 的规定。

表 4-6 饮料微生物指标

项目	指标	
	低温复原果汁	果汁饮料
菌落总数/(CFU/mL)	≤100	≤100
大肠菌群/(MPN/100mL)	≤0.3	≤0.03
酵母菌/(CFU/mL)	≤20	≤20
霉菌/(CFU/mL)	≤20	≤20
致病菌(沙门氏菌、志贺氏菌、金黄色葡萄球菌)	不得检出	

七、实验报告要求

1. 实验报告内容包括关键技术原理、工艺流程、操作要点、产品分析、结果讨论。

2. 分析产品的糖度、酸度等调配方法与产品综合感官特征形成的关系。

3. 谈谈对于复合果蔬汁饮料新产品开发的思路和看法。

实验二十　冰淇淋制作及品质评价

一、关键知识点

1. 冰淇淋的定义、种类、组织状态与制作原理。
2. 乳化剂、稳定剂的种类、性质及使用方法。
3. 老化、凝冻工艺的目的与意义。
4. 冰淇淋品质好坏的关键因素及解决办法。

二、实验技术原理

　　冰淇淋的微细结构是由气相、液相与固相三相组成的。在气相中,气泡间包含着冰结晶均匀分散在冰淇淋的液相中;而固态的超微粒的蛋白质、脂肪球、乳糖结晶与部分不溶性盐类等,也以固体的形式分布于液相中。因此,冰淇淋是一种以可塑性的泡沫乳浊液结构为主要特征的三相多分散体系。稳定剂的存在,使其分散状态更均匀、细腻,从而使制品更具有良好的适口性、保形性和溶解性。

　　冰淇淋是以饮用水、乳品(乳蛋白含量在 2％以上)、蛋品、甜味料、食用油脂等为主要原料,加入适量的香料、增稠剂、着色剂、乳化剂等食品添加剂,经混合、灭菌、均质、老化、凝冻等工艺或再经成型、硬化等工艺制成的体积膨胀的冷冻饮品。其脂肪含量一般为 6％～14％;蛋白质含量一般为 2％～4％;总糖含量为 15％～17％。

三、原料特性分析

　　1. 饮用水感官测定:色度用铂－钴标准比色法;浑浊度用目视比浊法;臭和味用嗅气和尝味法;肉眼可见物用直接观察法。饮用水感官性状应符合 GB/T 5057 标准。

　　2. 饮用水 pH 值测定:参考附录十五。

　　3. 饮用水总硬度测定:乙二胺四乙酸二钠滴定法。

　　4. 白砂糖感官品质的测定:观察样品晶粒均匀情况,粒度大小,干燥松散情况,透明度和色泽;品尝晶粒或其水溶液的滋味及异味情况。白砂糖感官测定及要求同实验十三的原料特性分析。

　　5. 原料乳中蛋白质含量测定:凯氏定氮法。

　　6. 原料乳中脂肪含量测定:盖勃法。

四、产品加工过程

(一)实验材料与设备

实验材料:全脂乳粉、白砂糖、奶油、麦芽糊精、鲜鸡蛋、蔗糖酯、果胶、可可粉。

仪器设备:剪切机、均质机、凝冻机、水浴锅、磁力搅拌器。

(二)参考配方

全脂乳粉 14％、白砂糖 11％、奶油 3.3％、麦芽糊精 2％、鲜鸡蛋 3 个、蔗糖酯 0.2％、果胶

0.3%、可可粉0.4%。

(三)工艺流程

原料处理→混合、剪切(3～5 min)→均质(20～25 Mpa,50～60 ℃)→杀菌(85～90 ℃,5～10 min)→冷却→老化(0～4 ℃,1.5～2 h)→凝冻(15～20 min)→灌装品评。

(四)操作要点

1.原料处理:根据参考配方称取实验需要的实验材料;打发鸡蛋;将黄油在隔热的状态下融化。

2.混合:将果胶与一半的白砂糖干混;剩余一半白砂糖与蔗糖酯干混。取温水放入磁力搅拌子置于磁力搅拌器上,将混合好的果胶和白砂糖、蔗糖酯与白砂糖分别倒入温水中直至搅拌均匀;将所有准备好的实验原料混合在一起。

3.剪切:将混合好的原料置于剪切机下,剪切约3～5 min(10000 rpm)。

4.过滤:用过滤网将剪切好的物料过滤杂质。

5.均质:在压力为20～25 Mpa、温度为55～60 ℃的条件下,均质物料。

6.水浴杀菌:将用保鲜膜密封制作的冰淇淋半成品,置于95 ℃的水浴锅内水浴加热15 min。

7.老化:将物料置于4 ℃冰箱中2 h,固形物含量大于30%时,则老化0.5 h即可。

8.凝冻:边冷冻边搅拌,形成气泡和小冰晶,使体积增加,凝冻时间一般约15 min。

五、产品品质分析

1.冰淇淋膨胀率测定。

2.冰淇淋抗融性测定。

3.感官评价。

六、产品质量标准

(一)感官指标

表 4-7　冰淇淋感官要求

项　　目	要　　求					
	全乳脂		半乳脂		植脂	
	清型	组合型	清型	组合型	清型	组合型
色泽	主体色泽均匀,具有品种应有的色泽					
形态	形态完整,大小一些,不变形,不软塌,不收缩					
组织	细胞滑润,无气孔,具有该品种应有组织特征					
滋味、气味	柔和淡乳香味,无异味		柔和植脂香味,无异味			
杂质	无正常视力可见外来杂质					

（二）理化指标

表 4-8　冰淇淋理化指标

项　目	指　标					
	全乳脂		半乳脂		植脂	
	清型	组合型	清型	组合型	清型	组合型
非脂乳固体/(g/100g)	≥6.0					
总固形物/(g/100g)	≥30.0					
脂肪/(g/100g)	≥8.0		≥6.0	≥5.0	≥6.0	≥8.0
蛋白质	≥2.5	≥2.2	≥2.5	≥2.2	≥2.5	≥2.2

（三）微生物指标

卫生指标应符合 GB 2759.1 的规定。

七、实验报告要求

1. 分析加入稳定剂时与白砂糖混合的原因。
2. 讨论冰淇淋浆料灭菌时的温度的确定及与产品综合感官特征形成的关系。

实验二十一　调配型酸性含乳饮料的制作及品质评价

一、关键知识点

1.调配型酸性含乳饮料加工关键技术要点。
2.调配型酸性含乳饮料稳定性的控制。
3.乳饮料的均质、杀菌技术。
4.甜味剂、酸味剂、增稠剂等食品添加剂的使用原则,参照 GB 2760—2014。

二、实验技术原理

调配型酸性含乳饮料是按国标 GB 25191—2010 调制乳,以不低于 80% 的生牛(羊)乳或复原乳为主要原料,添加其他原料或食品添加剂或营养强化剂,采用适当的杀菌或灭菌等工艺制成的液体产品。含乳饮料是指以乳或乳制品为原料,加入水及适量辅料经配制或发酵而成的饮料制品,含乳饮料还可称乳(奶)饮料、乳(奶)饮品。根据国家含乳饮料标准(GB/T 21732—2008),乳饮料中的蛋白质及脂肪含量均应大于 1%。

配制型风味乳及含乳饮料是以乳或乳制品为原料,加入水,以及白砂糖和甜味剂,酸味剂,果汁、茶、咖啡、植物提取液等的一种或几种调制而成的含乳饮料。

三、原料特性分析

1.原料乳中蛋白质含量测定:凯氏定氮法。
2.原料乳中脂肪含量测定:盖勃法。
3.原料乳酸度的测定:滴定酸度法。
4.原料乳中抗生素残留检验:TTC 法。

四、产品加工过程

(一)实验材料与设备

实验材料:原料乳(乳粉)、果汁或果味香精、稳定剂、色素、柠檬酸钠、柠檬酸。

仪器设备:电子天平、数显恒温水浴锅、恒温培养箱、干热灭菌箱、pH 酸度计、均质机、高压蒸汽灭菌锅、超净工作台、冰箱等。

(二)参考配方

调配型酸性含乳饮料配方如表 4-9 所示:

表 4-9　调配型酸性含乳饮料配方

成分	用量(%)	成分	用量
原料乳(乳粉)	35	果汁或果味香精	适量
稳定剂	0.35~0.6	色素	适量
柠檬酸钠	0.05	柠檬酸	pH 调至 3.8~4.2

(三)工艺流程

调配型酸性含乳饮料加工工艺流程如图 4-10 所示。

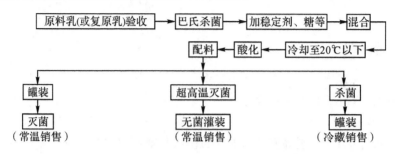

图 4-10　调配型酸性含乳饮料的加工工艺流程

(四)操作要点

1.原料乳的选择:原料乳质量同巴氏杀菌乳,生产酸性乳饮料也可使用复原乳。

2.稳定剂的溶解:在高速搅拌下(2500～3000 r/min)下,将稳定剂慢慢地加入 60～80 ℃ 的热水中。或将稳定剂与为其质量 5～10 倍的糖预先混合,然后在正常搅拌速度下将稳定剂和糖的混合物加入到 70～80 ℃ 的热水中溶解。

3.混合:将稳定剂溶液、糖溶液等杀菌、冷却后加入到巴氏杀菌乳中,混合均匀后,再冷却至 20 ℃ 以下。

4.酸化:酸化过程是调配型酸性含乳饮料生产中最重要的步骤,成品的品质取决于调酸过程。

(1)为得到最佳的酸化效果,酸化前应将牛乳的温度降至 20 ℃ 以下。

(2)为保证酸溶液与牛乳充分均匀混合,混料罐应配备一只高速搅拌器(2500～3000 r/min)。同时,酸液应缓慢地加入到配料罐内的湍流区域,以保证酸液能迅速、均匀的分散于牛乳中。加酸过快会使酸化过程形成的酪蛋白颗粒粗大,产品易产生沉淀。

(3)可将酸液薄薄地喷洒到牛乳的表面,同时进行足够的搅拌,以保证牛乳的界面能不断更新,从而得到较缓慢、均匀的酸化效果。

(4)为易于控制酸化过程,通常在使用前应先将酸液稀释成 10% 或 20% 的溶液。同时为避免局部酸度偏差过大,可在酸化前的原料中加入一些缓冲盐类,如柠檬酸钠等。

(5)为保证酪蛋白颗粒的稳定性,在升温及均质前,应先将牛乳的 pH 降至 4.6 以下。

5.配料:酸化过程结束后,将香精、色素、有机酸等配料加入到酸化的牛乳中,同时对产品进行标准化。

6.杀菌:由于调配型含乳饮料的 pH 一般在 3.8～4.2 之间,因此它属于高酸食品,其杀灭的对象菌为霉菌和酵母菌。通常采用高温瞬时的巴氏杀菌或低温长时间杀菌方法。理论上说,采用 95 ℃、30 s 的杀菌条件即可,但考虑到各个工厂的卫生情况及操作情况,通常大多数工厂对无菌包装的产品,均采用 105～115 ℃、15～30 s 的杀菌方式。也有一些厂家采用 110 ℃、6s 或 137 ℃、4 s 的杀菌方式。对包装于塑料瓶中的产品来说,通常在灌装后,再采用 80～85 ℃、20～30 min 的杀菌。杀菌设备中一般都有脱气和均质处理装置,常用的均质压力为 20 MPa 和 5 MPa。

五、产品品质分析

(一)沉淀及分层

沉淀是调配型酸性含乳饮料生产中最为常见的质量问题,主要原因为:

1.选用的稳定剂不合适。即所选稳定剂在产品保质期内达不到应有的效果。为解决此问题,可考虑采用果胶或与其他稳定剂复配使用。稳定剂的用量一般为 0.35%～0.6%。

2.酸液浓度过高。调酸时,若酸液浓度过高,会造成局部酸度偏差太大,导致局部蛋白质沉淀。解决的办法是酸化前,将酸液稀释为 10% 或 20% 的溶液,同时,也可在酸化前,将一些缓冲盐类如柠檬酸钠等加入到原料乳中。

3.调配罐内的搅拌器的搅拌速度过低。搅拌速度过低,就很难保证整个酸化过程中酸液与牛乳能均匀地混合,从而导致局部 pH 过低,产生蛋白质沉淀。因此,为生产出高品质的调配型酸性含乳饮料,车间内必须配备一台带高速搅拌器的配料罐。

4.调酸过程不当。加酸速度过快,可能导致局部牛乳与酸液混合不均匀,从而使形成的酪蛋白颗粒过大,且大小分布不匀。

(二)产品口感过于稀薄

有时生产出来的酸性含乳饮料喝起来像淡水一样,造成此类问题的原因包括,原料乳的热处理不当,最终产品的总固形物含量过低,以及稳定剂用量过少。

六、产品质量标准

根据国家含乳饮料标准(GB/T 21732—2008),乳饮料中的蛋白质及脂肪含量均应大于 1%。

七、实验报告要求

1.实验报告内容包括关键技术原理、工艺流程、操作要点、产品分析、结果讨论。

2.分析产品的稳定剂、香精等调配方法与产品综合感官特征形成的关系。

3.通过调整调配乳饮料的配方,比较不同调配乳饮料在外观、风味、组织状态等方面存在的差异。

实验二十二 植物蛋白饮料的制作及品质评价

一、关键知识点

1. 植物蛋白(如大豆)饮料的生产特性和工艺过程。
2. 控制植物蛋白饮料产品质量的方法和措施。

二、实验技术原理

植物蛋白饮料是指用蛋白质含量较高的植物果实、种子、核果类或坚果类的果仁等为原料,与水按一定比例磨碎、去渣后加入配料制得的乳浊状液体制品。其成品蛋白质含量不低于 0.5%(w/V)。用于生产植物蛋白饮料的原料如大豆、花生、杏仁等,除了含有蛋白质以外,还含有脂肪、碳水化合物、矿物质、各种酶类如脂肪氧化酶、抗营养物质等。这些成分在加工中的变化和作用往往会引起成品的质量问题,如蛋白质沉淀、脂肪上浮、豆腥味或苦涩味的产生、变色及抗营养因子或毒性物质的存在等。此外,改善和提高制品的口感也是生产中要十分注意的问题。要认真分析造成上述质量问题的原因,在实验操作时采取具体的措施,如添加稳定剂、乳化剂;通过热磨的方法钝化脂肪氧化酶;真空脱臭;控制均质时的压力、温度和次数等。

三、原料特性分析

1. 大豆应符合 GB 1352—2009 的有关规定。
2. 其他原料:应符合相应安全标准和/或有关规定。
3. 发酵菌种:保加利亚乳杆菌、嗜热链球菌或其他由国务院卫生行政部门批准使用的菌种。

四、产品加工过程

(一)实验材料与设备

实验材料:大豆、白砂糖、乳化剂、香精等。

设备:磨浆机、过滤机、均质机、脱气罐、灌装压盖机等。

(二)产品配方

大豆 25%;白砂糖 5%~10%;香精 0.1%~0.3%;乳化剂 0.1%~0.3%。

(三)工艺流程

原料→钝化脂肪氧化酶→磨碎→分离→调制→真空脱臭→均质→灌装封口→杀菌→冷却→成品。

(四)操作要点

1. 大豆浸泡:软化细胞结构,降低磨浆时的能耗与磨损,提高胶体分散程度和浮性,增加固形物收得率,用三倍于大豆的水,泡 8~10 h,可在浸泡水中加 0.5%NaHCO$_3$。

2. 纯化脂肪氧化酶:加热水磨碎大豆温度一定要在 80 ℃以上,使酶失活,不产生大豆臭。

3. 分离:用离心机(或筛网),把浆液和豆渣分开。采用热浆分离,可降低黏度,提高固形物回收率。

4.调制:加入砂糖、乳化剂、香精等进行混合调制,提高豆奶的口感和改善风味等。

5.真空脱臭:在真空脱臭罐中进行脱臭处理。

6.均质:可采用两次均质,第一次压力 20～25 Mpa,第二次压力为 25～36 Mpa,均质温度在 75～80 ℃左右。

7.灌装、杀菌:可采用二次杀菌,90 ℃、30 min 或 115 ℃、15 min。杀菌后分段冷却。

五、产品品质分析

1.感官指标:外观为乳白色、无分层、沉淀现象。

2.滋味气味:具有纯正乳香味。

六、产品质量标准

植物蛋白饮料卫生标准 GB/T 30885－2014。感官要求应符合表 4-11 的规定。理化要求应满足表 4-12 的规定。食品安全要求应符合相应的食品安全国家标准的规定。

表 4-11　感官要求

项　　目	要　　求	
	原浆豆奶、浓浆豆奶、调制豆奶、豆奶饮料	发酵豆奶
色　　泽	乳白色、微黄色,或具有与原料或添加成分相符的色泽。	
滋味、气味	具有豆奶应有的滋味和气味,或具有与添加成分相符的滋味和气味;无异味。	
组织状态	组织均匀,无凝块,允许有少量蛋白质沉淀和脂肪上浮,无正常视力可见外来杂质。	组织细腻、均匀,允许有少量上清液析出;或具有添加成分特有的组织状态,无正常视力可见外来杂质。

表 4-12　理化要求

项　　目	指　　标			
	豆奶		豆奶饮料	
	浓浆豆奶	原浆豆奶、调制豆奶	调制豆奶饮料	发酵豆奶饮料
总固形物/(g/100 mL)	≥8.0	≥4.0	≥2.0	≥2.0
蛋白质/(g/100 mL)	≥3.2	≥2.0	≥1.0	≥1.0
脂肪/(g/100 mL)	≥1.6	≥0.8	≥0.4	≥0.4
脲酶活性	阴性			

七、实验报告要求

1.实验报告内容包括关键技术原理、工艺流程、操作要点、产品分析、结果讨论。

2.谈谈对于植物蛋白饮料新产品开发的思路和看法。

实验二十三　碳酸饮料的制作及品质评价

一、关键知识点

1. 碳酸饮料加工过程中糖液的配置方法。
2. 水（或糖浆）中充入二氧化碳的工艺。

二、实验技术原理

碳酸饮料即含 CO_2 气的饮料，俗称汽水，在软饮料中占比例较高，是软饮料的主要产品。其中，以食用香精为主要赋香剂，采用二次混合法可制作果味型碳酸饮料。二次混合法是先将原料按生产配方混合调配出糖浆，然后再和碳酸饮料混合的一种制作方法。

三、原料特性分析

1. 加工用水：GB 5749—2006 生活饮用水卫生标准。
2. 软饮料工业用 CO_2 的要求：纯度＞99％；水分的含量＜0.1％；KOH 不吸收物＜1％；不能含有 CO、SO_2、H_2、SO_3、NH_3 等气体；没有臭味，无杂质，无矿物油。
3. 原果汁含量要求：果汁型碳酸饮料要求原果汁含量不低于 2.5％；果味型碳酸饮料要求原果汁含量低于 2.5％。

四、产品加工过程

(一)实验材料与设备

手持糖量计、半自动液体灌装机、真空脱气实验机、汽水混合机、夹层锅、双联过滤器、糖浆冷却机、天平、饮料瓶、压盖机、瓶刷等。

(二)参考配方

草莓汽水：白砂糖 130 g；苹果酸 0.2 g；柠檬酸 0.9 g；柠檬酸钠 0.2 g；苋菜红（1％水溶液）0.3 g；苯甲酸钠 0.2 g；草莓香精 1.5 g，加水至 1000 mL。

菠萝汽水：白砂糖 130 g；维生素 0.1 g；柠檬酸 0.9 g；柠檬酸钠 0.1 g；柠檬黄（1％水溶液）0.2 g；日落黄（1％水溶液）0.2 g；乳浊剂 1.5 g；菠萝香精 1 g，加水至 1000 mL。

(三)工艺流程

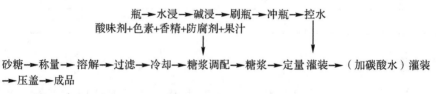

(四)操作要点

1. 空瓶处理：将空瓶浸泡入 30～40 ℃清水中，然后放入 2％～3％氢氧化钠溶液，在 55～65 ℃条件下保持 10～20 min 浸泡处理，再放入 20～30 ℃清水内进行刷瓶、冲瓶、控水等处理。

2.糖浆调配:按照配方要求精确称取白砂糖、酸味剂、色素、防腐剂、香精等原料,然后分别加入经过滤的水,搅拌溶化处理后混合。配制过程中物料加入顺序:原糖浆配好,测定其浓度及其需要的体积;有机酸(酸味剂),一般常用50%的柠檬酸溶液或柠檬酸用温水溶解;加入香精;加入色素(用热水溶化);加水至规定容积为止。要在不断搅拌的情况下投入各种原料。

3.灌装:若糖浆浓度为50~67°Bx,用1份糖浆加5份碳酸水或1份糖浆加4份碳酸水,即糖浆:水为1:5或1:4。一般要求液面与瓶口距离最高不超过6 cm。

4.压盖:利用手工压盖机压盖密封,要求密封严密,以保证内容物的质量。

五、产品品质分析

1.可溶性固形物:折光法。

2.总酸:按总酸度测定-NaOH滴定法。

3.感官评定法:由食品专业人员组成评定小组,对样品从口感、风味、色泽等方面进行综合打分,再取其平均值。

4.菌落数、霉菌、大肠菌群、致病菌:参照《食品卫生微生物学检验:GB 4789—2008》进行测定。

六、产品质量标准

(一)感官指标

1.色泽:产品色泽与品名相符,要近似的色泽和习惯的颜色,无变色现象,色泽鲜亮一致。

2.香气和滋味:具有本产品应有的香气和滋味,不得有异味。

3.外观形态:澄清透明,不浊、不分层、无沉淀、无杂质。

4.空隙高度:液面与瓶口距离最高不超过6 cm。

(二)理化指标

铅 Pb(mg/L)≤0.3;总砷(以 As 计)/(mg/L)≤0.2;铜(Cu)/(mg/L)≤5。

(三)微生物指标

菌落总数/(CFU/mL)≤100;大肠菌群/(MPN/100 mL)≤6;霉菌/(CFU/mL)≤10;酵母/(CFU/mL)≤10;致病菌(沙门氏菌、志贺氏菌、金黄色葡萄球菌)不得检出。

七、实验报告要求

1.实验报告内容包括关键技术原理、工艺流程、操作要点、产品分析、结果讨论。

2.分析碳酸饮料糖液配制过程中物料加入顺序。

实验二十四　茶饮料的制作及品质评价

一、关键知识点

1.茶饮料的制造工艺。

2.掌握茶叶的浸提工艺。

3.茶多酚的检测方法。

4.成品的感官评定。

二、实验技术原理

茶饮料是用水浸泡茶叶,经抽提、过滤、澄清等工艺制成的茶汤或在茶汤中加入水、糖液、酸味剂、食用香精、果汁或植(谷)物提取液等调制加工而成的制品。

三、原料特性分析

1.茶叶应符合 GB 2763—2016、GB/T 13738.1—2008、GB/T 13738.2—2008、GB/T 13738.4、GB/T 14456—2008 和 NY 659—2003 等相关标准的规定。

2.不得使用茶多酚、咖啡因作为原料调制茶饮料。

四、产品加工过程

(一)实验材料与设备

实验材料:茶叶,碳酸氢钠,柠檬酸,D-异抗坏血酸钠,白砂糖,柠檬酸,磷酸氢二钠,磷酸二氢钠,酒石酸钾钠,硫酸亚铁,水果型香精,去离子水,耐热 PET 瓶或玻璃饮料瓶等。

仪器设备:高温蒸汽灭菌锅、夹层锅、半自动液体灌装机、手持糖量计、离心过滤机、250 mL大容量离心机、捣碎机、组织捣碎机、不锈钢锅电热恒温水浴锅、电热恒温干燥箱、721分光光度计、便携式 pH 计、瞬时超高温杀菌器、高速离心机、微孔膜过滤器、中空超滤器、紫外线杀菌器、浸提罐、调配罐、比塞皿、植物粉碎机、250～300 目不锈钢筛、电炉等。

(二)工艺流程

茶叶→粉碎→浸提→过滤→茶多酚的测定→维生素 C 和碳酸氢钠等调和→加热→灌装→杀菌→冷却→成品。

(三)操作要点

1.茶叶粉碎:将茶叶粉碎至粒径为 40～60 目左右(茶叶粒径太大,则茶叶中的有效成分不容易萃取出来;粒径太小,则会为后续的过滤工序带来困难)。

2.浸提:称取 10 g 左右已粉碎的茶叶加入 500 mL 的烧杯中,用去离子水稀释至 20 至 30 倍,放入水浴锅中,在 80～95 ℃下萃取 15 分钟,为了提高萃取率,也可将滤渣加入适当地去离子水,进行二次浸提。

3.过滤:将浸提液用 250～300 目不锈钢筛或尼龙布过滤,除去浸提液中的茶渣及杂质,并迅速降低其温度。

4.茶多酚的测定：采用酒石酸亚铁比色法，测定浸提液中的茶多酚的含量。

5.调和：根据浸提液中茶多酚的含量，进行调节，使最终饮料中含有 400 mg/L 以上的茶多酚，根据个人嗜好加入适当的白砂糖，600 mg/L 的 D-异抗坏血酸钠，再用碳酸氢钠调节 pH 至 6.0，加入适当的香精。

6.加热：将调配好的饮料加热至 90 ℃左右。

7.灌装：趁热将调配好的饮料加入饮料瓶中，尽量减少顶隙，拧紧瓶盖。

8.杀菌及冷却：将灌装好的饮料瓶放入 90 ℃的水浴锅中加热 15 min 后迅速冷却至室温。

五、产品品质分析

1.感官检验：取约 50 mL 混合均匀的被测样品于无色透明的容器中，置于明亮处，迎光观察其色泽和澄清度，并在室温下，嗅其气味，品尝其滋味。

2.茶多酚的测定：采用酒石酸亚铁比色法。

3.咖啡因的测定：按照 GB 5009.139—2014 规定的方法检验。

4.蛋白质含量的测定：按照 GB 5009.5—2010 规定的方法检验。

5.卫生检验：按照 GB 5009.11—2003、GB 5009.12—2010、GB 5009.13—2003 规定的方法检验砷、铅、铜的含量。按照 GB/T 4789.21—2003 规定的方法测定菌落总数、大肠菌群、霉菌、酵母菌和致病菌。按照 GB 4789.26—2013 规定的方法测定商业无菌。

六、产品质量标准

（一）感官指标

具有该产品应有的色泽、香气和滋味，允许有茶成分导致的浑浊或沉淀，无正常视力可见的外来杂质。

（二）理化指标

理化指标应符合表 4-13 的规定。

表 4-13　茶饮料理化指标

项　目		茶饮料	调味茶饮料						复（混）合茶饮料
			果汁	果味	奶	奶味	碳酸	其他	
茶多酚/（mg/kg）	红茶	≥40	≥200		≥200		≥100	≥150	≥150
	绿茶	≥60							
	乌龙茶	≥50							
	花茶	≥40							
	其他茶	≥40							

项　目		茶饮料	调味茶饮料						复(混)合茶饮料
			果汁	果味	奶	奶味	碳酸	其他	
咖啡因/(mg/kg)	红茶	≥300	≥35		≥35		≥20	≥25	≥25
	绿茶	≥500							
	乌龙茶	≥400							
	花茶	≥300							
	其他茶	≥300							
果汁含量(质量分数)%		—	≥5.0	—	—				
蛋白质含量(质量分数)%		—			≥0.5	—	—		
二氧化碳气体含量(20℃容积倍数)		—				≥1.5		—	

注:如果产品声称低咖啡因,咖啡因含量应不大于表中规定的同类产品咖啡因最低含量的50%。

　3.茶浓缩液按照标签标注的稀释倍数稀释后,其中的茶多酚和咖啡因等含量应符合上述同类产品的规定。

　4.食品添加剂的使用量和使用范围应符合 GB 2760—2014 的规定。

　5.卫生指标符合 GB 19296 的规定。

七、实验报告要求

　1.实验报告内容包括关键技术原理、工艺流程、操作要点、产品分析、结果讨论。

　2.分析产品的调配方法与产品综合感官特征形成的关系。

　3.谈谈对于茶饮料新产品开发的思路和看法。

第五章　肉制品与水产品加工及开发实验技术

实验二十五　霉干菜扣肉软罐头的制作及品质评价

一、关键知识点

(一)如何按 pH 划分食品？有什么意义？

1.pH 大于 4.6 为低酸性食品；pH 介于 3.7～4.6 为酸性食品；pH 小于 3.7 为高酸性食品。

2.pH 的划分对于食品中的杀菌有重要作用。因为在不同的 pH 环境中生存的微生物,其耐热性不同,我们必须采用不同的加热温度和时间才能将其杀灭。

(二)真空复合薄膜袋的材质和特性

1.PP:化学稳定性好,耐高温性优良,阻水阻湿性优于 PE,透氧率、透蒸汽率与 HDPE 相似,但阻气性较差。

2.铝膜:优良的阻挡气、汽、水、油透过的性能,良好的屏蔽光的性能,耐热、导热性能好。

二、实验技术原理

食品的罐藏就是将经过一定处理的食品装入镀锡薄板罐、玻璃罐或其他包装容器中,经密封杀菌,使罐内食品与外界隔绝而不再被微生物污染,同时又使罐内绝大部分微生物(即能在罐内环境生长的腐败菌和致病菌)死灭并使酶失活,从而消除了引起食品败坏的主要原因,即使有残留的微生物,也会因罐内缺氧的环境也不能活动,这使得罐内食品在室温下可以长期贮藏。这种密封在容器中并经杀菌而在室温下能够较长时间保存的食品称为罐藏食品,即罐头食品,也简称为罐头。

罐头食品能够长期保存的原因有两个:一是经过抽真空、密封;二是经历了特定温度下一定时间的加热杀菌。不同 pH 范围的食品,杀菌时的主要对象菌不同,故杀菌条件也大相径庭。

三、原料特性分析

1.肉品新鲜度快速检验:参考附录四。其中猪肉感官品质应符合 GB/T 9959.1,具体感官要求见要求表 5-1。

表 5-1 鲜猪肉的感官指标

项 目	鲜片猪肉	冻片猪肉(解冻后)
色 泽	肌肉色泽鲜红或深红,有光泽;脂肪呈乳白色或粉白色	肌肉有光泽,色鲜红;脂肪呈乳白,无霉点
弹 性 (组织状态)	指压后的凹陷立即恢复	肉质紧实,有坚实感
粘 度	表面微干或微湿润,不粘手	表面及切面湿润,不粘手
气 味	具有鲜猪肉正常气味;煮沸后肉汤透明澄清,脂肪团聚于液面,具有香味	具有冻猪肉正常香味;煮沸后肉汤透明澄清,脂肪团聚于液面,无异味

2.水分测定:红外线快速水分测定仪测定。猪肉水分含量应符合 GB/T 9959.1,具体要求见要求表 5-2。

表 5-2 鲜猪瘦肉的理化指标

项 目	要 求
水分/%	≤77
挥发性盐基氮/(mg/100mg)	≤20
总汞(以 Hg 计)/(mg/kg)	≤0.05

3.挥发性盐基氮测定:按 GB/T 5009.44 中规定的方法测定。猪肉挥发性盐基氮含量应符合 GB/T 9959.1,具体要求见要求表 5-2。

4.汞含量测定:总汞按 GB/T 5009.17 中规定的方法测定;猪肉汞含量应符合 GB/T 9959.1,具体要求见要求表 5-2。

四、产品加工过程

(一)实验材料和设备

1.实验材料:带皮猪肋条肉、酱油、白砂糖、黄酒、生姜、青葱等。

2.仪器设备:真空包装机、高压灭菌锅、调味锅、刀、砧板、复合蒸煮袋等。

(二)工艺流程

原料肉处理→冷水预煮→切片→放入霉干菜,调料→加水焖煮→装袋→抽真空、密封→杀菌→冷却→成品。

(三)操作要点

1.原料肉处理:选择健康、新鲜的带皮猪肋条肉,切成 10 cm×5 cm 的块。

2.预煮:水与肉之比为 2∶1,预煮时加入生姜、青葱,煮至八分熟时捞出。

3.切片:将肉切成 1.2～1.5 cm 厚的肉片。

4.调味煮制:添加 10%的酱油、3%的白砂糖、8%的黄酒等于锅中,加水混合,放入肉片煮制数分钟。

5.装袋:将肉片从调味锅中捞出,沥去汤汁,装入复合蒸煮袋。

6.抽真空、密封:用真空包装机将袋子抽真空、密封。

7.杀菌与冷却:于121 ℃,恒温20 min下使用全自动电加热式杀菌锅进行。

(1)开机前检查蒸汽、压缩空气、水源、电源是否正常。

(2)打开控制柜总电源,启动操作控制面板。打开快捷键菜单上的参数设定,输入六位密码后按产品要求进行参数设置。

(3)将产品装入锅内,关好锅门(如下罐门未关,黄色警示灯亮,下罐不能进入程序,但上罐运行不受下罐锅门限制),打开充气阀,启动空气压缩机。

(4)在运行画面中按手动和自动转换键(ON为自动状态),按下"运行键",杀菌锅将在微电脑控制下自动运行。回复到流程画面。

(5)上罐自动进水,达到上限后自动停止进水,开始加热,压力达到0.3 MPa时自动停止加热。下罐锅门关闭后,将自动进气,达到设定压力(必须大于0.15 MPa)后停止进气。法兰充气阀自动加压到0.15 MPa左右,停止法兰进气,关闭法兰充气阀,它不受设定压力影响。充气结束后开始自动给下罐进水,达到上限后停止进水。

(6)上罐压力达到0.3 MPa后,蒸汽阀自动打开为下罐提供蒸汽,循环加热至设定的第一次升温温度,停止加热后开始计时;达到设定时间后开始第二次升温,温度达到设定值后停止加热,开始第二次计时;到达设定杀菌时间后,排掉下罐热水,打入冷水;达到第一次降温温度时停止进水,开始循环、计时,时间到后二次打入冷水,降温到设定温度后,开始计时;时间到,排水至下限,锅内压力为零,此时红色警示灯亮,表示整个过程完成。

(7)打开法兰放气阀,旋开锅门取出产品。关闭空气压缩泵。

(8)杀菌完毕后,认真清洗杀菌锅内污垢。

(9)关闭控制柜、空气压缩泵电源及进水管水源。

五、产品品质分析

1.水分测定:快速水分测定仪。

2.水分活度测定:水分活度测定仪。

3.测定成品的弹性、内聚性、咀嚼性:质构仪。

4.感官评价:在白瓷盘中观察其色泽是否标准,将汤汁注入量筒中,静置3 min后,观察其色泽和澄清程度;检查其是否具有该产品应有的滋味与气味,有无哈喇味及异味。

5.可溶性固形物含量测定:折光计法。

6.pH测定:pH计法。

五、产品质量标准

罐头应符合GB/T 7098—2015的标准。

(一)感官要求

表5-3　罐头感官要求

项　目	要　求	检验方法
容　器	密封完好、无泄漏、无胖听。容器外表无锈蚀,内壁涂料无脱落	GB/T 10786
内容物	具有该品种罐头食品应有的色泽、气味、滋味、形态	

(二)理化指标

表 5-4　罐头理化指标

项目	指标	检查方法
组胺[a]/(mg/100g)	≤100[2]	GB 5009.208—2016
米醇菌酸[b](mg/kg)	≤0.25	GB 5009.189—2016

[a]仅适用于鲐鱼、鲹鱼、沙丁鱼罐头。
[b]仅适用于银耳罐头。

(三)污染物限量和真菌毒素限量

污染物限量应符合 GB 2762—2012 的规定;真菌毒素限量应符合 GB 2761 的规定。

(四)微生物限量

应符合罐头食品商业无菌要求,按 GB 4789.26—2003 规定的方法检测。

(五)食品添加剂和食品营养强化剂

食品添加剂的使用应符合 GB 2760—2014 的规定;食品营养强化剂的使用应符合 GB 14880—2012。

七、实验报告要求

1.阐述杀菌温度选用 121 ℃的原因。

2.阐明冷却时为何要等高压灭菌锅压力降至常压(或温度降至 100 ℃以下)才能打开锅盖。

实验二十六　烟熏风味香肠的制作及品质控制

一、关键知识点

1. 硝酸盐在肉品腌制中的作用是什么？(1)防腐(2)发色(3)抗氧化作用(4)赋香。

2. 肉糜乳化的机理？实验中添加什么有助于乳化？

3. 进烤箱烘烤之前,肉肠颜色偏白。烘烤后为什么变成明亮的红色？

二、实验技术原理

(一)腌制原理

腌制是借助盐或糖扩散渗透到肉组织内部,降低肉组织内部的水分活度,提高渗透压,选择性控制有害微生物或腐败菌的生长活动,其间伴随着发色、成熟的过程的一种食品制作方法。

1. 发色。首先,在酸性条件下硝酸盐被还原性细菌作用形成亚硝酸盐,再进一步形成亚硝酸。

$$NaNO_3 \rightarrow NaNO_2 + 2H_2O$$
$$NaNO_2 + CH_3CHOHCOOH \rightarrow HNO_2 + CH_3CHOHCOONa$$

其次,亚硝酸是一个很不稳定的化合物,在腌制过程中被还原为一氧化氮(NO)。$HNO_2 \rightarrow NO + H_2O$。最后,一氧化氮(NO)与还原状态的肌红蛋白(Mb)反应,结合生成 NOMb。

$$NO + Mb \rightarrow NOMb$$

NOMb 是构成腌肉颜色的主要成分。

2. 抑菌。亚硝酸盐对肉毒梭状芽孢杆菌有专项抑制作用。而肉毒梭状芽孢杆菌是低酸性食品中危害最大的微生物。

3. 成熟。在腌制过程中除了肉色的变化以外,还存在使肉制品产生风味、口感和质构等变化的一系列化学、生化反应。

(二)烟熏作用

熏制过程中,熏烟中各种脂肪族和芳香族化合物如醇、醛、酮、酚、酸类等凝结沉积在制品表面和渗入近表面的内层,从而使熏制品形成特有的色泽、香味和具有一定保藏性。熏烟中的酚类和醛类是熏制品特有香味的主要成分。渗入皮下脂肪的酚类可以防止脂肪氧化。酚类、醛类和酸类还对微生物的生长具有抑制作用。

烟熏的方法有冷熏法、温熏法、热熏法、电熏法和液熏法。

冷熏法是一种以贮藏为目的的烟熏方法。原料经长时间腌渍,并且含盐量较高;在低温(15～30 ℃,常在 22 ℃以下)经长时间(1～3 周)烟熏处理后,其成品的水分含量通常为 40%左右,可贮藏 1 个月以上,但风味不及温熏法。

温熏法是一种以调味为目的的烟熏方法。原料用含有适量食盐的调味液短时间腌渍后,进行烟熏处理。烟熏温度一般为 50～80 ℃(有时高达 90 ℃),时间较短(2～12 h)。此法为肉制品厂广泛使用。烟熏后要伴之以水煮。成品的水分含量为 45～60%,贮藏性较差。欲长时间贮藏时,则要辅之以冷藏、罐藏等手段。其风味优于冷熏法。

热熏法在德国广为采用。烟熏温度高(120~140 ℃)、时间短(2~4 h)。成品的水分含量高,贮藏性差,通常烟熏后立即食用。

电熏法是将导线装设于烟熏室中,施以1~2万伏高电压,以产生电晕放电来辅助熏制的一种方法。电熏设备有多种设计。一般将原料悬挂于导线上,两排一组,构成电极。放电后,使来自烟熏室下部的熏烟带上离子,移向作为正负电极的原料,然后迅速地附着并深层渗透。电熏法与在同样温度下进行的温熏法相比,可以节省1/2的时间,成品的贮藏性也好。

液熏法是一种用液烟(或称熏液)进行熏制的方法。熏烟中含有多种多环烃类碳氢化合物,其中至少有两种化合物——苯并芘与苯并蒽被认为是致癌物质。熏烟中的多环烃类是以颗粒状存在的。在液烟的制备过程中,通过沉降、吸附及过滤,可去除这些悬浮颗粒,从而消除致癌物质。

液烟通常是硬木烟的水提取物,也有的是油提取物。一种较新型的液烟是以糊精为主剂,称为糊精液烟。液烟的使用,避免了熏烟排放造成的空气污染,可以大大地简化烟熏操作,更适于连续生产。而且,液烟的风味也非常自然。液烟的施用方法,可以是直接添加,浸渍,表面施用或热再生(使液烟通过加热系统重新产生熏烟)。

三、原料特性分析

1.肉品新鲜度快速检验:参考附录四。其中猪肉感官品质应符合 GB/T 9959.1,具体感官要求见要求表 5-1。

2.水分测定:红外线快速水分测定仪测定。猪肉水分含量应符合 GB/T 9959.1,具体要求见要求表 5-2。

3.挥发性盐基氮测定:按 GB/T 5009.44 中规定的方法测定。猪肉挥发性盐基氮含量应符合 GB/T 9959.1,具体要求见要求表 5-2。

4.汞含量测定:总汞按 GB/T 5009.17 中规定的方法测定;猪肉汞含量应符合 GB/T 9959.1,具体要求见要求表 5-2。

四、产品加工过程

(一)实验材料与设备

实验材料:新鲜猪肉(肥肉、瘦肉)、料酒、食盐、五香粉、胡椒粉、鸡精、味精、淀粉、糖、亚硝酸盐、熏液。

仪器设备:绞肉机、搅拌机、灌肠机、烟熏炉、水分含量测定仪、水分活度测定仪、质构仪。

(二)参考配方

瘦肉 1800 g,肥肉 200 g,料酒 200 g,食盐(1.5%)30 g,五香粉(0.2%)4 g,胡椒粉(0.2%)4 g,鸡精(0.2%)4 g,味精(0.2%)4 g,淀粉(5%)100 g,糖 100 g(2%),亚硝酸盐 1 g(0.5%),熏液(质量分数5%)适量,200 mL 热水。

注意:先将亚硝酸盐溶解,再混合其他。

(三)工艺流程

原料肉处理→切块→绞肉→拌料→灌制→扎段排气→液熏→烘烤→成熟

(四)操作要点

1. 原料肉前处理:选择新鲜的猪后腿瘦肉、肥膘,分别用人工或机械切成大小均匀的肉丁(肥膘粒 $9\sim10$ mm³,瘦肉粒 $10\sim11$ mm³),肥膘粒用 $40\sim50$ ℃温水清洗,除去表面杂质和浮油。

2. 拌料:先将亚硝酸盐溶解,再混合其他配料,加入肉馅中充分搅拌均匀,肥、瘦肉丁不得黏结,静置片刻即可灌肠。

3. 灌肠:肠衣事先泡软,将上述配料以灌肠机灌入肠中。灌制后,以细针在肠体上均匀刺孔,以排出肠内多余水分和空气,并用细绳结扎成每段 $14\sim16$ cm 的节。

4. 液熏:将灌制好的香肠浸泡在熏液中 $3\sim4$ h。

5. 烘烤:将洗涤后的香肠置于阳光下晾晒 $3\sim4$ h(若无后续烘烤,则需 $2\sim3$ d),使水分初步蒸发,肠体表面收缩,进入烟熏炉。烘烤条件为第一阶段 $60\sim65$ ℃,15 h;第二阶段 $47\sim52$ ℃,$33\sim47$ h。

6. 成熟:晾晒、烘烤后的香肠,穿挂好,置于通风良好的场所晾挂成熟。

五、产品品质分析

1. 水分测定:快速水分测定仪。
2. 水分活度测定:水分活度测定仪。
3. 质构分析:用质构仪测定成品的弹性、内聚性、咀嚼性。
4. 感官评价。

六、产品质量标准

香肠应符合 SB/T 10279—2008 的行业标准。

(一)感官要求

表 5-5　烟熏香肠感官要求

项目	指　　标
外观	肠体干爽,有光泽,粗细均匀,无黏液,不破损
色泽	具有产品固有颜色,且均匀一致
组织状态	组织破密,切片性能好,有弹性,无密集气孔,在切面中不能有大于直径2mm以上的气孔,无汁液
风味	咸淡适中,滋味鲜美,有各类产品的特色风味,无异味

(二)理化指标

表 5-6　烟熏香肠理化指标

项　　目	指　　标		
	特级	优级	普通级
水分/(g/100g)	≤70		
氧化物(以 NaCl 计)/(g/100g)	≤4		

项　目	指　标		
	特级	优级	普通级
蛋白质/g(100g)	≥16	≥14	≥10
脂肪/(g/100g)	≤25		
淀粉/(g/100g)	≤3	≤4	≤10

(三)污染物限量指标

表 5-7　烟熏香肠污染物限量指标

项　目	指　标
铅(Pb)/(mg/kg)	按 GB 2726—2016 规定执行
无机砷/(mg/kg)	
锡(Cd)/(mg/kg)	
总汞(以 Hg 计)/(mg/kg)	
苯并(a)芘[a]/(μg/kg)	
亚硝酸盐(以 NaNO₂ 计)/(mg/kg)	

[a]　限于燃烧和烟菌香肠

(四)微生物指标

表 5-8　烟熏香肠微生物指标

项　目	指　标
菌落总数/(CFU/g)	按 GB 2726—2016 规定执行
大肠菌群/(MPN/100g)	
致病菌(沙门氏黄、金黄色葡萄球菌、志贺氏菌)	

七、实验报告要求

1. 探讨在香肠的加工中抑制有害微生物或腐败菌的生长活动的物质是什么,并加以解释。
2. 阐述烘烤条件的变化依据是什么。
3. 讨论烟熏制品在生产加工过程中应如何保证产品的质量安全。
4. 分析采用烟熏的方法为什么可以提高产品的贮藏期。

实验二十七　水产鱼糜制品制作及质量评价

一、关键知识点

1. 鱼糜凝胶成型机理。

2. 鱼糜凝胶劣变温度带及凝胶劣变防止。

二、实验技术原理

将原料鱼经采肉、漂洗、精滤、脱水搅拌冻结加工制成的产品被称之为冷冻鱼糜,它是进一步加工鱼糜制品的中间原料。将其解冻或直接由新鲜原料制得的鱼糜再经擂溃或斩拌、成型、加热和冷却工序制成的即为鱼糜制品。目前生产中常见的鱼糜制品有蟹肉棒、鱼糕(簿)、鱼卷(竹轮)、鱼丸(鱼圆)和鱼香肠等。

鱼肉中加入 2‰～3‰ 的食盐进行擂溃时,会变成非常黏稠的肉糊(鱼糜)。这主要是构成肌原纤维的肌丝中的肌动蛋白与肌球蛋白由于食盐的盐溶作用而溶解,在溶解过程中二者吸收大量的水分并结合形成肌动球蛋白的溶胶。这种肌动球蛋白溶胶非常容易凝胶化,即使在 10 ℃ 以下的低温也能缓慢进行,而在 50 ℃ 以上的高温下,会很快失去其塑性,变为富有弹性的凝胶体,即鱼糜制品。鱼肉的这种能力叫作凝胶形成能力。由于生产鱼糕的鱼肉都要求具有很强的凝胶形成能力,所以也叫鱼糕生成能力。

从溶胶的鱼糜(塑性)到凝胶的鱼糕(弹性)的变化包含了两个反应,一是通过 50 ℃ 以下的温度域时,在此温度过程中进行的凝胶结构形成的反应,另一是以 60 ℃ 为中心的 50～70 ℃ 温度带所发生的凝胶结构劣化的反应。前者称为凝胶化,后者称凝胶劣化。加热同样的鱼糜,让其慢慢通过 30～40 ℃ 温度带,可促进凝胶化的进行,同时使其迅速通过 60 ℃ 附近,防止凝胶劣化的进行,可以得到较强的弹性,相反则弹性差。可见,即便是最终加热温度相同,但由于到达终点温度的过程不同,所形成的凝胶物性亦不同,这是鱼糜凝胶化的重要特征。凝胶化现象是指肌动球蛋白被加热时,其高级结构发生松散,分子间产生架桥,形成了三维的网状结构。由于热的作用,网状结构中的自由水被封锁在网目中不能流动,从而形成了具有弹性的凝胶状物。架桥与疏水基和 S-S 基有关,特别是前者。凝胶化的形成,即使在室温下也能发生,而温度越高,其凝胶化的速度也越快。一般如抗坏血酸钠,过氧化氢等氧化剂可促进凝胶化,而糖类如葡萄糖、砂糖则对凝胶化有抑制效果。鱼糜的凝胶形成特性,除因鱼种不同之外,即使是同一鱼种也会因其年龄、季节、鲜度而变化,此外还与其是否进行漂洗有关。

鱼糜制品根据加热方法,可以分为蒸煮制品、焙烤品、油煎品和油炸品等。鱼糜制品的整个加工过程大体可分为两个阶段,第一阶段是原料加工,相当于冷冻鱼糜加工部分,后一阶段是成品加工,成品加工包括从擂溃加料到成品为止的基本工序。

三、原料特性分析

1. 外观品质的测定:用直尺测量原料的长度(测定 10 个样品的平均值);用游标卡尺测量直径(10 个样品的平均值);用百分位天平测量原料重量(10 个样品的平均值)。

2. 水产品感官检验:取适量样品置于白色瓷盘上,在自然光下观察色泽和状态,嗅其气味。

水产品感官要求应符合 GB/T 2733 标准,具体要求见表 5-9。

表 5-9 水产品的感官指标

项 目	要 求
色 泽	具有水产品应用色泽
状 态	具有水产品正常的组织状态,肌肉紧密、有弹性
气 味	具有水产品应有气味,无异味

3.蛋白含量测定:凯氏定氮法。

四、产品加工过程

(一)材料与设备

实验材料:新鲜鱼、食盐、白砂糖、淀粉、多聚磷酸盐、山梨糖醇、味素。

仪器设备:采肉刀具、斩拌机、成型机、水浴锅、物性测定仪。

(二)参考配方

鱼肉 1000 g;食盐 25~30 g;白砂糖 30~40 g;淀粉 100~150 g;多聚磷酸盐 3~5 g;山梨糖醇 30~40 g;味素 6~8 g;黄酒 20~30 g;水约 300 g。

(三)工艺流程

原料鱼→前处理→采肉→漂洗→脱水→擂溃→成型→凝胶化→加热→冷却→包装→检验→成品。

(四)操作要点

1.前处理:鱼体去头、去内脏,同时去除附在腹腔内侧的黑膜。

2.水洗:用清水漂洗。

3.采肉和漂洗:漂洗出鱼皮、浸出物、水溶性蛋白质等,使制品颜色变白,增加弹性。鱼肉与水的比例为 1:5 至 1:10,水温保持在 5~8 ℃;第 2 次漂洗时加入 0.1%~0.3%的食盐溶液。

4.脱水:沥干。

5.擂溃:擂溃是鱼糜制造技术的关键工序。操作过程可分为空擂、盐擂、调味擂溃三个阶段。空擂一般为 5 min 左右,盐擂是加入鱼肉量 2.0%~3.0%的食盐后继续擂溃的过程,时间一般控制在 10~15 min;调味擂溃是在盐擂后再加入调味料进行擂溃,时间一般控制在 5~10 min。调味擂溃常添加鱼肉量 0.2%~0.3%的多聚磷酸盐,3%~4%的白砂糖,5%~10%的淀粉,3%的山梨糖醇及味素。

6.成型:制成的鱼丸大小均匀、表面光滑、无严重拖尾现象。成型鱼丸入盛有清水的容器中,使其收缩定型。

7.加热:分水煮和油炸两种方式。水煮时避免在 60~70 ℃停留时间过长,一般应控制在 5~10 min 内鱼丸中心温度必须达到 75 ℃左右,此时使水温大约保持在 85~95 ℃,其间鱼丸逐渐受热膨胀而上浮,再保持 2~4 min 后待全部漂起,表面已经煮熟,即可捞起沥出水分。分段加热法是先将鱼丸加热到 40 ℃保持 20 min,以形成高强度凝胶化的网状结构,再升温到 75 ℃,制品性状比前者好。

油炸制品保藏性好,可消除鱼腥味并产生金黄色。油炸开始时油温须保持在 180~200 ℃

之间,炸制 1~2 min,待鱼丸炸至表面坚实,内熟浮起,呈浅黄色时即可捞起。

8.冷却:鱼丸加热后应快速冷却,可采用水冷或风冷等措施快速降温。

9.质量评价:从色泽、风味、质构等方面进行综合评价,做出物性测试和感官评价的相关性分析。

五、产品品质分析

1.水分测定:快速水分测定仪。

2.水分活度测定:水分活度测定仪。

3.质构分析:用质构仪测定成品的弹性、内聚性、咀嚼性。

4.感官评价。

六、产品质量标准

(一)感官指标

无异味、无酸败味、无杂质。

(二)理化指标

表 5-10　鱼糜制品理化指标

项　　目	指　　标
铅(Pb)/(mg/g)	
色糜制品	≤0.5
无机砷/(mg/kg)	
鱼糜制品	≤0.1
虾糜制品	≤0.5

(三)污染物残留限量指标

表 5-11　鱼糜制品污染物残留限量指标

项　　目		指　　标
甲基汞/(mg/kg)		
食肉鱼(鲨鱼、旗鱼、金枪鱼、饺子鱼及其他)糜制品	≤	1.6
非食肉鱼糜制品		≤0.5
镉(Cd)/(mg/kg)		
鱼糜制品		≤0.1
多氯联苯[a]/(mg/kg)		≤2.0
PCB138/(mg/kg)		≤0.5
PCB153/(mg/kg)		≤0.5

[a] 仅限于海水鱼、虾乃原料的鱼糜制品,并以 PCB28、PCB52、PCB118、PCB138、PCB153 和 PCB180 总和计。

(四)微生物指标

表 5-12　鱼糜制品微生物指标

项　目	指　标	
	即食类	非即食类
菌落总数/(CFU/g)	≤3000	≤50000
大肠菌群/(MPN/100g)	≤30	≤450
致病菌(沙门氏菌、金黄色葡萄球菌、副溶血性弧菌、志贺氏菌)	不得检出	

七、实验报告要求

1. 阐述各组分在鱼糜制品中的作用。

2. 阐述鱼糜制品生产过程中温度控制的重要性。

3. 分析鱼糜制品凝胶化的原理及如何防止凝胶劣变。

实验二十八　西式火腿制作及品质评价

一、关键知识点

1. 腌制防腐原理。

2. 亚硝酸盐发色原理。

3. 品质形成原理(滚揉、按摩等工艺)。

二、实验技术原理

1. 腌制：一定量的食盐可以提高肉制品的渗透压、降低食品中的水分活度,因此起到抑菌防腐的作用。而且 Na^+ 能和细胞原生质中的阴离子结合,对微生物产生毒害作用。

2. 滚揉：滚揉是利用机械的摔打、按摩,促使肌肉纤维松散,方便腌制液的渗透和肌动球蛋白的渗出。

三、原料特性分析

1. 肉品新鲜度快速检验：参考附录四。其中猪肉感官品质应符合 GB/T 9959.1,具体感官要求见要求表 5-1。

2. 水分测定：红外线快速水分测定仪测定。猪肉水分含量应符合 GB/T 9959.1,具体要求见要求表 5-2。

3. 挥发性盐基氮测定：按 GB/T 5009.44 中规定的方法测定。猪肉挥发性盐基氮含量应符合 GB/T 9959.1,具体要求见要求表 5-2。

4. 汞含量测定：总汞按 GB/T 5009.17 中规定的方法测定;猪肉汞含量应符合 GB/T 9959.1,具体要求见要求表 5-2。

四、产品加工过程

(一)实验原料与设备

实验原料：瘦猪肉、食盐、葡萄糖、硝酸钠、磷酸盐、淀粉、明胶、琼脂、奶粉、白酒、味精、香辛料等。

仪器设备：真空滚揉机、盐水注射机、火腿模具、蒸煮炉、刀、砧板、容器、耐蒸煮(100 ℃)塑料袋。

(二)参考配方

瘦猪肉 2.5 kg;食盐 50 g;葡萄糖 15 g;亚硝酸钠 250 mg;淀粉 50 g;明胶 2 g;琼脂 2 g;磷酸盐适量;奶粉 10 g;Vc 适量;白酒适量;味精 10 g。

(三)工艺流程

原料肉→修整、切块→腌制→配料→滚揉→装模→煮制→冷却→冷藏。

(四)操作要点

1. 原料肉修整、切块：选择健康、新鲜的猪后腿瘦肉,去除脂肪、结缔组织、瘀血等,切成约

100 g～200 g 大小的块。

2. 腌制:瘦猪肉 2.5 kg,食盐 50 g,葡萄糖 15 g,硝酸钠 250 mg,用 200 mL 温水(水温50 ℃左右)将配料溶化,与肉块拌和均匀,放入冰箱(2～4 ℃)腌制 48～72h。也可以将腌制液溶解后通过盐水注射机注入。

3. 滚揉:将除淀粉之外的配料加入 100 mL 水中适当溶解,将淀粉撒在腌制好的肉块上一同放入滚揉机,间歇滚揉,共 1～1.5 h。

4. 装模:将经过滚揉的肉块先装入塑料袋,再放进火腿模具中,压紧模具上的盖。

5. 煮制:将装模后的火腿放在蒸煮锅中煮制,水温维持在 90～95 ℃,火腿中心温度可达68～72 ℃,煮制 2.5～3 h。

6. 冷却、冷藏:煮熟的火腿分两阶段进行冷却,第一阶段把火腿浸入冷却水槽中,使温度下降到 38～40 ℃;第二阶段把降温后的火腿送入 0 ℃冰箱内,冷藏 12～15 h,即为成品。

五、产品品质分析

1. 水分测定:快速水分测定仪。
2. 水分活度测定:水分活度测定仪。
3. 质构分析:用质构仪测定成品的弹性、内聚性、咀嚼性。
4. 感官评价。

六、产品质量标准

(一)感官指标

无异味、无酸败味、无异物、无焦斑、无霉斑。

(二)理化指标

表 5-13 火腿理化指标

项　　目	指　　标
水分/(g/100g)	
肉干、肉松、其他熟肉干制品	≤20.0
肉脯、肉糜脯	≤16.0
油酥肉松、肉粉松	≤4.0
复合磷酸盐[a](以 PO_4^{2-} 计)/(g/kg)	
蒸煮火腿	≤8.0
其他熟肉制品	≤5.0
苯并(a)芘[b]/(ρg/kg)	≤5.0
铅(Pb)/(mg/kg)	≤0.5
无机砷/(mg/kg)	≤0.05
镉(Cd)/(mg/kg)	≤0.1
总汞(以 Hg 计)/(mg/kg)	≤0.05
亚硝酸盐	按 GB 2760—2014 执行

[a]　复合磷酸盐残留量包括肉类本身所含磷及加入的磷酸盐,不包括干制品。
[b]　限于燃烧和烟熏肉制品。

(三)微生物指标

表 5-14　火腿微生物指标

项　　目	指　　标
菌落总数/(efu/g)	
烧烤肉、肴肉、肉灌肠	≤50000
酱卤肉	≤80000
薰煮火腿、其他熟肉制品	≤30000
肉松、油酥肉松、肉粉松	≤30000
肉干、肉脯、肉糜脯、其他熟肉干制品	≤10000
大肠菌群/(MPN/100g)	
肉灌肠	≤30
烧烤肉、薰煮火腿、其他熟肉制品	≤90
肴肉、酱卤肉	≤150
肉松、油酥肉松、肉粉松	≤40
肉干、肉脯、肉糜脯、其他熟肉干制品	≤30
致病菌(沙门氏菌、金黄色葡萄球菌、志贺氏菌)	不得检出

六、实验报告要求

1. 试分析腌制时添加葡萄糖的原因及作用。

2. 阐述肌动球蛋白的特性及其在加工过程中的作用。

3. 分析配料中加入磷酸盐的意义,并阐述为何要在滚揉时添加。

实验二十九　风味鱼肉干的制作及品质控制

一、关键知识点

1.学习并掌握漂洗的作用。

2.了解鱼肉腥味的来源、盐水漂洗脱腥原理。

3.掌握冷冻干燥机、真空油炸机的原理及使用。

二、实验技术原理

腥味物质指的不是一种物质,它是多种物质的一个总称。腥味物质的组成比较复杂,在不同的水产品或者同一种水产品不同部位的分布都有可能是不同的。一般情况下,鱼类往往比虾类含有较多的腥味物质,鱼皮和内脏比鱼肉中含有的腥味物质多。鱼类与虾类的区别可能主要是与生活环境和自身结构有关,脂肪高的鱼类含有较多腥味物质,这主要与脂肪分解后会产生短肽的醛、酮等腥味物质有关;鱼皮和内脏被认为含有较多的微生物和酶类,会将碱性氨基酸等腥气特征化合物前体物质分解,产生短链的腥气成分,而土臭素等土腥味物质也是先进入内脏,再进入鱼肉组织,所以相比较于鱼皮和鱼内脏,鱼肉含有的腥味物质相对较少。水产品中的挥发性物质主要包括醇类、醛类、酮类、烃类、土腥味类物质(多见于淡水水产品中)及少量的呋喃、硫醚、萘类等物质,这些化合物一起构成了水产品的腥味。

目前,应用于鱼肉制品脱腥的方法很多,主要有物理脱腥方法(包括 β－环糊精包埋法、盐溶法、吸附法、掩盖法、微胶囊法和萃取法等)、化学脱腥方法(包括酸碱处理法和抗氧化剂法等)和生物脱腥方法等三大类。生物法脱腥虽能基本脱除鱼腥味,但其成本较高,且只能用于液体鱼糜制品和发酵鱼糜制品,而物理法和化学法则应用范围较广。其中,生产中应用较多的多为盐水漂洗脱腥。

在鱼肉制品加工中,鱼肉漂洗是非常重要的步骤之一,漂洗时鱼肉与漂洗液按照一定比例混合,经机械搅拌,有效地去除鱼肉中的有色物质、腥味物质、脂肪、残留的鱼皮以及内脏碎屑、血液等,改善鱼肉制品的色泽,防止残留的脂肪发生氧化,提高鱼肉制品的保藏能力。其中,挥发性腥味物质的脱除受多种因素的影响,包括挥发性腥味物质本身特性、浓度、水分含量及食品的基质等。鱼肉制品中腥味物质难以脱除主要是由于部分腥味物质被蛋白质等大分子结合,且其结合能力受温度、pH、盐类等介质条件影响。鱼肉蛋白包括盐溶性的肌原纤维蛋白、水溶性的肌浆蛋白和不溶性的肌基质蛋白,其中盐溶蛋白是形成与肉制品网络结构的主要蛋白,适当的漂洗,能够去除一部分蛋白,提高产品质量。

三、原料特性分析

1.外观品质的测定:用直尺测量原料的长度(测定 10 个样品的平均值);用游标卡尺测量直径(10 个样品的平均值);用百分位天平测量原料重量(10 个样品的平均值)。

2.水产品感官检验:取适量样品置于白色瓷盘上,在自然光下观察色泽和状态,嗅其气味。水产品感官要求应符合 GB/T 2733 标准,具体要求见表 5-9。

3.蛋白含量测定:凯氏定氮法。

四、产品加工过程

(一)实验原料与设备

实验原料:草鱼、食盐、味精、白砂糖、五香粉、酱油、植物油等辅料。

仪器设备:电热恒温鼓风干燥箱;电热恒温水浴锅;冰柜;真空油炸锅;真空包装封口机;刀;砧板;容器;封口。

(二)参考配方

鱼肉 1.0 kg;食盐 50 g;植物油 1 kg;酱油 65 g;白砂糖 30 g;盐适量;五香粉 20 g;料酒适量;味精 10 g。

(三)工艺流程

鲜活鱼→斩杀、清洗→浸烫去皮→剖片→漂洗脱腥→冷冻切片→调味腌制→冷烘片→油炸→真空包装。

(四)操作要点

1.鲜活鱼斩杀、清洗:选用活草鱼,质量 3.0 kg 以上。斩去鱼头,从腹部剖开,清除内脏,然后用洁净的清水浸泡 10 min,换水再浸泡 15~20 min,使鱼肉中的血水充分渗出。

2.浸烫去皮:处理后的鱼体放入 80~85 ℃热水中浸烫 10~15 s,至鱼皮将裂而又没有裂开为度,立即移入冷水中,然后取出用刀刮去鱼皮及鱼鳞,清洗干净。

3.剖片:用刀沿背椎骨向鱼尾割下一片完整的鱼肉,用同样的方法得到另一片鱼肉,清洗干净。

4.漂洗脱腥:草鱼肉有一定的腥味,直接加工会影响产品风味,须进行脱腥处理。去腥方法是将鱼肉片投入 30 ℃,8%食盐溶液中浸泡(鱼肉 m/盐水 m=1:4)15 min,浸泡过程中翻动 2~3 次。待浸泡结束后,用流动水漂洗 2~3 min 。

5.冷冻切片:将经过脱腥处理的鱼肉送入冰柜冷冻,待鱼肉温度降至−5 ℃左右时取出,立即切成 4 cm×2 cm×0.3 cm(长×宽×厚)的薄片。

6.调味腌制:将酱油、白砂糖、精盐、味精、五香粉按比例与鱼肉拌和均匀,腌制 1~1.5 h 。

7.烘片:腌制结束的鱼片平摊到模板上,摊片要整齐,片与片之间不要相连。然后送入鼓风干燥箱中,50 ℃干制 4 h,烘至鱼片水分含量为 22%~25% 左右结束。烘干期间要翻鱼片 2~3 次。

8.油炸:烘好的鱼片投入到加热至 170 ℃的植物油中,轻轻翻动,约 15 s 炸至表面呈金黄色时捞出沥油。

9.真空包装:鱼片沥净油后装入包装袋,真空包装即为成品。

五、产品品质分析

1.水分测定:快速水分测定仪。

2.水分活度测定:水分活度测定仪。

3.质构分析:用质构仪测定成品的弹性、内聚性、咀嚼性。

4.感官评价:对产品的口感、色泽、气味进行感官评分,具体要求见表5-15。

表 5-15　鱼肉干产品感官评定标准

指标	标准	得分
口感(40分)	咸甜适口,口感细腻、润滑	25～40
	口感不柔和,微咸	10～24
	口感粗糙,微涩,过甜或过咸	<10
色泽(30分)	黄色或黄褐色	20～30
	淡黄色,深褐色	10～19
	苍白无光泽	<10
气味(30分)	香味浓郁,但不刺鼻	20～30
	稍有香味,或香味太浓、刺鼻	10～19
	无香味	<10

六、产品质量标准

(一)感官要求

表 5-16　肉干感官要求

项目	指标	
	肉干	肉糜干
形态	呈片、条、粒状,同一品种大小基本均匀,表面可带有细小纤维或香辛料。	呈片、粒状或其他规则形状,同一品种大小基本均匀。
色泽	呈棕黄色、褐色或黄褐色,色泽基本均匀。	呈棕黄色、棕红色或黄褐色,色泽基本均匀。
滋味、气味	具有该品种特有的香气和滋味,甜咸适中。	
杂质	无肉眼可见杂质。	

(二)理化指标

表 5-17　肉干理化指标

项目	指标					
	肉干			肉糜干		
	牛肉干	猪肉干	其他肉干	牛肉糜干	猪肉糜干	其他肉糜干
水分/(g/100g)	≤20					
脂肪/(g/100g)	≤10	≤12	≤12	≤10		≤10
蛋白质/(g/100g)	≥30	≥28	≥28	≥23		≥20
氧化物(以 NaCl 计)/(g/100g)	≤5					
总糖(以蔗糖计)/(g/100g)	≤35					

续　表

项　　目	指　标					
	肉干			肉糜干		
	牛肉干	猪肉干	其他肉干	牛肉糜干	猪肉糜干	其他肉糜干
铅(Pb)/(mg/kg)	符合 GB 2726—2016 的规定					
无机砷/(mg/kg)						
镉(Cd)/(mg/kg)						
总汞(以 Hg 计)/(mg/kg)						

(三)微生物指标

表 5-15　肉干微生物指标

项　　目	指　标
菌落总数/(CFU/g)	符合 GB 2726—2016 的规定
大肠菌群/(MPN/100g)	
致病菌(沙门氏菌、金黄色葡萄球菌、志贺氏菌)	

七、实验报告要求

1.试分析漂洗时盐水的作用及对其浓度的选用要求。

2.阐述油炸温度及油炸时间对鱼干产品品质的影响。

3.分析肌动球蛋白的特性及其在加工过程中的变化。

第六章　发酵产品加工及开发实验技术

实验三十　黑啤酒的制作及品质评价

一、关键知识点

1.学习啤酒生产中糖化工艺,掌握工艺流程。

2.掌握菌种复壮纯化技术和实验室扩大培养技术。

3.掌握啤酒发酵的主发酵和后发酵的工艺,了解发酵各阶段的变化特征。

二、实验技术原理

啤酒是目前国内外最为流行的含酒精饮料,我国是全球第一大啤酒生产国。本实验的目的就是通过啤酒发酵实验,掌握和了解酒精发酵工艺的大致过程,了解啤酒的发酵特性,学习啤酒品鉴的方法,从而增强对啤酒发酵的理性认识,培养学生发现问题、分析问题、解决问题的能力。

啤酒是一种以麦芽和水为主要原料,加入啤酒花,经酵母发酵酿制而成的含有二氧化碳的低酒精度发酵酒,它起源于古巴比伦和亚述,到了13世纪,德国修道院开始用酒花作为啤酒香料,并把这种含少量酒精的饮料称为啤酒。

啤酒主要化学成分有:

1.酒精:酒精是啤酒热值的主要来源,又是使啤酒泡沫具有细致性的必要成分,麦芽糖度为10~20p 啤酒的酒精含量为2.9%~7.1%。

2.浸出物:指啤酒中以胶体形式存在的一组物质,包括糖类、含氮物质、维生素、无机矿质元素、苦味质和多元酚,还含有微量脂肪、色素物质和有机酸等。麦芽汁浸出物中糖类占90%,其中葡萄糖和果糖占糖类的10%,蔗糖占5%,麦芽糖占40%~50%,麦芽三糖占10%~15%,低聚寡糖20%~30%,少量的戊糖、戊聚糖等3%~5%。啤酒酵母的可发酵糖和发酵顺序:葡萄糖>果糖>蔗糖>麦芽糖>麦芽三糖。

3.二氧化碳:啤酒中的二氧化碳的含量一般在0.35%~0.6%之间,二氧化碳是使啤酒起泡的主要成分之一,饮后给人舒服的刺激感。

4.挥发性成分:除酒精外,啤酒中还有高级醇、醛、酮、脂肪酸以及有机酸、酯类、硫化物等。啤酒酵母发酵可发酵糖类经 EMP 途径生成丙酮酸,丙酮酸无氧酵解产生酒精和 CO_2、同时还形成高级醇、挥发酯、醛类和酸类、连二酮类(VDK)、含硫化合物等一系列代谢产物,构成啤酒特有的香味和口味。微量的挥发性物质增加了啤酒的风味感。但是过高的双乙酰含量,预示着啤酒发酵不完整,当其含量超过0.2 mg/L 时,会使啤酒带馊饭味,表示啤酒发酵方式有问题。

三、原料特性分析

1. 外观品质的测定：用直尺测量原料的长度（测定 40 个样品的平均值）；用游标卡尺测量直径（40 个样品的平均值）；用百分位天平测量原料重量（40 个样品的平均值）。

2. 水分含量：采用快速水分测定仪测定。

3. 粗蛋白含量：用凯氏定氮法测定，转换系数 6.25。

4. 总糖：用苯酚—硫酸法测定。

5. 还原糖：用水杨酸比色法测定。

四、产品加工过程

（一）实验材料与仪器

原料：麦芽（皮尔森麦芽），麦芽（慕尼黑麦芽），麦芽汁、慕尼黑啤酒酵母发酵菌液、酵母培养物等。

试剂：碘、碘化钾、亚甲蓝、亚甲基蓝、酒石酸钾钠、氢氧化钠、亚铁氢化钾、葡萄糖、盐酸等。

仪器：水浴锅、烧杯、糖化槽、温度计、滤纸、漏斗、电炉、显微镜、血球计数板、盖玻片、恒温培养箱、生化培养箱、麦芽汁平板、玻璃棒、糖度仪、滴定管、滴定管架、电炉、三角瓶、pH 试纸等。

（二）参考配方

如表 6-1 所示。

表 6-1　啤酒生产参考配方

材　　料	用　　量
皮尔森麦芽	100 g
慕尼黑麦芽	150 g
酒花粉（6%）	1 g
顶层酵母	5 mL（10^8）
纯净水	2 L

（三）操作要点

1. 糖化过程：

表 6-2　糖化过程参数指标

	温度（℃）	时间长度（min）
步骤一	48	
步骤二	45	10
步骤三	53	10
步骤四	63	30
步骤五	73	
步骤六	76	

（1）将 1 L 水加入发酵罐加温至 48 ℃。

（2）称取大麦芽和小麦芽，分别打碎；将打碎的麦芽缓慢搅拌地加入 1 L 水中，并保持液体温度在 45 ℃ 大约 10 min；搅拌液体，并加温至 53 ℃，维持 10 min；此时被称为蛋白模式阶段。

（3）此后继续加热糊状物质至 63 ℃；此状态需维持 30 min；此阶段称为麦芽糖阶段。

（4）之后，当温度下降到 60 ℃ 以下时，应当继续加热搅拌，再将其进一步加热至 73 ℃。此阶段被称为最后糖化阶段（每 10 min，进行一次碘测试，直到试纸不再变得更黄为止）。

（5）待糊状物加热至 76 ℃（不可高于 78 ℃），用过滤网过滤糊状物，并用 1 L 加热至 78 ℃ 的纯净水冲洗（将 1 L 水分成两至三部分缓慢冲洗）；使用麦芽糖度仪测定，并调节麦芽糖度至 11％～12％。

（6）将 1/3 的啤酒花粉末加入麦芽糖液体中，加热煮沸 30 min；然后加入剩余的 2/3 酒花，再次煮沸 30 min。

（7）加热后的麦芽汁，过夜冷却，并使用茶袋过滤。

2.啤酒酵母的计数：取清洁的血球计数板一块，在计数室上方加盖一张盖玻片，取稀释后的菌液一小滴，滴至盖玻片边缘，让菌液浸入计数室内，静置，先用低倍镜找到计数室的方格网，并移至视野中间，找到计数室位置，并看清中方格及小方格，有代表性地选择左上，左下，右上，右下，中间五个中方格计数。

3.啤酒酵母的质量检查：

（1）亚甲蓝的配制：0.025％亚甲蓝水溶液 100 mL，即将 0.025 g 亚甲蓝溶于 100 mL 水中。

（2）死亡率检查：酵母细胞用 0.025％亚甲蓝水溶液染色后，死细胞会被染上蓝色。随机选择三个以上视野观察死细胞所占比例，取平均值。

（3）出芽率的检查：随机选择五个视野，观察出芽酵母细胞所占的比例，取平均值。

表 6-3　啤酒生产过程监测指标记录

	OD600	计数			pH	糖度	色度
		总数	死亡率	出芽率			
麦芽汁							
10 mL 麦芽培养液							
10 mL 麦芽培养液　稀释十倍							
50 mL 麦芽培养液							
50 mL 麦芽培养液　稀释十倍							
主发酵 1 天							
主发酵 2 天							
主发酵 3 天							
主发酵 4 天							

4.啤酒酵母的扩大培养：

（1）菌种扩大：麦芽汁斜面菌种→麦芽汁平板，28 ℃，2d→挑单菌落 3 个，接种于 50 mL；一级种子麦芽汁三角瓶中，20 ℃，2d（每天摇动三次）→150 mL；二级种子麦芽汁三角瓶中，20 ℃

→600 mL 麦芽汁中,15 ℃。

（2）培养基的制备：取协定法糖化实验中制备的麦芽汁滤液,加水定容至 675 mL,取 50 mL 装入 100 mL 三角瓶中,另取 150 mL 装入 250 mL 三角瓶中,剩下的至于蓝口瓶中,包上八层纱布,121 ℃,灭菌 30 min。

5.麦芽汁的制备：糖化用水量的计算、糖化：浸出糖化法、麦芽汁过滤、使用纱布过滤、麦芽汁冷却、设备清洗。

6.糖度的测定：取 100mL 麦芽汁,滴于糖度仪,然后对着光亮处读出糖度仪上白色与蓝色的交界处,记录数据。

7.啤酒主发酵：

（1）将（5 mL）酵母加入麦芽汁液体 1000 mL 中。将其放入 15～21 ℃培养箱中培养 4 天。当大量泡沫消失,仅留下少量小气泡时,主发酵完成。

（2）随后将啤酒分装入干净啤酒瓶中,并继续在 12～15 ℃发酵 3 天。每日需打开检查气压（打开有 po 声）,此过程需持续几日。

（3）随后将啤酒转入 5～7 ℃发酵,四周后啤酒可饮用。

（4）此啤酒保质期一般在 8 周左右。

（5）主发酵测定项目：糖度、细胞浓度、出芽率、染色率、还原糖、pH、色度。

8.注意事项：生产过程防止杂菌进入；原料中的糖是作为酵母菌的养料；发酵温度小于 15 ℃。

五、产品品质评价

1.感官评定：注入杯的酒样或瓶装酒样置于明亮处观察,记录酒的清亮程度、悬浮物及沉淀物情况；肉眼观察泡沫的颜色、细腻程度及挂杯情况；将注入酒的品评杯置于鼻孔下方,嗅闻其香气,摇动酒杯后,再嗅闻有无酒花香及异杂气味。做好记录。最后饮入适量酒样,对口感特征进行评定,做好记录。

表 6-4　啤酒品评价记录表

啤酒	香味	色泽	泡沫	苦味	甜味	异味	评价

2.还原糖的测定：具体操作参考附录十九。

3.pH 的测定：具体操作参考附录十五。

4.色度的测定：取两支比色管,一支加 100 mL 蒸馏水,一支加 100 mL 除气啤酒发酵液,面向光亮处,立于白瓷板中。用 1 mL 移液管吸取 1.00 mL 碘液,逐滴滴入白瓷板中,用玻璃棒搅拌,直至从轴线方向观察其颜色与样品比色管相同为止,记下所小消耗的碘液。样品的色度＝10MV,M 为碘标准溶液物质的量浓度。

六、结果与评价

产品品质应符合 GB 4298—2008 的要求。

(一)感官要求

表 6-5　黑啤酒感官要求

项目			优级	一级
外观[a]			酒体有光泽,允许有肉眼可见的微细悬浮物和沉淀物(非外来异物)	
泡沫	形态		泡沫细腻挂杯	泡沫较细腻挂杯
	泡特性[b]/s	瓶装	≥180	≥130
		听装	≥150	≥110
	香气和口味		具有明显的麦芽香气,口味纯正,爽口,酒体醇厚,杀口,柔和,无异味	有较明显的麦芽香气,口味纯正,较爽口,杀口,无异味

[a] 对非瓶装的"鲜啤酒"无要求。
[b] 对桶装(鲜、生、熟)啤酒无要求。

(二)理化要求

表 6-6　黑啤酒理化要求

项目		优级	一级
酒精度[a]/(%vol)	≥14.1°P	≥5.2	
	12.1°P~14.0°P	≥4.5	
	11.1°P~12.0°P	≥4.1	
	10.1°P~11.0°P	≥3.7	
	8.1°P~10.0°P	≥3.7	
	≤8.0°P	≥3.7	
原麦汁液浓[b]/°P		X	
总酸/(mL/100mL)		≤4.0	
二氧化碳[c]/%(质量分数)		0.35~0.65	
蔗糖转化酶活性[d]		呈阳性	

[a] 不包括低醇啤酒、脱醇啤酒。
[b] "X"为标签上标柱的原麦汁液浓,≥10.0°P 允许的负偏差为"-0.3";<10.0°P 允许的负偏差为"-0.2"。
[c] 桶装(鲜、生、熟)啤酒二氧化碳不得小于 0.25%(质量分数)。
[d] 仅对"生啤酒"和"鲜啤酒"有要求。

(三)卫生要求

应符合 GB 2758—2012 的规定。

七、实验报告要求

1.实验报告内容包括关键技术原理、工艺流程、操作要点、产品分析、结果讨论。

2.分析不同发酵条件(接种量、发酵温度、时间)与产品综合感官特征形成的关系。

实验三十一　乳酸菌果蔬汁的制作及品质评价

一、关键知识点

1. 乳酸菌果蔬汁饮料果蔬汁饮料的分类及特点。
2. 乳酸菌果蔬汁饮料的加工关键技术要点。
3. 乳酸菌菌种的活化及培养。
4. 乳酸菌果蔬汁饮料的品质评定。
5. 影响乳酸菌果蔬汁饮料成品稳定性的因素。

二、实验技术原理

乳酸菌是人体共生菌,具有多种辅助生理功能:有利于 Fe、Ca 元素吸收;代谢产生抗菌物质,有利于缓解肠道炎症;抑制硝酸盐还原酶的活性,从而预防癌症的产生。乳酸菌利用果蔬汁中的可溶性成分进行乳酸发酵,过程中产生包括 VB1、VB2、VB6 在内的多种维生素。同时,由于乳酸菌不具备分解纤维素和水解蛋白质的作用,因此发酵过程不会降低果蔬汁原有营养价值。乳酸菌果蔬汁饮料综合了乳酸菌发酵以及果蔬汁的优点,发酵风味和原料风味浑然一体,具有营养成分丰富、风味独特、利于人体健康、成品保质期长的特点。

三、原料特性分析

(一)果蔬原料

1. 外观品质的测定:用直尺测量原料的长度(测定 40 个样品的平均值);用游标卡尺测量直径(40 个样品的平均值);用百分位天平测量原料重量(40 个样品的平均值)。
2. 水分含量:采用快速水分测定仪测定。
3. 果胶含量:咔唑比色法。
4. 粗蛋白含量:用凯氏定氮法测定,转换系数 6.25。
5. 总糖:用苯酚-硫酸法测定。
6. 还原糖:用水杨酸比色法测定。
7. 粗纤维含量:中性洗涤纤维(NDF)法。
8. 类胡萝卜素含量:采用分光光度计法。

(二)菌种

嗜热链球菌和保加利亚乳杆菌发酵时能利用乳糖产生乳酸,在人体肠道中有效地抑制肠道腐败菌生长,维持肠道正常的 pH,同时降低肠道氧化还原电势,形成健康的肠道环境。

嗜热链球菌和保加利亚乳杆菌的发酵温度高于一般腐败菌的生长温度,且产酸能力强、速度快,有利于工业化生产;同时,它们发酵产酸以乳酸为主,酸味柔和,发酵生成的挥发性有机酸能与醇类反应生成酯类物质,使发酵产品具有特殊的芳香风味。

据此,我们选择保加利亚乳杆菌和嗜热链球菌作为发酵菌种。

四、产品加工过程

(一)实验材料及设备

实验材料：市售胡萝卜、番茄、黄瓜、苹果、柠檬等果蔬。

实验菌种：保加利亚乳杆菌、嗜热链球菌。

实验设备：榨汁机、均质机、高压蒸汽灭菌锅、恒温培养箱、离心机等。

(二)参考配方

主料：果蔬汁(复合)46％，牛奶31％，水23％。

甜味剂：蔗糖2％。

酸味剂：柠檬酸1％。

增稠剂：黄原胶2％。

接种量：10％。

(三)工艺流程

制备果蔬汁→灭菌→冷却→接种→发酵→(灭菌)→装瓶→冷却→成品

乳酸菌配制→活化→扩培→发酵剂

(四)操作要点

1.菌种活化及培养：将保加利亚乳杆菌 Lactobacillus bulgaricus 与嗜热链球菌 Streptococcus Thermophilus(1∶1)以5％的接种量接种于培养基中，在40℃恒温培养箱内经四次接种活化后，放入4℃冰箱内冷藏备用。

2.混合果蔬汁的制备：

原料选择→清洗→预处理(去皮、去核、修整、切块)→榨汁→过滤→均质→杀菌。

3.接种发酵：在无菌操作台上，将已提前制备好的保加利亚乳杆菌和嗜热链球菌发酵剂接种于已制备好的果蔬汁中；40℃恒温箱中发酵至pH达到4.2，停止前发酵(约4～6h)；30℃恒温箱中发酵至pH进一步降低至3.9～4.1，发酵结束。

4.灭菌：为了最大限度保持饮料中的有效成分，采取115～135℃瞬时杀菌5 s，然后立即将汁液冷却至室温，以便更好地保存果汁中的营养成分。

如选择生产活菌型乳酸菌果蔬汁，可省略该步骤。

5.灌装：在无菌条件下进行灌装，立即封口。包装容器采用玻璃瓶，灭菌后不宜进行冷却，必须趁热灌装，在灌装时玻璃瓶要进行相应的灭菌，采用75％的酒精清洗杀菌，晾干备用。

6.冷却：杀菌完毕后进行冷却，冷却方法使用分段过渡式冷却。温度分段为70℃、50℃、30℃。

7.保存：产品灌装、冷却后，擦净容器外表水分，及时入库保存，在30～35℃条件下保存7d，对各项指标进行检查。

五、产品品质分析

1.澄清度：分光光度计法。

2.可溶性固形物：折光法。

3.总酸:按总酸度测定 NaOH 滴定法。

4.稳定性的测定:用离心沉淀法来测量,在 10 mL 离心管中,精确加入配好了的饮料 10 mL,转速 4000 r/min 离心 15 min,测定顶部的浮层厚度,然后弃掉上面部分的溶液,准确称取沉淀物的重量,利用下面的公式计算沉淀量。

$$沉淀量(\%)=[沉淀重量(g)/10 \text{ mL 饮料总重量}(g)]\times100\%$$

5.感官评定法:由食品专业人员组成评定小组,从发酵果蔬汁的色泽、滋味、香气、组织状态 4 个指标进行评定。

样品发酵之后,冷藏 24～48 h,这段时间是风味、滋味正在形成的阶段,所以在这段时间内进行感官评价最佳。对发酵果蔬汁进行感官分析采用评分检验法,各指标评分的标准参考下表:

表 6-7　饮料感官评定标准

指标	评定标准	得分
色泽(10 分)	色泽鲜艳适中,色泽光亮	8～10
	色泽稍偏暗,色泽亮度不够	5～7
	色泽偏暗,色泽微亮	2～4
	色泽严重偏暗,色泽不好	1 以下
滋味(30 分)	有特定水果味,酸甜适合	24～30
	单一物质风味过重,酸甜适合	21～23
	单一物质风味过重,酸甜不适合	18～20
	口感欠佳,酸甜不适合,存在异味	17 以下
香气(20 分)	具果香味,味道纯正,无异味	16～20
	果香味较淡,偏向于单一物质的风味,无异味	11～15
	果香为很淡,偏向于单一物质的风味,	6～10
	风味不协调,无清新感,有微量异味	5 以下
组织形态(40 分)	外观均匀,无分层现象	32～40
	有少量分层现象,但不明显	23～31
	有少量分层现象,有微小颗粒	14～22
	分层较严重,颗粒沉淀较多	13 以下

6.菌落数、霉菌、大肠菌群、致病菌:参照《食品卫生微生物学检验:GB 4789—2008》进行测定。

六、产品质量标准

(一)感官指标

表 6-8　饮料感官要求

项　目	要　求
色　泽	呈均匀一致的乳白色,稍带微黄色或相应的果类色泽
滋　味	口感细腻、甜度适中、酸而不涩,具有应有的滋味
气　味	无异味,具有应有的气味
组织状态	呈乳浊状,均匀一致不分层,允许有少量沉淀,无气泡,无异物

(二)理化指标

表 6-9　饮料理化指标

项　目	指　标
蛋白质/(g/100g)	≥0.70
总砷(以 As 计)/(mg/L)	≤0.2
铅(Pb)/(mg/L)	≤0.05
铜(Cu)/(mg/L)	≤5.0
脲酶试验	阴性

(三)微生物指标

表 6-10　乳酸菌饮料微生物指标

项　目	指　标	
	活菌型	杀菌型
乳酸菌/(CFU/mL)	$\geq 1\times10^{6}$	—
菌落总数/(CFU/mL)	—	≤100
霉菌数/(CFU/mL)	≤30	≤30
酵母数/(CFU/mL)	≤50	≤50
大肠菌群/(MPN/100 mL)	≤3	
致病菌(沙门氏菌、志贺氏菌、金黄色葡萄球菌)	不得检出	

七、实验报告要求

1.实验报告内容包括关键技术原理、工艺流程、操作要点、产品分析、结果讨论。

2.分析不同发酵条件(接种量、发酵温度、时间)与产品综合感官特征形成的关系。

3.谈谈对于乳酸菌果蔬汁饮料新产品开发的思路和看法。

实验三十二　酸奶的制作及品质评价

一、关键知识点

1. 酸奶加工中原料乳滴定酸度、抗生素的检测。
2. 酸奶加工关键技术要点。

二、实验技术原理

(一)滴定酸度测定

牛乳酸度由固有酸度(或自然酸度)和发酵酸度组成。固有酸度和发酵酸度之和称为总酸度。牛乳在微生物的作用下产生乳酸发酵,导致乳的酸度逐渐升高。由于发酵产酸而升高的这部分酸度称为发酵酸度。

测定乳的酸度,可判定乳是否新鲜。生产中广泛采用测定滴定酸度来间接掌握乳的新鲜度。乳的滴定酸度常用吉尔涅尔度(°T)和乳酸度(乳酸%)表示。

吉尔涅尔度是以中和 100 mL 乳所消耗 0.1N NaOH 的毫升数来表示。消耗 1 mL 0.1N NaOH 为 10T。用乳酸度表示酸度时,按滴定酸度的方法测定后用下列公式计算。

$$乳酸(\%)=\frac{0.1N\ NaOH\ 毫升数\times 0.009}{供试牛乳重量(g)(毫升数\times 比重)}\times 100$$

刚挤出的新鲜乳若以乳酸度计,酸度为 0.15%～0.18%;若以吉尔涅尔度计,为 16—18°T。

(二)抗生素残留检验(TTC 法)

在防治乳牛疾病时,经常使用抗生素,特别是治疗牛乳腺炎,有时将抗生素直接注射到乳房内。因此,经抗生素治疗过的乳牛,牛乳在一段时期内会残存抗生素,这会影响发酵乳制品的生产,对某些人群可引起过敏反应,也会使某些菌株产生抗药性等,所以,对牛乳进行抗生素残留检验,十分必要。

根据国标,鲜乳中抗生素残留检验是通过 TTC 试验来判定的。向检样中加入嗜热链球菌和 4%TTC 指示剂(2,3,5-氯化三苯四氮唑),如有抗生素存在,则会抑制细菌的繁殖,TTC 指示剂不被还原、不显色;反之,则细菌大量繁殖,TTC 指示剂被还原而显红色,从而可以判定有无抗生素残留。

(三)酸奶加工

根据联合国粮食与农业组织(FAO)、世界卫生组织(WHO)与国际乳品联合会(IDF)的定义,酸奶是在添加(或不添加)乳粉(或脱脂乳)的乳(杀菌乳或浓缩乳)中,由保加利亚乳杆菌和嗜热链球菌进行乳酸发酵制成的凝乳状产品。

按成品的组织状态分为凝固型、搅拌型和饮用型酸奶,凝固型酸奶发酵过程在包装容器中进行,从而使成品因发酵而保留其均匀一致的凝乳状态。搅拌型酸奶成品先发酵后灌装而得,发酵后的凝乳已在灌装前和过程中搅碎而成黏稠且均匀的半流体状态。饮用型酸奶类似搅拌型酸乳,但是包装前凝块被分散成液体。

三、原料特性分析

1. 生乳：应符合 GB 19301—2010 规定。

2. 其他原料：应符合相应安全标准和/或有关规定。

3. 发酵菌种：保加利亚乳杆菌（德氏乳杆菌保加利亚亚种）、嗜热链球菌或其他由国务院卫生行政部门批准使用的菌种。

四、产品加工过程

（一）实验材料与设备

实验材料：鲜牛乳（可选用乳粉）、脱脂乳、蔗糖、直投式发酵剂（保加利亚乳杆菌和嗜热链球菌）、嗜热链球菌（用于抗生素检测）、2,3,5-氯化三苯四氮唑、稳定剂（果胶等）、奶粉、香精（不同风味）、氢氧化钠、酚酞溶液、蒸馏水。

仪器设备：电子天平、数显恒温水浴锅、恒温培养箱、干热灭菌箱、均质机、高压蒸汽灭菌锅、超净工作台、冰箱等。

（二）滴定酸度测定方法

取 10 mL 乳样，用 20 mL 蒸馏水稀释，加入 0.5％的酚酞指示剂 0.5 mL，以 0.1N NaOH 溶液滴定，将所消耗 NaOH 毫升数乘以 10，即乳样品的吉尔涅尔度。

（三）国标 TTC 法检测牛乳中抗生素残留

取检样 9 mL 放入试管中，置于 80 ℃水浴中保温 5 min，然后冷却至 37 ℃以下，加入嗜热链球菌菌液 1 mL，置 36±1 ℃水浴锅中保温 2 h，加入 4％TTC 指示剂溶液 0.3 mL，置 36±1 ℃水浴中保温 30 min，观察牛乳颜色的变化。

结果的判定：加入 TTC 指示剂并于水浴中保温 30 min 后，如检样呈红色反应，说明无抗生素残留，即报告结果为阴性；如检样不显色，再继续保温 30 min 做第二次观察，如仍不显色，则说明有抗生素残留，即报告结果为阳性，反之则为阴性。显色状态判断标准见表 6-11。

表 6-11　显色状态判断标准

显色状态	判　断
未显色者	阳　性
微红色者	可　疑
桃红色→红色	阴　性

酸奶加工中原料乳验收涉及的其他指标略。

（四）加工工艺流程

酸乳生产工艺流程如图 6-1。搅拌型酸奶和凝固型酸奶的生产从牛奶的预处理到冷却及培养，工艺相同，可以共用生产线。

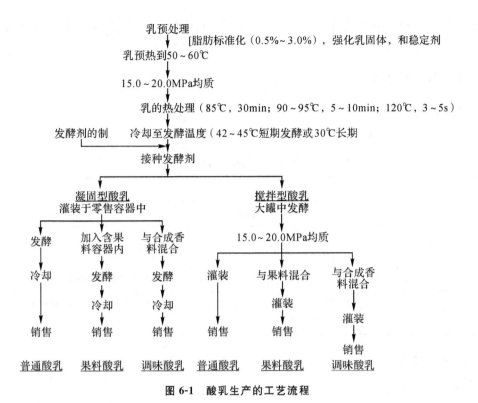

图 6-1 酸乳生产的工艺流程

(五)酸奶加工操作要点

搅拌型和凝固型酸奶的生产工艺流程从预处理到杀菌、冷却、接种发酵剂,采用相同工艺。

1.原料乳验收与处理:测定原料乳滴定酸度,要求酸度在 180T 以下,并且不得含有抗生素,过滤。

2.均质:为了提高酸乳的稳定性、稠度和防止脂肪上浮,牛乳可利用均质机,在 55~65 ℃、15~20MPa 的压力下进行均质。

3.配料:酸奶加工中可按一定比例添加稳定剂和甜味剂及维生素等配料。蔗糖添加剂量一般为原料的 6%~8%,最多不能超过 10%。具体方法是在少量的原料乳中加入糖加热溶解,过滤后倒入原料乳中混匀即可。常用的稳定剂有果胶、明胶和琼脂等,添加量为原料的 0.1%~0.5%。添加稳定剂可提高酸奶稠度、黏度,并有助于防止酸奶中乳清析出。奶粉的添加可提高干物质含量,改善产品组织状态,促进乳酸菌产酸,一般添加量为原料的 1%~1.5%。

4.杀菌、冷却:将经均质的牛乳配料后盛在容器中,然后置 90~95 ℃的水浴(或高压蒸汽灭菌锅)中。当乳温度上升到 90 ℃时,开始计时,保持 5 min 后,用水进行冷却,至 40~45 ℃时进行接种。

5.接种:将制备好的生产发酵剂(保加利亚乳杆菌:嗜热链球菌=1:1)添加到杀菌、冷却后的乳中,搅拌均匀。添加量为原料的 3%~5%。也可采用直投式发酵剂。

6.发酵、包装:若制备凝固型酸乳,在接种后即立即装瓶(或塑料杯),并在包装容器中进行发酵。具体方法为:将酸奶瓶用水浴煮沸消毒 20 min,然后将添加发酵剂的奶分装于玻璃瓶中,每次不能超过容器的 4/5。装好后封口,置于恒温培养箱中,在 42~43 ℃下发酵 4 h 左右,至乳达到凝固状态,可终止发酵。若制备搅拌型酸乳,添加发酵剂后,于 42~43 ℃下培养 4 h

左右,至乳达到凝固状态,冷却,可添加不同风味的香精进行调香,搅拌均匀后,无菌灌装。

7.冷藏:将酸奶成品置于 0～5 ℃冷库或冰箱中冷藏。

五、产品品质分析

(一)感官要求

应符合表 6-12 的规定。

表 6-12　酸奶感官要求

项目	要求	
	发酵乳	风味发酵乳
色泽	色泽均匀一致,呈乳白色或微黄色	具有与添加成分相符的色泽
滋味、气味	具有发酵乳特有的滋味、气味	具有与添加成分相符的滋味和气味
组织状态	组织细腻、均匀,允许有少量乳清析出;风味发酵乳具有添加成分特有的组织状态	

(二)理化指标

应符合表 6-13 的规定。

表 6-13　酸奶理化指标

项目	指标	
	发酵乳	风味发酵乳
脂肪[a]/(g/100g)	≥3.1	2.5
非脂乳固体/(g/100g)	≥8.1	—
蛋白质/(g/100g)	≥2.9	2.3
酸度/(°T)	≥70.0	[a]仅适用于全脂产品

(三)产品中乳酸菌数

不得低于 1×10^6 CFU/mL。

七、实验报告要求

1.实验报告内容包括关键技术原理、工艺流程、操作要点、产品分析、结果讨论。

2.分析原料乳、酸奶滴定酸度,滴定酸度测定后将吉尔涅尔度换算成乳酸度(%)。

3.对酸奶成品进行感官评定。

实验三十三　苹果果醋的制作及品质评价

一、关键知识点

1. 果醋的分类及特点。
2. 苹果果醋加工的基本流程。
3. 苹果果醋的加工关键技术要点。
4. 苹果果醋相关指标的检测。

二、实验技术原理

苹果果醋是以苹果加工中的下脚料为主要原料,利用现代生物技术酿制而成的一种营养丰富、风味优良的酸味调味品。它兼有苹果和食醋的营养保健功能,是集营养、保健、食疗等功能为一体的新型饮品。苹果醋具有防止动脉硬化和降血压,促进肠胃消化,增强食欲,防止肠胃疾病,消除或减轻疲劳的功效,具有巨大的市场开展潜力和开发前景。

醋酸菌是种好氧细菌,在氧气充足时会进行旺盛的生理活动,在无氧情况下只需极短时间就会引起醋酸菌的死亡。当氧气、糖源都充足的时候,醋酸菌将果汁中的糖分解成醋酸,当缺少糖源时,醋酸菌将乙醇变为乙醛,再将乙醛变为醋酸。醋酸菌的最适生长温度为 30~35 ℃。

苹果醋营养丰富,含有果胶、维生素、矿物质(磷和钾)及酵素。苹果醋的酸性成分具杀菌功效,能清洗消化道,有助排除关节、血管及器官的毒素;果胶能帮助排泄;磷遏止致腐细菌生长;钾能滋润细胞及平衡钠含量。

苹果醋有很好的营养价值,它不仅有护肤作用,而且能解酒保肝防醉,酒前一杯可以抑制酒精的吸收,酒后一杯可以解酒防醉。男人多食用苹果醋,同样健康养生。

三、原料特性分析

1. 外观品质的测定:用直尺测量原料的长度(测定 40 个样品的平均值);用游标卡尺测量直径(40 个样品的平均值);用百分位天平测量原料重量(40 个样品的平均值)。
2. 水分含量:采用快速水分测定仪测定。
3. 果胶含量:咔唑比色法。
4. 粗蛋白含量:用凯氏定氮法测定,转换系数 6.25。
5. 总糖:用苯酚—硫酸法测定。
6. 还原糖:用水杨酸比色法测定。
7. 粗纤维含量:中性洗涤纤维(NDF)法。

四、产品加工过程

(一)实验材料与设备

材料:红富士苹果,活性干酵母,醋酸菌,果胶酶,白糖。

设备:1000 mL 三角瓶,破碎机、榨汁机,剪切机,纱布,均质机,杀菌机,pH 计,糖度仪。

(二)参考配方

苹果 4 kg;砂糖 0.5 kg;活性干酵母 5 g;酸菌种 500 mL;胶酶 1 g。

(三)工艺流程

苹果→挑选→清洗→切块破碎→榨汁→果汁→酶解→灭酶→澄清过滤→灭菌→ 调整糖度→酒精发酵→醋酸发酵→过滤→杀菌→灌装→成品。

(四)操作要点

1.苹果选择汁液含量高的品种,为了减少苦涩味,应选择 9 成以上的成熟度。

2.水果处理时,将采集或收购的残次水果放入清洗池或缸中,用清水冲洗干净,去除原料表面的泥沙和杂质,同时防止原料挤压破碎。挖去水果上腐烂变质的部分,清洗干净后沥干水备用。

3.水果原料清洗干净后切成大小适宜的小块,一般厚度为 5~8 mm,然后沸水热烫 3~5 min;采用果蔬破碎机进行破碎处理时,原料多次少量加入破碎机,根据原料特点可进行一次或多次破碎处理。

4.压榨水果汁可使用榨汁机进行处理。榨汁前应对榨汁机进行彻底清洗,以保证榨汁过程的卫生要求。榨汁过程中加入果蔬原料两倍量的纯净水;榨汁同时,连续添加适量的浓度为 0.1%Vc 和 0.1%柠檬酸混合溶液进行护色。另外榨汁前应根据原料的特点,对其进行适当处理。如使用葡萄为原料要先除梗后榨汁;柑橘榨汁前应先剥皮;苹果榨汁前可先切开成几块等。不同的水果榨汁率有很大的差异:番茄榨汁率高达 75%以上,苹果榨汁率在 70%~75%,葡萄榨汁率为 65%~70%,而柑橘榨汁率仅为 60%左右。

5.把刚榨出的果汁接到洗净灭菌后的三角瓶中,随后往其中加入果胶酶,按 200 mg/L 计,在 40~50 ℃下保温 2~3 h,使单宁和果胶分解,果汁的澄清度明显提高。酶解时间 2 h,酶解温度 45 ℃。

6.将温度提高至 85 ℃,以达到灭酶温度,灭酶时间 15~20 min;

7.灭完菌后的果汁迅速采用双层纱布过滤除去果汁中的细小颗粒;

8.将果汁置于灭菌锅中灭菌,灭菌温度 100 ℃,灭菌时间 15 min;

9.待灭完菌后的果汁冷却后,用糖度仪测量一下果汁糖度,若糖度太低则要往其中加入白砂糖,保证果汁开始发酵前的初始糖度达到 16°Bx;

10.在 1000 mL 三角瓶中配置 10%蔗糖溶液 500 mL,在电磁炉上煮沸,然后冷却。冷却到 30 ℃左右时,往其中加入 5 g 活性干酵母,摇晃均匀,置于 30 ℃培养箱中培养,培养时间 2 ~3 h;醋酸发酵开始的前一天做好醋酸菌的扩大培养及活化,以 1.0%葡萄糖,1.0%酵母膏,2.0%碳酸钙,3.0%无水乙醇做培养基,体积 500 mL,加入 1000 mL 三角瓶中(三角瓶事先蒸汽常压灭菌 30 min,确保无杂菌污染),将保藏的醋酸菌种接种于培养基中,30 ℃恒温振荡器中进行摇床通气培养 24 h;

11.往调整好糖度的苹果汁中加入醒发好了的酵母菌液,并搅拌均匀。添加量为苹果汁的 10%;

12.将接种了的苹果汁放置于培养箱中,于 28~32 ℃温度下进行酒精发酵 7 天。经过 7 天发酵,发酵醪酒精含量为 5%~8%,酸度 1%~1.5%,表明酒精发酵基本完成;

13.醋酸发酵果醋的醋酸发酵以液态发酵效果最佳。液态发酵利于保持水果固有的香气,成品醋风格鲜明。固态发酵时,成品醋会有辅料的味道,而会使香气变差。在酒精发酵结束了

的苹果汁中加入醋酸菌种,并搅拌均匀,接种量为苹果汁的 10%,成熟醋酸发酵醪的酸度在 5%～5.8%;

14.发酵后的果醋迅速用干净的双层纱布过滤,除去酵母菌及醋酸菌沉淀;

15.过滤完后的果醋放在电炉上用巴氏杀菌法灭菌,温度控制在 68～70 ℃,保持温度30 min;

16.将巴氏杀菌完的果醋趁热装瓶,包装容器采用玻璃瓶,灭菌后不宜进行冷却,必须趁热灌装,在灌装时玻璃瓶要进行相应的灭菌,采用 75%的酒精清洗杀菌,晾干备用。待其自然冷却后即可得到成品果醋。灌装好的果醋预留 2～3 瓶用于品质分析。

五、产品品质分析

1.澄清度:分光光度法。

2.总酸:酸碱滴定法。

3.pH:用 pH 计测定。

4.固形物含量:折光法。

5.稳定性的测定:用离心沉淀法来测量,在 10 mL 离心管中,精确加入配好了的饮料 10 mL,4000 r/min 离心 15 min,测定顶部的浮层厚度,然后弃掉上面部分的溶液,准确称取沉淀物的重量,利用下面的公式计算沉淀量。

$$沉淀量(\%)=[沉淀重量(g)/10 \text{ mL 饮料总重量}(g)]\times100\%$$

6.菌落数、霉菌、大肠菌群、致病菌:参照《食品卫生微生物学检验:GB 4789—2008》进行测定。

7.感官品评:由食品专业人员组成评定小组,对样品从口感、风味、色泽等方面进行综合打分,再取其平均值;感官分析方法见表 6-14。

表 6-14　果醋感官评定标准

感官	评定指标	得分
色泽(10 分)	色泽鲜艳适中,色泽光亮	8～10
	色泽稍偏暗,色泽亮度不够	5～7
	色泽偏暗,色泽微亮	2～4
	色泽严重偏暗,色泽不好	1 以下
滋味(30 分)	有浓郁苹果香气,酸味适合	24～30
	苹果风味过重,酸味适合	21～23
	苹果风味过重,酸味不适合	18～20
	口感欠佳,酸味不适合,存在异味	17 以下
香气(20 分)	具果香味,味道纯正,无异味	16～20
	果香味较淡,偏向于单一物质的风味,无异味	11～15
	果香为很淡,偏向于单一物质的风味,	6～10
	风味不协调,无清新感,有微量异味	5 以下

续　表

感官	评定指标	得分
组织形态(40分)	外观均匀,无分层现象	32～40
	有少量分层现象,但不明显	23～31
	有少量分层现象,有微小颗粒	14～22
	分层较严重,颗粒沉淀较多	13 以下

六、产品质量标准

(一)感官要求

感官指标应符合表 6-15 的规定:

表 6-15　果醋感官要求

项　目	要　求
色　泽	应有本品应有的亮黄棕色
气　味	具有本品应有的气味
组织形态	澄清透明
杂　质	无肉眼可见杂质

(二)微生物指标

微生物指标应符合表 6-16 的规定。

表 6-16　果醋微生物指标

项　目	指　标
总菌落数(CFU/mL)	≤100
大肠菌群(MPN/100 mL)	≤0.3
酵母菌(CFU/mL)	≤20
醋酸菌	≤20
致病菌(沙门氏菌,金黄色葡萄球菌,志贺氏菌)	不得检出

(三)理化指标

理化指标应符合表 6-17 要求。

表 6-17　果醋理化指标

项　目	要　求
总酸(以乙酸计)g/kg	≥3
苹果酸(mg/kg)	50～1000
柠檬酸(mg/kg)	≤300
乳酸(mg/kg)	<250

项　目	要　求
游离矿酸	不得检出

七、实验报告要求

1. 论述果醋生产的原理及功效。
2. 简述果醋实验的基本步骤流程及注意事项。
3. 本次实验所采取的菌种,分析如何扩培活化。
4. 谈谈你对本次实验的看法。

实验三十四　酱油的制作及品质评价

一、关键知识点

1.酱油的分类及特点。

2.酱油生产工艺关键技术要点。

3.酱油酿造用水和生产原料的选择。

4.甜味剂、着色剂、防腐剂等食品添加剂的使用原则,GB 18186—2000。

二、实验技术原理

酿造酱油是以蛋白质原料和淀粉原料为主料,经微生物发酵制成的具有特殊色泽、香气、滋味和体态的调味液,主要分为高盐稀态发酵酱油和低盐固态发酵酱油。低盐固态发酵酱油是以大豆及麸皮、麦粉等为原料,经蒸煮、制曲,并采用低盐(食盐6%～8%)固态(水分为50%～58%)发酵方法生产的酱油。酱油产品的开发包括原料特性分析、发酵工艺研究、产品品质分析等过程。酱油的生产过程至少可设以下几个关键控制点:原料验收、蒸煮、菌种制备、制醪、发酵、调配、灭菌。

三、原料特性分析

1.外观品质的测定:用直尺测量原料的长度(测定40个样品的平均值);用游标卡尺测量直径(40个样品的平均值);用百分位天平测量原料质量(40个样品的平均值)。

2.水分含量:采用快速水分测定仪测定。

3.粗蛋白含量:用凯氏定氮法测定,转换系数6.25。

4.总糖:用苯酚-硫酸法测定。

5.还原糖:用水杨酸比色法测定。

6.粗纤维含量:中性洗涤纤维(NDF)法。

表6-18　酱油生产主要原料质量指标

成分	名称		
	豆稻	小麦	麸皮
粗蛋白(%)	43以上	12以上	12以上
粗淀粉(%)	25以上	50以上	40以上
水分(%)	10以下	13以下	12以下

四、产品加工过程

(一)实验材料与设备

实验材料:豆粕、大豆、豆饼等蛋白质原料,小麦、麸皮、面粉等淀粉质原料,食盐,大蒜、生姜等辅料,甜味剂、着色剂、防腐剂等食品添加剂。

仪器设备:制醅机,粉碎机,曲箱,翻曲机,鼓风机,蒸煮锅,发酵池。

(二)参考配方

主料:豆饼 60%～67%,麸皮 30%～40%,食用盐 2.0%。

着色剂:焦糖色 0.5‰～1.0‰(按需要适量)。

防腐剂:苯甲酸钠 0.1%。

(三)工艺流程

原料→润水→蒸煮→冷却→接种→通风制曲→成曲拌盐水→入池发酵→成熟酱醅浸提→生酱油→加热→调配→澄清→质量鉴定→成品。

(四)操作要点

1.润水:向原料中加入一定量的水分,并经过一定时间的均匀而完全地吸收,其目的是利于蛋白质在蒸料时迅速达到适当变性,使淀粉充分糊化。加水量为豆饼质量的 80%～100%,应随气温调节用水量,气温高则用水多,气温低则用水少。润水时间一般为 1～2 h。润水的目的:原料中的淀粉吸水糊化,供米曲霉等微生物生长的营养物质;便于蒸煮时达到蛋白质湿度变性;供米曲霉在制曲时必需的水分。

2.蒸煮:加压蒸煮把蛋白质转变为氨基酸,用旋转式蒸煮锅蒸料,一般控制条件为 0.18 MPa,5～10 min,蒸料温度为 125～130 ℃。在蒸煮过程中,蒸锅应不断转动。

3.冷却:蒸料完毕后,立即排汽,降压至零,然后关闭排气阀,开水泵用水力喷射器进行减压冷却,使锅内温度迅速冷却至 50 ℃左右即可开锅出料。

4.接种:夏天接种温度 38 ℃左右为宜,冬天 42 ℃左右。接种量 0.1%～0.5%。

5.制曲:曲料入池应保持料层松、匀、平,利于通风,使湿度和温度一致。入池料层约 25～30 cm,保持松散,厚度一致,静置培养 6～8 h,升温到 35～37 ℃,并及时通风降温。在制曲过程中应进行两次翻曲,入池 12 h 后,料层上下层温差变大,第一次翻曲,使曲料疏松。继续培养 4～6 h 后,第二次翻曲以供给米曲霉旺盛繁殖所需的氧气,并连续鼓风,保持 30～32 ℃。培养 24～28 h 即可出曲;制曲的诀窍是一熟、二大、三低、四均匀、五清洁。

一熟:要求原料蒸熟达到蛋白质适度变性,没有夹生现象。二大:大水分、大风量,在制好曲的前提下可加大熟料水分通风制曲料层厚,而米曲霉生长要有一定的空气繁殖期又产生大量热量,这就得通风供气散热。曲料疏松,阻力小,就有足够的风量,如果曲料黏糊结块(不及时翻曲)阻力很大,风量就小,会使气性链球菌得到繁殖使曲料变酸。三低:进池温度低,制曲温度低,进风温度低。四均匀:原料混合及润水均匀,熟料接种均匀,装曲池疏松均匀,曲料薄厚均匀。五清洁:曲室清洁,制曲工具清洁,接种器具清洁,熟料输送设备清洁,周围环境清洁。

制曲的目的是使米曲霉在曲料上充分生长发育,并大量产生和积蓄所需要的酶,如蛋白酶、肽酶、淀粉酶、谷氨酰胺酶、果胶酶、纤维素酶、半纤维素酶等。在发酵过程中味的形成是利用这些酶的作用。如蛋白酶及肽酶将蛋白质水解为氨基酸,产生鲜味;谷氨酰胺酶把万分中无味的谷氨酰胺变成具有鲜味的俗谷氨酸;淀粉酶将淀粉水解成糖,产生甜味;果胶酶、纤维素酶和半纤维素酶等能将细胞壁完全破裂,使蛋白酶和淀粉酶水解等更彻底。

6.成曲拌盐水:成曲拌入盐水,形成酱醅。

成曲质量应满足以下两方面的要求。

(1)感官要求:手感曲料疏松柔软,有弹性。外观呈块状,无硬心。曲料内部菌丝丰满粗壮,其上着生大量嫩黄色孢子,具有成曲特有的香味,无异味,无夹心。

(2)理化要求:水分 26%～33%;蛋白酶活力≥中性蛋白酶 1000U/g(干基)(福林法);成曲细菌总数≤5×10⁹。

7.入池发酵:将酱醅入发酵池中,利用曲中的酶和微生物发酵作用,将其中的原料分解、转化,形成酱油独有的色、香、味。

发酵前期控制温度在 40～45 ℃,一般维持 15 d 左右。后期发酵温度控制在 33 ℃左右,整个发酵周期 25～30 d。于 9～10 d 的时候第一次倒池,18～20 d 第二次倒池。倒池的目的是使酱醅各部分温度、盐分、水分及酶的浓度趋向均匀;排出酱醅内部有害气体,增加酱醅含氧量;酱醅质量要求:红褐色,有光泽不发乌。柔松,松散,不粘。有酱香,味鲜。酸度适中,无苦、涩等异味。酱醅 pH 不低于 4.8。

8.成熟酱醅浸提:成熟酱醅入浸出池时,要求松散、平整、疏密一致。醅层厚度一般掌握 30～40 cm。浸提液加入时,在出口处加一分散装置,用来减轻冲力,尽量保持醅面平整,以防止破坏醅层疏密的均匀性。浸提液温度提高到 80～90 ℃,以保证浸泡温度能够达到 65 ℃左右,酱醅淋头油的浸泡时间不应少于 6 h,淋二淋油的浸泡时间不少于 2 h,淋三淋油时,已经属于酱渣的洗涤过程,浸泡时间还可缩短,最后出渣。

9.加热:90 ℃加热 15～20 min,灭菌率 85%。或采用超高温瞬时灭菌,3～5 s 达到全灭菌。

10.调配:将样品充分振摇后,用干滤纸滤入干燥的 250 mL 锥形瓶中。吸取滤液 10.00 mL 于 100 mL 容量瓶中,加水稀释至刻度,摇匀,备用;加入防腐剂和着色剂。

五、产品品质分析

1.澄清度:分光光度计法。

2.可溶性固形物:折光法。

3.总酸:按总酸度测定,NaOH 滴定法。

4.稳定性的测定:用离心沉淀法来测量,在 10 mL 离心管中,精确加入配好了的饮料 10 mL,4000 r/min 离心 15 min,测定顶部的浮层厚度,然后弃掉上面部分的溶液,准确称取沉淀物的质量,利用下面的公式计算沉淀量。

$$沉淀量(\%)=[沉淀质量(g)/10\ mL\ 饮料总质量(g)]\times 100\%$$

5.感官评定法:由食品专业人员组成评定小组,对样品从口感、风味、色泽等方面进行综合打分,再取其平均值;取混合均匀的适量试样于感官检验的器皿中,在自然光线或相当于自然光线的感官评定条件下,采用视觉法鉴别色泽和体态;采用嗅觉法鉴别香气;采用味觉法鉴别滋味。

表 6-19　酱油感官评定标准

感官	评定指标	得分
色泽(10分)	色泽鲜艳适中,色泽光亮	8～10
	色泽稍偏暗,色够泽亮度不够	5～7
	色泽偏暗,色泽微亮	2～4
	色泽严重偏暗,色泽不好	1 分以下

感观	评 定 指 标	得分
滋味(30分)	有特定酱味,鲜咸适合	24～30
	有轻微苦涩味,鲜咸适合	21～23
	有轻微苦涩味,鲜咸不适合	18～20
	苦涩,鲜咸不适合,存在异味	17分以下
香气(20分)	具酱香味,味道纯正,无异味	16～20
	酱香味较淡,偏向于单一物质的风味,无异味	11～15
	酱香味很淡,偏向于单一物质的风味	6～10
	味道不协调,有微量异味	5分以下
组织形态(40分)	外观均匀,无分层现象	32～40
	有少量分层现象,但不明显	23～31
	有少量分层现象,有微小颗粒	14～22
	分层较严重,颗粒沉淀较多	13分以下

六、产品质量标准

(一)感官要求

感官要求应符合表 6-20 的规定。

表 6-20 酱油感官要求

项目	要 求							
	高盐释态发酵酱油				低盐固态发酵酱油			
	特级	一级	二级	三级	特级	一级	二级	三级
色泽	红褐色或浅红褐色,色泽鲜艳,有光泽		红褐色或浅红褐色		鲜艳的深红褐色,有光泽	红褐色或棕褐色,有光泽	红褐色或棕褐色	棕褐色
香气	液部的酱香及酶香气	较浓的酱香及酶香气	有酱香及暗香气		酱香浓郁,无不良气味	酱香较浓,无不良气味	有酱香,无不良气味	微有酱香,无不良气味
滋味	味鲜美、醇厚、鲜、咸甜适口	味鲜、咸、甜适口	鲜咸适口		味鲜美,醇,咸味适口	味鲜美,咸味适口	味较鲜,咸味适口	鲜咸适口
体态	澄清							

(二)理化指标

理化指标应符合表 6-21 的规定。

表 6-21　酱油理化要求

项　　目	指　　标/≥							
	高盐稀态发酵酱油(含固稀发酵酱油)				低盐固态发酵酱油			
	特级	一级	二级	三级	特级	一级	二级	三级
可熔性无盐固形物,g/100mL	15.00	13.00	10.00	8.00	20.00	18.00	15.00	10.00
金属(以氮计),g/100mL	1.50	1.30	1.00	0.70	1.60	1.40	1.20	0.80
氨基酸态氢(以氢计),g/100mL　≥	0.80	0.70	0.55	0.40	0.80	0.70	0.60	0.40

七、实验报告要求

1.实验报告内容包括关键技术原理、工艺流程、操作要点、产品分析、结果讨论。

2.分析酱油的颜色与风味的形成机理。

3.谈谈酱油发酵中主要微生物及其在酱油酿造中的作用。

实验三十五　日本纳豆的制作及品质评价

一、关键知识点

1. 纳豆的分类及特点。
2. 日本纳豆加工关键技术要点。
3. 中国豆豉与日本纳豆的营养成分比较。
4. 纳豆菌的生理生化特征。
5. 纳豆激酶的营养功效。

二、实验技术原理

1. 纳豆菌：纳豆菌，别称纳豆芽孢杆菌（Bacillus natto），属枯草芽孢杆菌纳豆菌亚种。通常为 $(0.7\sim0.8)\mu m\times(2.0\sim3.0)\mu m$，革兰氏阳性。生长在葡萄糖琼脂的细胞原生质染色均匀。芽孢椭圆形或柱状，中生或偏中生，即使孢囊膨大，也不显著，有鞭毛，能运动。生长温度最高为 $45\sim55\ ℃$，最低为 $5\sim20\ ℃$。孢子耐热性强。

2. 纳豆激酶：纳豆激酶是纳豆发酵过程中产生，它对人体有益，主要体现在以下三个方面。（1）溶解血栓、预防和改善心脑血管疾病。纳豆激酶可以溶血栓，非常适合心脑血管病人服用。纳豆激酶能直接分解血栓，具有强大的溶栓作用，是唯一口服速效的溶栓食品。（2）预防治疗高血压。纳豆激酶降低了血黏度，清理了血管内壁的中性脂肪，使血管通畅、弹性增加，血液循环加速，因而可以调节血压。它能有效地抑制血液中产生的高血压因子的数量，从而能有效、平稳地降低血压。（3）抗氧化、抗疲劳、延缓衰老、预防老年痴呆症。抗衰老主要是抗氧化、抗自由基。而纳豆激酶抗氧化能力特别强，是维生素 C 的 20 倍、维生素 E 的 50 倍。纳豆激酶有着超强的抗氧化作用，可以保护微细血管免受攻击，保持微细血管的畅通，延缓衰老和预防老年痴呆症的发生。

3. 中国豆豉：我国的豆豉可分为霉菌型豆豉和细菌型豆豉两大类。霉菌型豆豉中有根霉型豆豉、米曲霉型豆豉及毛霉型豆豉。细菌型豆豉是利用枯草杆菌（Bacillus subtilis）在较高温度下，繁殖于蒸熟大豆上，借助其较强的蛋白酶生产出风味独特、具有特异功能的食品，其最大特点是产生黏性物质，并可拉丝。用于制作纳豆的纳豆菌也是枯草杆菌属。豆豉中含有丰富的蛋白质（20%）、脂肪（7%）和碳水化合物（25%），且含有人体所需的多种氨基酸，还有矿物质和维生素等营养物质。豆豉中含有很高的尿激酶，尿激酶具有溶解血栓的作用。并且豆豉中含有多种营养素，可以改善胃肠道菌群，常吃豆豉还可帮助消化、预防疾病、延缓衰老、增强脑力、降低血压、消除疲劳、减轻病痛、预防癌症和提高肝脏解毒（包括酒精毒）功能。豆豉更可以解诸药毒、食毒。

4. 日本纳豆：纳豆是日本最具有民族特色的食品之一。纳豆豆类以特殊的方法加以腌制而成。纳豆具有很丰富的营养价值，富含蛋白质、各种氨基酸、维生素、矿物质。最新的研究还表明，纳豆对大肠杆菌 0—157 的发育具有很强的抑制作用。把一定浓度的人体内能够生存的纳豆菌与 0—157 病原性大肠杆菌混同培养，证明了其阻碍后者的作用。纳豆是益生菌、调节胃肠、肠道清道夫。纳豆的提取液可将 3 万个 0—157 致病性大肠杆菌减少到 40 个以下。纳豆菌对抑制 0—157 同类的 0—111,0—144 病原性大肠杆菌以及其他病原菌诸如,金黄色葡萄球菌、沙门氏杆菌、李斯特菌等同样有抑制作用。其抗菌机理在于纳豆菌能够产生杀菌物质吡啶二羧酸。纳豆菌能抑制有害菌,也能安定肠道的有益菌。

三、原料特性分析

1.外观品质的测定:用直尺测量原料的长度(测定 40 个样品的平均值);用游标卡尺测量直径(40 个样品的平均值);用百分位天平测量原料质量(40 个样品的平均值)。

2.水分含量:采用快速水分测定仪测定。

3.粗蛋白含量:用凯氏定氮法测定,转换系数 6.25。

4.总糖:用苯酚-硫酸法测定。

四、产品加工过程

(一)实验材料与设备

实验材料:大豆 3 kg,纳豆菌 2 g,水。

仪器设备:加压蒸煮罐,不锈钢盆,恒温恒湿培养箱,温度计。

(二)工艺流程

大豆→清洗→浸泡→蒸煮→冷却→接种纳豆菌→包装→前发酵→后发酵→冷藏→纳豆菌种保藏。

(三)操作要点

1.原料选择:为了生产优质纳豆,首先要选择好原料,要求大豆吸水能力强,保水力高,含杂量低,加工成蒸煮豆时质地柔软;脂肪含量少含糖分高,豆粒为黄色,脐呈白色或浅褐色,粒型整齐一致,以小粒和极小粒为最佳。小粒直径为 7 mm 以下,极小粒直径 5 mm 以下。

2.浸渍与清洗:将 3 kg 大豆用温水清洗干净,去除表面的杂志,然后用 3 倍量水进行浸泡。浸泡时间根据温度而不同。冬季为 24 h,夏季为 6 h,使大豆达到充分均匀地吸水膨胀。

3.蒸煮:一般在回转式加压蒸煮罐中进行,蒸煮时压力为 1.2 kg,蒸煮时间为 40 min,蒸煮后豆粒必须十分柔软,能够用手捏碎。

4.冷却接种:纳豆菌在适宜的温度下,30 min 就能增殖 2 倍左右。纳豆菌种要选择好(纳豆菌是由稻壳表接种培养分离出来的),否则影响生产纳豆质量。接种量为大豆质量的 5%。将扩培好的菌株向已蒸煮过的大豆接种。接种时注意搅拌均匀,且温度不宜过高,温度不能超过为 65 ℃,否则影响菌种的活性。

5.发酵:将接种后的大豆进行包装,然后进行发酵,前期且注意通氧。后期隔绝氧气。发酵条件是纳豆生产的重要环节,要保持发酵的适宜温湿度,初期发酵温度在 38 ℃左右,纳豆菌在繁殖时会产生生物热,所以一定要冷却控制温度,不能超过 50 ℃。发酵温度为 37 ℃,发酵时间 20 h。且湿度保持在 80%左右。

6.冷藏:发酵完成的纳豆应低温(最好是—10 ℃)冷藏,防止变质。

五、产品品质分析

1.产品得率:质量分析。

2.纳豆菌含量:血球计数法。

3.总酸:按总酸度测定,NaOH 滴定法。

4.感官评定法:由食品专业人员组成评定小组,对样品从口感、风味、色泽等方面进行综合打分,再取其平均值;感官分析方法见表 6-22。

5.菌落数、霉菌、大肠菌群、致病菌:参照 GB 4789.2008《食品卫生微生物学检验》进行测定。

表 6-22　纳豆感官评定标准

感官	评定指标	得分
色泽(10分)	色泽鲜艳适中,色泽光亮	8～10
	色泽稍偏暗,色泽亮度不够	5～7
	色泽偏暗,色泽微亮	2～4
	色泽严重偏暗,色泽不好	1 分以下
滋味(30分)	有特定豆质食品的味道,酸甜适合	24～30
	单一物质风味过重,酸甜适合	21～23
	单一物质风味过重,酸甜不适合	18～20
	口感欠佳,酸甜不适合,存在异味	17 分以下
香气(20分)	味道纯正,无异味	16～20
	味较淡,偏向于单一物质的风味,无异味	11～15
	味很淡,偏向于单一物质的风味,	6～10
	风味不协调,无清新感,有微量异味	5 分以下
组织形态(40分)	外观均匀	32～40
	有少量不均匀,但不明显	23～31
	有少量不均匀,有微小颗粒	14～22
	不均匀较严重	13 分以下

六、产品质量标准

(一)感官要求

感官要求应符合表 6-23 的规定。

表 6-23　纳豆感官要求

项　目	要　求
色　泽	具有本品应有的色泽
滋　味	具有本品应有的滋味
组织形态	大小均匀
杂　志	无肉眼可分辨的外来杂质

(二)理化指标

理化指标应符合表 6-24 的规定。

表 6-24　纳豆理化要求

项　　目	指　标		检验方法
	原味豆豉	风味豆豉	
氨基酸态氮(以 N 计),g/100g	≥0.5	≥0.3	GB/T 5009.52
干燥失重[a],g/100g	≤60.0		
总酸(以乳酸计),g/100g	≤2.5		
食盐(以 NaCl 计),g/100g	≤15		GB/T 12457
过氧化值[b](以脂肪计),g/100g	≤0.25		GB/T 5009.56

　[a] 水豆豉除外；[b] 过氧化值适用于含油脂的产品。

(三)微生物指标

微生物指标应符合表 6-25 的规定。

表 6-25　纳豆微生物指标

项　　目	指　标
大肠菌群数/(MPN/100 mL)	≤0.3
酵母菌(cfu/mL)	≤20
霉菌(cfu/mL)	≤20
致病菌(沙门氏菌、志贺氏菌、金黄色葡萄球菌)	不得检出

七、实验报告要求

1.实验报告内容包括关键技术原理、工艺流程、操作要点、产品分析、结果讨论。

2.分析产品的酸度、甜度、发酵情况等调配方法与产品综合感官特征形成的关系。

3.谈谈对于发酵食品开发的思路和看法。

4.比较日本纳豆与中国豆豉。

第七章　食品加工新技术及应用

实验三十六　冷冻干燥技术及其应用实例

一、关键知识点

1.冷冻干燥技术原理及特点。

2.冷冻干燥加工关键技术要点。

3.冷冻干燥产品的品质特征。

二、实验技术原理

真空冷冻干燥是把含湿物料预冻至共晶点以下的温度,使物料内部水分全部冻结成冰晶,随后在真空条件下使物料内部的水分直接由冰晶状态升华成水蒸气状态而从物料中升华逸出,并需要不断补充升华所需的热量。整个干燥过程分为升华干燥和解吸干燥两个阶段,待干燥完毕时得到疏松多孔的干燥产品。

果蔬干燥历史悠久,随着科学技术的进步,果蔬干燥的方法不断更新,产品品质不断提升。冻干果蔬产品的开发包括原料特性分析、制备工艺研究、产品品质分析等过程,其中,清洗消毒、切丁大小、切丁后放置的时间、烫漂工艺、调味比例及铺盘厚度等工艺环节也尤为重要。

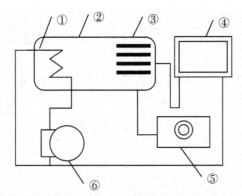

①-冷阱　②-干燥仓　③-辐射板　④-微机控制系统　⑤-真空泵　⑥-冷冻机

图 7-1　冷冻干燥机机构简图

三、原料特性分析

1.水分含量:采用快速水分测定仪测定。

2.粗多糖含量的测定:NY/T 1676—2008 食用菌中粗多糖含量的测定。

3.还原糖:用水杨酸比色法测定。

4.粗纤维含量:中性洗涤纤维(NDF)法测定。

四、产品加工过程

以冷冻干燥即食香菇为例。

(一)实验材料与设备

实验材料:香菇、花菇等食用菌,白砂糖、蜂蜜、氯化钠等辅料,次氯酸钠、柠檬酸等食品添加剂。

仪器设备:包括清洗池、切片机、冷冻干燥机等。

(二)参考配方

主料:香菇、花菇等食用菌;

食品添加剂:次氯酸钠、柠檬酸(参照国标 GB 2760)等;

辅料:白砂糖、氯化钠、蜂蜜等。

(三)工艺流程

果蔬原料→清洗消毒→切片→漂烫→调味→装盘→预冻→升华干燥→解吸干燥→真空充氮包装→成品。

(四)操作要点

1.原料清洗:香菇称重,用质量浓度为 0.15 g/kg 的次氯酸钠溶液浸泡 10 min,然后冲洗干净沥干,并测定香菇的褐变度;添加次氯酸钠的目的是给香菇消毒,可根据 GB 4789.2—2010《食品微生物学检验菌落总数的测定》测定香菇的菌落总数,以探究次氯酸钠浓度对香菇消毒的效果。

2.切片:切片厚度直接影响冷冻干燥的速率和产品的品质评分,一般厚度为 2～3 mm。

3.漂烫:香菇中含有多酚氧化酶,加热时热水的含量会对香菇中的多酚氧化酶活性产生不同的影响,也会对非酶褐变发生的程度产生一定的影响;可将不同烫漂固水比、烫漂温度、烫漂时间作为优化考核的因素;推荐的烫漂固水比约为 1∶20,烫漂温度为 90～95 ℃,烫漂时间为 2～3 min。

4.调味:冻干香菇产品在生产过程中需要通过拌糖来调味,为选出最优拌糖比例(香菇∶糖),可通过添加的不同拌糖比例来探究其对香菇褐变程度及产品感官品质的影响。

表 7-1 甜味剂的甜度倍数关系表

甜味剂	甜度(倍)	特 点
蔗糖	1	色白,干净,甜度高
三氯蔗糖	600	无能量,甜度高,甜味纯正,高度安全
阿斯巴甜	200	口感清凉,无苦味和金属味,稳定性差,热量低
甜菊糖	150	有清凉甜味,浓度高时略有苦味,甜味在口中不易消失,耐高温
糖精钠	350	最古老的甜味剂,不被人体代谢吸收,各种食品生产中稳定,风味差,有后苦

甜味剂	甜度(倍)	特 点
甜蜜素	30	口感温和,但胶味很重,稳定性一般,加热后有苦味,低能量
安赛蜜	200	口感较差,无热量,在人体内不代谢、不吸收,对热稳定性好
纽甜	8000～10000	甜味与阿斯巴甜相近,无苦味及其他后味
木糖醇	1	与强力甜味剂复配,产生协调增效作用,并能掩盖其后味;可作抗氧化剂的增效剂,有助于维生素和色素稳定
乳糖醇	0.3～0.4	呈白色结晶或结晶性粉末,或无色液体;无臭、味甜,稳定性高、不吸湿
赤藓糖醇	0.65	与蔗糖的甜味特性十分接近,爽净且无后苦味
麦芽糖醇	0.6	麦芽糖醇具有与蔗糖相同的甜度,且甜味温和,没有杂味
甘露糖醇	0.5	极低的吸湿性(不产生水解反应);很高的化学稳定性
山梨糖醇	0.6	有清凉的甜味,甜度约为蔗糖的一半,热值与蔗糖相近
葡萄糖	0.5～0.7	葡萄糖活细胞的能量来源和新陈代谢中间产物,生物的主要供能物质
果糖	12～15	能与葡萄糖结合生成蔗糖。纯净的果糖为无色晶体
木糖	0.5	不被消化吸收,不被口腔内微生物所利用,可以提高人体对钙的吸收率和保留率
乳糖	0.16～0.28	为人类提供营养、提供能源;半乳糖对哺乳动物神经发育有重要影响
麦芽糖	0.33～0.60	麦芽糖可以制成结晶体,用作甜味剂,但甜味只达到蔗糖的1/3。麦芽糖是一种廉价的营养食品,容易被人体消化和吸收
异麦芽糖醇	0.45～0.6	适合糖尿病病人食用,低热量,高稳定性
转化糖	1.3	无色透明黏稠液体,有很强吸湿性

5. 装盘:铺盘厚度会对冻干香菇丁水分含量、复水率、容重、感官及色差等存在重要影响,还会对香菇的褐变程度产生一定的影响;铺盘厚度越薄,香菇褐变程度越大;一般装盘厚度为15～25 mm。

6. 预冻:速冻越快越有利于产品品质的提升,但较高的预冻速率会增加能耗,一般推荐预冻温度为－35～－30 ℃。

7. 冷冻干燥:冷冻干燥工艺中真空度、铺盘厚度及搁板温度等是影响冻干效果和产品品质的关键工艺过程,其参数优化的考核指标包括产品水分含量、复水率、容重、感官评价、色泽及电子显微镜扫描图等。

推荐的冻干工艺参数为:铺盘厚度为 15 mm,真空度为 40.60 Pa,搁板温度为 70 ℃。

LGJ-1 冷冻干燥机操作规则如下:

(1)合上电源闸刀,接通外部电源;打开冷却水进、出阀门;打开控制柜总电源(顺时针旋转钥匙开关)。

(2)按下"制冷机",2 min 后按下"搁板制冷""循环泵"干燥箱内的搁板组开始降温。在制冷压缩机工作的时候,请经常观察制冷压缩机的压力表,注意制冷压缩机的工作压力是否正常。

(3)当搁板组的温度达到预冻温度后,将制品进箱(搁板的预冻温度通常比制品的共晶点温度低 5～10 ℃);且将干燥箱内的铂电阻探头按编号放入相应的制品瓶(盒)内,如在制品冻干后需要的真空条件下进行手动加塞,则应该注意瓶塞必须在制品口正确的放置,而且铂电极探头必须低于制品瓶口 10 mm,关严干燥箱门。

(4)当制品温度达到要求的温度后,依次复位"循环泵""搁板制冷";然后按下"冷凝器制冷",冷凝器内的蒸发器开始降温;当冷凝器内的蒸发器温度达到－50 ℃以下时,按下"真空泵",真空泵开始对系统抽气。稍后再缓慢地打开冷凝器与干燥箱之间的 Φ150 蝶阀。

(5)当干燥箱内的压力达到 10 Pa 左右时,按下"循环泵""搁板加热"。搁板组开始升温,制品开始升华(在加热过程中,根据冻干工艺的要求逐渐上调温度值。当温度达到设定值时本机将自动停止加热,在保温阶段如果温度下降会自动加热,最后直至冻干工艺许可的温度值);当搁板组温度已达制品最高的许可温度并维持数小时,冷凝器内的蒸发器温度进入下限低温,箱内压力只有几个 Pa;这时若制品仍未达到最高许可温度,可按下"干燥箱渗气",让无菌空气进入干燥箱内。此时干燥箱内的压力将会自动控制在 30 Pa 至 20 Pa 之间;若压力不能稳定在 30 Pa 至 20 Pa 之间时,可调节微调进气阀来达到。当制品温度达到最高许可温度时,复位"干燥箱渗气",停止向干燥箱渗气。

(6)制品冻干完毕后,复位"搁板加热""循环泵",停止对搁板组加热。并相继复位"真空泵""冷凝器制冷""制冷机";关闭干燥箱蝶阀与冷凝器之间的 Φ150 蝶阀,关闭蝶阀后复位真空泵;如需手动加塞,可旋转干燥箱上部的手动的螺塞对制品瓶进行加塞(如无此需要则跳过这一步骤)。

(7)按下"干燥箱进气",让无菌净化空气进入干燥箱;待干燥箱内压力恢复到大气压后,复位"干燥箱进气",打开箱门,取出制品。

(8)打开放水阀,待冷凝器内压力恢复大气压后,关闭放水阀后再打开进水阀,放入温水(最高水温≤60 ℃);当水淹没蒸发器时,关闭进水阀,浸泡约 15 min,再打开放水阀,放尽冰水。重复以上除霜操作,直到冷凝器内蒸发器的温度高于 10 ℃时才可认为化霜完毕。关闭所有打开的阀门,以备下次使用。

(9)冻干周期结束,复位"总电源"钥匙开关。关闭电源闸刀,切断外部电源。关闭冷却水系统的全部阀门。

8.包装:采用真空充氮包装机进行封罐包装。

9.保存:灌装产品置于阴凉干燥处存储。

五、产品品质分析

1.水分含量测定:水分含量参照 GB/T 5009.3—2010 测定,进行 3 次平行实验。

2.复水率 R_f 测定:取 5 g 冻干香菇丁,用 100 ℃的水浸泡 30 min 取出滤干,晾去表面水后称重,记录物料的质量,进行 3 次平行实验。复水率按下列公式计算:

$$R_f = (M_r - M_d)/M_d \times 100\%$$

式中:M_r——冻干香菇复水后沥干的质量;

M_d——冻干香菇复水前的质量。

3.容重测定:取 10 g 冻干香菇丁,用小米量取体积,进行 2 次平行实验。容重按下列公式计算:

$$容重 = m/V$$

式中:m——样品的质量;

V——样品的体积。

4.色泽测定:采用全自动测色色差计对样品的色泽进行测定。以白板作为标准样品,测定值用 L、a 和 b 来表示,L 值表示亮度,L 值越大则样品越亮;a 值表示红度/绿度,a 值越大则越红,反之越绿;b 表示黄度/蓝度,b 值越大则越黄,反之越蓝。

5.褐变度的测定:取 5.0g 待测香菇样品按 1∶10 的比例添加蒸馏水,用料理机匀浆处理 2 min,然后在 4000 r/min 的离心强度下离心 15 min,取上清液,用分光光度计于 420 nm 波长下测定其吸光度值,用吸光度值的大小表示褐变程度。

6.电镜扫描:将冻干香菇丁切片喷金,置于扫描电子显微镜中进行 400 倍扫描,观察其内部组织结构的变化,并进行对比。

7.感官评定:由食品专业人员组成评定小组,对样品从口感、风味、色泽等方面进行综合打分,再取其平均值;感官分析方法见表 7-2。

表 7-2　冻干香菇感官评定标准

分值	风味(40分)	口感(40分)	色泽(20分)	总分(100分)
优	27～40	27～40	14～20	≥75
	保持香菇应有的滋味和气味,无异味	酥松,脆嫩,入口即化	黄棕色	
中	14～26	14～26	7～13	35～74
	香菇风味较弱,气味欠佳,基本无异味	较松软,稍有脆嫩感	灰白色、灰黑色	
差	0～13	0～13	0～6	≤34
	完全没有香菇味,气味不正常,有异味	组织繁密,较硬	焦黑色	

8.菌落数、霉菌、大肠菌群、致病菌:参照《食品卫生微生物学检验:GB 4789.2008》进行测定。

六、产品质量标准

产品感官要求、理化指标、微生物指标等参照以下标准:

1.《出口低温真空冷冻干燥果蔬检验规程:SNT 2904—2011》;

2.《寿宁花菇冷冻干燥技术规范:DB35T 1031—2010》。

七、实验报告要求

1.实验报告内容包括关键技术原理、工艺流程、操作要点、产品分析、结果讨论。

2.分析冷冻干燥技术原理与产品质构特性形成的关系。

3.谈谈对于冷冻干燥技术在食品新产品开发中的应用。

实验三十七　真空油炸技术及其应用实例

一、关键知识点

1. 真空油炸技术原理及特点。
2. 真空油炸加工关键技术要点。
3. 真空油炸产品的品质特征。

二、实验技术原理

真空油炸是在负压的条件下,食品在油中进行油炸脱水干燥,使原料中水分充分蒸发掉的过程。随着压力的降低,水的沸点也会显著降低,在 1330～13 300 Pa 的真空度下,纯水的沸点在 10～55 ℃的范围内,如果在这种真空度下使油炸时油温达到 80～12 ℃,就能实现在短时间内迅速脱水。真空油炸技术由于具有很多独到之处和对加工原料的广泛适应性,因而得到长远发展和广泛应用,国际上已经商品化的真空油炸食品种类很多,如水果类的猕猴桃、柿子、草莓、香蕉等;蔬菜类的胡萝卜、南瓜、青椒等;肉类的牛肉干、虾、泥鳅等。

利用真空油炸技术生产紫甘薯片,是一种紫甘薯深加工的方式,不同的护色、热汤、冷冻等预处理条件对真空油炸马铃薯脆片品质变化存在影响,油炸过程中的真空油炸温度、油炸时间、脱油转速、脱油时间等均会影响产品的油脂含量。

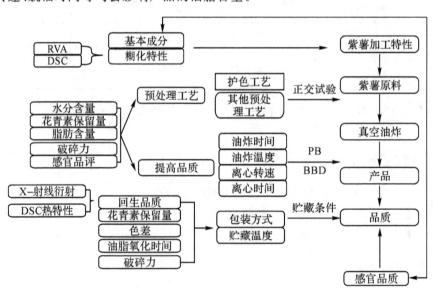

图 7-2　真空油炸紫甘薯片技术研究路线图

三、原料特性分析

1. 相对密度的测定:将 5 个品种紫甘薯切成大小均匀一致的正方体,置于样盘上测定,每组平行测定 6 次,取平均值。

$$D = M_{空气} \times d / M_{空气} - M_{水}$$

式中:d——水的密度;

$M_{空气}$——物体在空气中的质量;

$M_{水}$——物体在水中的质量。

2. 水分含量:采用快速水分测定仪测定。

3. 油脂含量的测定:采用索氏抽提法测定。

4. 还原糖:用水杨酸比色法测定。

5. 灰分含量测定:采用 550 ℃灰化法称重法测定。

6. 直链淀粉含量的测定:参照 GB/T 5683 大米直链淀粉含量的测定,采用碘比色法测定。

7. 花青素含量的测定:采用分光光度法测定。

四、产品加工过程

以真空油炸紫甘薯脆片为例

(一)实验材料与设备

实验材料:紫甘薯、棕榈油等原料,葡萄糖、氯化钠等辅料,氯化钙、柠檬酸、L-抗坏血酸等食品添加剂。

仪器设备:清洗池、切片机、真空油炸机等;真空油炸生产线相关设备参照标准 QB/T 2839—2006 。

(二)参考配方

主料:紫甘薯。

食品添加剂:氯化钙、柠檬酸、L-抗坏血酸等(参照国标 GB 2760)。

辅料:葡萄糖、氯化钠等(按需适量)。

(三)工艺流程

紫甘薯(无霉变虫眼)→去皮→切片(切片厚度为 2～3 mm)→洗片→硬化→漂烫(沸水烫 3～4 min)→真空浸渍→冷冻(−20 ℃冷冻时间＞24 h)→真空油炸(90 ℃油炸至无泡为止)→离心脱油(转速 300 r/min 脱油 6 min)→包装→成品。

(四)操作要点

1. 去皮:原料去除霉变虫眼等不合格品,浸泡液中加入 1％～2％盐,浸泡时间为 3～5 min,浸泡后喷淋清洗,沥干水分,毛刷清洗机去皮。

2. 切片、洗片:油炸产品的油脂含量与薯片的表面积和总体积的比例密切相关,厚薯片比薄薯片吸油量更少。切片厚度会对预处理过程和真空油炸及脱油时间产生直接影响,一般厚度为 2～3 mm;切片后进行洗片。

3. 硬化:紫甘薯切片置于 0.5％的 $CaCl_2$ 溶液池中,硬化处理 15 min。

4. 漂烫:采用质量分数为 0.10％亚硫酸钠、0.05％ L-抗坏血酸和 0.5％柠檬酸为复配护色剂,漂烫温度为 90～95 ℃,漂汤时间为 3～5 min。

5. 真空浸渍:浸渍液中加入质量分数为 10％的麦芽糊精和 5％的麦芽糖,每 100 kg 原料使用 300～350 kg 真空浸渍液,真空度为 0.09 MPa,浸渍温度为 40～45 ℃,浸渍处理约 2 h 左右。

6. 预冻:将预处理后的样品放入速冻冰箱中,在−35 ℃温度下进行预冻,预冻时间为 8～10 h 左右。

7.真空油炸:真空油炸工艺条件为真空度 0.09～0.1 MPa,油炸温度 85～90 ℃,油炸时间 15～20 min。

VF-2Ⅰ型真空油炸机操作流程如下:

(1)将食用油倒入油炸锅内;打开自来水阀门开关,接通总电源,关闭蒸汽发生器的排污阀,检查设备上的阀门开关是否处于正常状态。

(2)打开蒸汽发生器的电源开关,此时低水位报警,水泵开始加水,待水位正常时停止报警,此时选用双丝加热。

(3)打开真空油炸机电气柜上的开关,点击"进入操作系统",进入"输入口令"界面,输入密码,进入"操作屏幕"界面,待蒸汽发生器上的压力达到 4 MPa 左右时,点击"油加热启动"。此时蒸汽通入油炸锅底部夹套内,对油加热,冷凝水通过疏水阀(锅底部蓝色阀)及排水管排出。点击"油炸方式",进入油炸方式界面,再点击"参数屏幕",进入"油炸参数"界面,设定油炸的温度(90 ℃左右),油炸时间(30 min),脱油转速(13 hz)和时间(3 min)。

(4)待油加热至 85 ℃时,将物料放入物料篮中,再将物料篮放到篮架上,扣紧后关闭油炸锅门,关闭破真空阀门。

(5)在油温上升至设定温度时,将蒸汽发生器上的双丝加热换成单丝加热;启动液压站,启动真空泵,待真空度达到 0.09 MPa 以下时,进入"油炸方式",将"手动"换成"自动",点击"启动"进行油炸。在油炸的过程中,可通过视窗观察油炸的情况,根据油面气泡的大小延长或缩短油炸时间。

(6)达到油炸时间后,系统进行自动的离心脱油,达到设定脱油时间后,"油炸结束"指示灯亮,将"自动"换成"手动",关闭真空泵,关闭液压站,将油炸锅门旋松,打开破真空阀门,将物料取出,油炸下一批物料或关闭电气柜上的电源开关。

(7)油炸结束后 30 min,在蒸汽发生器的压力下降至 0 时,将蒸汽发生器的排污阀打开。

(8)关闭自来水开关,关闭总电源,清洁仪器并在登记本上记录设备运行情况。

8.离心脱油:维持油炸室真空度为 0.09～0.1 MPa,采用 365 r/min 的离心转速进行离心脱油,处理时间为 25 min 左右,最终产品平均油脂含量低于 15％为合格。

9.包装:采用真空充氮包装机进行封罐包装。

10.保存:灌装产品置于阴凉干燥处存储。

五、产品品质分析

1.水分含量测定:采用快速水分测定仪进行测定。

2.破碎力的测定:采用 TA-XT2 物性测定仪。在室温下,将紫甘薯片放置在一个圆筒上面,将一个不锈钢球型探针(P/0.25S)进行穿刺实验测定紫甘薯脆片的破碎力。具体参数为——测定距离 5.0 mm,测定速度 5 mm/s。

3.花青素含量的测定:采用分光光度法测定。

4.色泽测定:采用全自动测色色差计对样品的色泽进行测定。

5.感官评定:参照 GBAT 15682-2008 对感官品评数据进行处理,最后以各项的平均值加权后作为感官评定结果,感官分析方法见表 7-3。

6.菌落数、霉菌、大肠菌群、致病菌:参照 GB 4789.2008《食品卫生微生物学检验》进行测定。

表 7-3 真空油炸紫甘薯脆片感官评定标准

评分/%	样品属性
色泽 20	由不同波长的光线对视网膜的刺激而产生的感受;能引起颜色感觉的产品特性
纹理 20	紫薯呈现出的线形纹路
风味 20	食品给人们味觉和嗅觉的综合感觉,特指真空油炸紫薯片的番薯香味
油腻 10	口腔中有易流动,但不易混合的液体存在的感觉
硬度 10	样品放置在白齿间或舌头与上颚间,并均匀咀嚼,评价压迫食品所需的力量
松脆 20	咬下一块样品,嘴唇尚未闭合时对产品的主观感受,表示一咬即碎的性质(触觉)

六、产品质量标准

产品感官要求、理化指标、微生物指标等参照标准《苹果脆片:NY/T 2779—2015》。

(一)感官要求

表 7-4 脆片感官要求

项目	指标
色泽	具有苹果经加工后应有的正常色泽,其色泽均匀
风味与质地	具有苹果经加工后应有的滋味与香气,酸甜适中、口感酥脆、无异味
形状	片状形态应基本完好,同一品种的产品厚度基本均匀,且基本无碎屑
杂质	无肉眼可见外来杂质

(二)理化指标

表 7-5 脆片理化指标

项目		指标
净含量允许差%	≤100 g/袋	±5.0(每批平均净含量不得低于标明量)
	>100 g/袋	±3.0(每批平均净含量不得低于标明量)
水分[a],%		≤5.0
水分[b],%		≤8.0
酸价(以脂肪计),(KOH)mg/g		≤5.0
过氧化值(以脂肪计),g/100g		≤0.25
脂肪,%		≤20
脂肪,%		≤1.0

[a] 适用于油炸苹果脆片
[b] 适用于非油炸苹果脆片

七、实验报告要求

1.实验报告内容包括关键技术原理、工艺流程、操作要点、产品分析、结果讨论。

2.总结真空油炸产品开发过程中的关键研究点及其考核指标。

3.谈谈真空油炸技术的应用范围,设计一款真空油炸产品的关键技术流程。

实验三十八 喷雾干燥技术及其应用实例

一、关键知识点

1. 喷雾干燥的原理。

2. 喷雾干燥设备的一般操作流程。

3. 营养强化型速溶豆粉制作实例。

二、实验技术原理

喷雾干燥是将料液用雾化器分散成雾滴,并用热空气(或者其他气体)与雾直接接触的方式而获得粉粒状产品的一种干燥过程。料液可以是溶液、乳浊液或悬浮液,也可以是熔融液或膏状物。雾滴干燥时,经历恒速(第一干燥阶段)和降速(第二干燥阶段)两个阶段。

雾滴与空气接触,热量由空气经过雾滴四周的界面层(即饱和蒸汽膜)传递给雾滴,使雾滴中的水分气化,水分通过界面层进入空气中,因而这是热量传递和质量传递同时发生的过程。此外,雾滴离开雾化器时的速度要比周围空气的速度大得多,因此,二者之间还存在动量传递。雾滴表面温度相当于空气的湿球温度。在第一阶段,雾滴有足够的水分可以补充表面水分损失。只要从雾滴内部扩散到表面的水分可以充分保持表面润湿状态,蒸发就以恒速进行。当雾滴的水分达到临界点以后,雾滴表面形成干壳。干壳的厚度随着时间而增大,蒸发速度也逐渐降低。

在喷雾干燥设备内,浓缩乳依靠机械力(高压或离心力)的作用,通过雾化器成为雾状微粒(其直径约为 $10\sim1000\ \mu m$),并与干燥介质接触,在接触瞬间进行强烈的热交换与物料交换,使浓缩物料中的水分绝大部分在短时间内被干燥介质带走,完成干燥。

三、原料特性分析

1. 大豆应符合 GB/T 18738 的标准。

2. 白砂糖感官品质的测定:观察样品晶粒均匀情况,粒度大小,干燥松散情况,透明度和色泽;品尝晶粒或其水溶液的滋味及异味情况。

3. 白砂糖水分及挥发物:采用快速水分测定仪测定,结果以质量分数(%)计。白砂糖水分及挥发物测定及要求同实验十三的原料特性分析。

4. 糖度测定:使用糖度计测定。

5. 蔗糖测定:盐酸水解后直接滴定法测定。

6. 糖的溶解度:析晶法。

7. 还原糖测定:直接滴定法。

8. 不溶于水杂质(mg/kg)测定:白砂糖不溶于水杂质测定及要求同实验十三的原料特性分析。

9. 灰分测定:高温灼烧法。白砂糖灰分测定及要求同实验十三的原料特性分析。

四、产品加工过程

以营养强化型速溶豆粉制作为例。

(一)实验材料与设备

实验材料:大豆、乳粉、蔗糖、麦芽糊精,维生素 A、维生素 D 等营养强化剂(参照 GB 14880—2012,GB 2760—2014)。

仪器设备:不锈钢桶、磨浆机、剪切机、均质机、手持糖度计。

(二)参考配方

大豆 1000 g,白砂糖 50 g(5.0%);

甜味剂:阿斯巴甜,用量参照国际;

填充剂:麦芽糊精,用量参照国际;

营养强化剂:维生素 A,维生素 D、Vc-Na,用量参照国家标准;总固形物>20%。

(三)工艺流程

选豆→洗豆→泡豆→磨浆→过滤→煮浆→冷却→调配→剪切→均质→喷雾干燥→包装→成品。

(四)操作要点

1.喷雾干燥工艺流程:目前使用的基本喷雾干燥工艺见图 7-3。雾滴在理想的干燥条件下干燥后,直径减小到最初乳滴的 75%,质量约减少至 50%,体积约 40%。

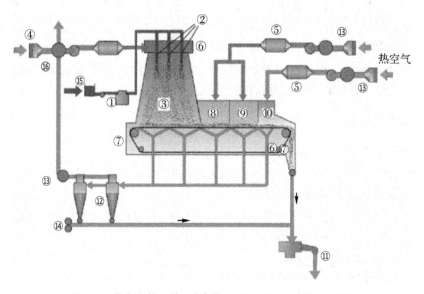

图 7-3 具有完整运输、过滤器(三段干燥)的喷雾干燥器

①—高压泵 ②—喷头装置 ③—主干燥室 ④—空气过滤器 ⑤—加热器/冷却器 ⑥—空气分配器 ⑦—传送带系统 ⑧—保持干燥室 ⑨—最终干燥室 ⑩—冷却干燥室 ⑪—乳粉排卸 ⑫—旋风分离器 ⑬—鼓风机 ⑭—细粉回收系统 ⑮—过滤系统 ⑯—热回收系统

2.喷雾干燥的工艺参数:喷雾干燥工艺受到多种因素的影响,表 7-6 是不同乳粉喷雾加工中主要工艺参数。

表 7-6　压力喷雾法生产乳粉时的工艺条件

影响因素	工艺参数		
	全脂乳粉	全脂加糖乳粉	速溶加糖乳粉
浓乳浓度(°Bé)	12～13	14～16	18～18.5
乳干物质含量(%)	45～55	45～55	55～60
浓乳温度(℃)	40～45	40～45	45～47
高压泵使用压力(MPa)	13～20	13～20	8～10
喷嘴孔径(mm)	1.2～1.8	1.2～1.8	1.5～3.0
芯子流乳沟槽(mm)	0.5×0.3	0.5×0.3	0.7×0.5
喷雾角度(°)	70～80	70～80	60～70
进风温度(℃)	130～170	140～170	150～170
排风温度(℃)	70～80	75～80	80～85
排风相对湿度(%)	10～13	10～13	10～13
干燥室负压(Pa)	98～196	98～196	98～196

3.喷雾干燥操作流程

(1)准备工作:彻底清除干燥室内及其他系统残留的粉尘,对浓乳贮缸、高压泵及其输乳管路进行彻底的灭菌。灭菌可采用 90 ℃以上热水循环法或蒸气灭菌法。装配好雾化器,将干燥室所有的门关闭好,并检查是否严密,搞好设备及环境卫生。

(2)开车:打开主开关,接通电源。启动鼓风机,如果干燥室经过洗刷,则由鼓风机送入热风进行彻底吹干。然后开动排风机。短时间的进、排风运行,进入正常后,打开进、排风挡板,调节进、排风量,使干燥室内呈负压,并使负压维持在 98～196 Pa 范围内。

缓慢打开蒸气旁通管阀门向加热器供汽,使加热器内的冷凝水排净。然后,开大主蒸气管阀门,关闭旁通管阀门,以使蒸气通过冷凝器阀门便于排出冷凝水,使蒸气压稳定在要求的数值上。热风进入干燥室后,需要在 95 ℃条件下保持 10～20 min,对干燥室进行灭菌及预热。

启动高压泵送浓乳至喷嘴(须按顺序开阀门)开始喷雾,观察雾化状态,及时进行调整。

(3)运行中的操作:喷雾干燥开始时,及时将高压泵,进、排风机,雾化器调整到最佳工作状态。最佳工艺条件确定之后,操作中必须严格控制,并且保持稳定,才能获得质量稳定的优质产品。运行中应特别注意以下几方面:必须保持进、排风温度稳定;乳浓度与温度稳定;雾化状态稳定。一般采取保持排风温度稳定,对其他因素进行调节的操作来控制产品质量。严格执行卫生制度,避免细菌和外来杂质的污染,以保证成品卫生质量。防止断料和突然的故障,如断水、电、汽或其他故障,将会造成产品质量问题或机器损坏现象。

(4)停车:须按顺序停车。关停高压泵→关闭主蒸气阀门→开通旁阀门排除余汽→拆卸喷头→关停进、排风机→开动振荡器敲落干燥室内壁上的乳粉→打开干燥室门人工扫粉或机器扫粉→停车。

4.喷雾过程故障排查及原因

(1)粘壁现象:在干燥室顶部、周壁有严重的干粉或潮粉粘壁。其原因主要是:热风进口处的风量不匀或特别悬殊,致使干燥室截面上的风速差异大,而且室内气流单面偏移。同时,雾状液流与干燥介质接触不良,故乳粉单面粘壁现象严重,伴随着潮粉出现。另外还有:喷枪与室壁距离太近,造成湿料粘壁;喷嘴孔径不圆或有缺损,导致乳沟槽表面不光滑等,使雾化不均,雾矩偏斜或乳液拉丝而造成干燥室壁上有不均匀的潮粉黏附。再就是干燥室壁上未清扫掉的余粉黏结,使壁表面不光滑;或因干燥室的预热温度及时间不足,壁温不够;或开始喷雾时,排风温度掌握偏低等造成干粉粘壁。干粉粘壁均匀分布,使扫粉困难。

(2)潮粉现象(或含水量过高):喷雾干燥后的乳粉不呈松散状,而是呈大块或糨糊状。其主要原因是进料量过多,从排风温度上可以看出已低于应有的控制温度。此外,喷雾压力太低,喷雾角度小,使雾滴粗大;喷头阻塞,雾化角不呈扇面状,雾化不良都会使雾滴与干燥介质接触不良、接触时间不足;加热蒸气压力不足,使干燥介质的温度下降;空气加热器泄漏,使干燥介质的湿含量提高而蒸发能力下降;空气加热器的汽水分离器疏水能力小或失灵,使加热器内大量积水,降低了传热量,使热风湿度很低。这主要是由于操作人员只注意了加热蒸气压力而忽视了其他热工参数所致。浓乳浓度大、温度低易造成雾化状态不良。使用布袋过滤器者,布袋内积粉过多,或布袋内存粉受潮黏结而使织物孔隙阻塞,废气难以排出。喷枪中心距太小,或喷雾角太大,使已雾化的液滴重新聚合而无法干燥。

(3)焦粉现象:喷雾干燥中有时会出现少量或大量的焦粉于乳粉中,其主要原因是热风入口处的分风装置调节不当或位置有变化,使热风在热风筒处产生涡流或逆流,而使尚未完全干燥的乳粉颗粒重新卷入热风筒内或热风分配箱内,与高温介质接触而焦化。另外,焦粉沉积于热风壁上,随操作时间的延长日益增厚而掉入乳粉中;干燥室内壁、布袋过滤器或旋风分离器内的余粉未清理干净,在干燥室余热灭菌时易使这部分残粉变性、逐渐变焦,一般经 3 d 以上的时间,色泽已明显变深,并从设备表面逐步脱落而进入乳粉中。生产过程中浓乳贮缸断料,未能及时发觉而停车,几分钟后干燥室内的乳粉已出现焦化。

五、产品品质分析

1.感官检验:将被测样品倒在白瓷盘上,自然光下,观察其色泽、外观、杂质;并嗅其气味,品尝其滋味,记录结果。

2.冲调性测定:取 25 g 被测样品于 500 mL 烧杯中,用 200 mL 70 ℃以上热水冲调,用玻璃棒搅拌 1 min 后观察其溶解情况,并记录结果。

3.水分含量测定:快速水分测定仪。

4.总糖测定:直接滴定法。

5.灰分测定:高温灼烧法。

6.溶解度测定:试样溶于水后,测定不溶物质量,再计算溶解度。试样溶于水得到的沉淀物,用少量水洗入已恒量的称量皿中,先在水浴上蒸干,再于 100 ℃干燥 1 h,置干燥器中冷却 30 min,再于 100 ℃干燥 30 min 后,取出冷却称量,至前后两次质量相差不超过 1.0 mg。溶解度按下式计算。

$$X = 100 - \frac{(m_1 - m_2) \times 100}{m_3}$$

式中:X——试样的溶解度,g/100g;

m_1——称量皿和不溶物质量,g;

m_2——称量皿质量,g;

m_3——试样质量,g。

7.沉淀指数测定:准确称量 20.0 g 样品,另在 500 mL 烧杯中加人 180 mL 600 ℃蒸馏水,将烧杯置于电子恒速搅拌器下,慢速(150 r/min)搅拌,徐徐加入已称量的样品,再以快速(500 r/min)搅拌 15 min,然后准确吸取试液 20.0 mL 于 20 mL 刻度试管中,静置 30 min,读取沉淀的毫升数,同时进行两个平行试验。沉淀指数按下式计算。

$$Y = A/20$$

式中:Y——沉淀指数;

A——两次测定沉淀毫升数的平均值,mL。

8.脲酶活性测定:按 GB/T 5413.31 规定的方法测定。

9.微生物检验:菌落总数、大肠杆菌的测定参考附录;致病菌(沙门氏菌、志贺氏菌、金黄色葡萄球菌)、霉菌的测定参考 GB/T 18738 规定的方法。

六、产品质量标准

产品品质应符合 GB/T 18738 的规定。

(一)感官要求

应符合表 7-7 的规定。

表 7-7　豆粉感官要求

项　目	要　求
色　泽	淡黄色或乳白色,其他型产品应符合添加辅料后该产品应有的色泽
外　观	粉状或微粒状,无结块
滋味、气味	具有大豆特有的香味及该品种应有的风味,口味纯正、无异味
冲调性	润湿下沉快,冲调后易溶解,允许有极少量团块
杂　质	无正常视力可见外来杂质

(二)理化要求

应符合表 7-8 的规定。

表 7-8　豆粉理化要求

项目	Ⅱ类		
	普通型	低糖型	其他型
水分/(%)	≤4.0		
蛋白质/(%)	≥15.0		
脂肪(%)	≥8.0		
总糖(以蔗糖计)/(%)	≤60.0	≤45.0	≤60.0
灰分/(%)	≤5.0	≤5.0	≤5.0
溶解度/(g/100g)	≥88.0	≥85.0	≥85.0
沉淀指数	≤0.2		
总酸(以乳酸汁)/(g/kg)	≤10.0		

项目		Ⅱ类		
		普通型	低糖型	其他型
尿素酸(腺酶)活性	定性法	阴性		
	定量法/(mg/g)	≤0.02		
总砷(以 As 计)/(mg/kg)		≤0.5		
铅(Pb)/(mg/kg)		≤1.0		
铜(Cu)(mg/kg)		≤10.0		

(三)微生物指标

应符合表 7-9 的规定。

表 7-9　豆粉微生物指标要求

项目	指标
菌幕总数/(efu/g)	≤30000
大肠菌群/(MPN/100g)	≤90
致病菌(沙门氏菌、志贺氏菌、金黄色葡萄球菌)	不得检出
霉菌　　　　　　　　　　　　　　　≤	100

七、实验报告要求

1.实验报告:关键技术原理、工艺流程、操作要点、产品分析、结果讨论。

2.速溶豆粉以大豆为主要原料,经磨浆、加热灭酶、浓缩、喷雾干燥而制成的粉状或微粒状食品;豆奶粉以大豆和乳制品为主要原料,经磨浆、加热灭酶、浓缩、喷雾干燥而制成的粉状或微粒状食品。探讨豆乳粉新产品开发的思路和看法。

实验三十九　超微粉碎技术及其应用实例

一、关键知识点

1. 超微粉碎技术原理及特点。
2. 超微粉碎设备操作要点。
3. 超微粉碎产品的品质评价指标及方法。

二、实验技术原理

超微粉碎分干法粉碎和湿法粉碎两种。根据粉碎过程中产生粉碎力的原理不同,干法粉碎有气流式、高频振动式和旋转球(棒)式等;湿法粉碎主要有胶体磨和均质机。超微粉碎特性包括:速度快、温度低,提高物料中有效成分的溶出,提高有效成分的生物利用率,赋予产品细腻的口感,以及避免粉尘污染等。

在食品工业中,超微粉碎技术主要应用在软饮料加工、粮油加工、果蔬加工、功能性食品加工、冷食制品加工、调味品加工、水产品加工、畜禽制品加工等方面。

图 7-4　XDW-6J 型超微粉碎机

茶叶进行超微粉碎后,茶叶中内含成分的溶解能力、粒度大小、吸水性等理化性质发生改变。将超微茶粉添加到糕点、糖果、面条、果冻、果酱、冰激凌、酸奶等多种食品中,不仅可以增加食品的营养价值,增进食品的色、香、味,而且还能改善食品的品质,丰富食品的品类,更重要的是能使茶叶的保健功能得到充分的发挥。

表 7-10　粉碎的类型

粉碎类型	原料粒度	成品粒度
粗粉碎	10～100 mm	5～10 mm
细粉碎	5～50 mm	0.1～5 mm
微粉碎	5～10 mm	<100 μm
超微粉碎	0.5～5 mm	<10～25 μm

三、原料特性分析

1.水分含量:采用快速水分测定仪测定。

2.水分活度:采用快速水分活度测定仪测定。

3.粗多糖含量的测定:《茶　茶多酚测定:GB/T 8313—2002》。

4.还原糖:用水杨酸比色法测定。

5.粗纤维含量:中性洗涤纤维(NDF)法。

6.水浸出物测定:《茶　水浸出物测定:GB/T 8305—2013》。

7.氨基酸测定:《茶　游离氨基酸总量测定:GB/T 8314—2013》。

8.茶红素、茶黄素、茶褐素的测定:分光光度法。

四、产品加工过程

以超微粉碎茶粉为例。

(一)实验材料与设备

实验材料:龙井茶;

仪器设备:烘箱、干法破碎机、超微粉碎机等。

(二)工艺流程

龙井茶→挑选除杂→烘干→初粉→超微粉碎→包装→成品。

(三)操作要点

1.原料挑选:龙井茶应符合卫生要求,符合原产地产品品质要求,可根据 GB/T 5009.57—2003《茶叶卫生标准分析方法》进行分析,以选择品质合格的龙井茶作为原料;挑选去除杂质、灰尘等不可食部分。

2.烘干:采用热风烘干机进行烘干,烘箱温度 60~70 ℃,干燥时间 2~3 h,干燥终点时原料的水分含量应小于或等于 5%。

3.初粉:采用干湿两用万能粉碎机进行初步粉碎,先将粉碎锅、切刀、粉碎盖等部件清洗干净,用棉布擦干后室温晾干;然后加入物料,单次进料量为0.5~1 kg;先采用低速挡处理 0.5~1 min,然后调整为高速,处理时间为 2~3 min,即可取出物料;粉碎结束后将粉碎机各个部件清理干净,再将机器安装复原。

4.超微粉碎:超微粉碎工艺中粉碎温度、进料量、粉碎时间等是影响粉碎效果和产品品质的关键工艺过程,其参数优化的考核指标包括产品水分含量、粒径大小、功效成分含量、色泽及电子显微镜扫描图等。

推荐的超微粉碎工艺参数为:4 ℃冷水循环冷却,进料量 0.3~0.6 kg,粉碎时间 40 min。

XDW-6J 型超微粉碎机操作规则如下。

原理解释:在外界激振力的作用下,磨介做时而散开、时而聚合的抛掷运动。磨介自身做同向自转,磨介群做公转。内外层磨介不断交换位置,两两磨介不断冲撞、挤压剪切物料,使物料被挤破剪断。颗粒由大到小不断被破碎。

(1)实验开始前提前 5~8 h 清洁设备,可采用酒精棉布擦拭,然后晾干,粉碎棒可以水洗沥干后放入烘箱快速烘干,干燥温度 90~95 ℃;

(2)安装设备:将干燥好的粉碎棒、挡板、垫圈等安装到位;

（3）装入物料：物料先装入料筒，然后安装固定于设备挡板处，调整设备位置，使料筒朝上，进行固定；关上粉碎室隔音门；

（4）合上电源空开，接通外部电源；

（5）打开冷却水进、出阀门，检查循环水是否漏水；

（6）设置超微粉碎时间；

（7）按下开机键进行超微粉碎；

（8）工作时间结束后机器自动关机，关闭总电源空开，关闭冷却水开关；

（9）打开粉碎腔固定旋钮，反复上下转动料筒，使产品从粉碎腔进入料筒；此时将料筒向下倾斜一定角度后，再次拧紧固定旋钮；

（10）取出产品，清理设备。

5.包装：产品进行封罐包装或真空包装；

6.保存：产品置于阴凉干燥处存储。

表 7-11　部分超微粉碎实例

原料	原料粒度	方式	处理时间	制品粒度	处理量/kg·h^{-1}
蚕丝	长丝	干式	15 min	200 目 96%	5
灵芝	1 mm	干式	15 min	200 目 95%	15
珍珠	2 mm	干式	15 min	300 目	50
羚羊角	2 mm	干式	15 min	200 目	15
八珍丸	10 目	干式	25 min	300 目 98%	5
蝎子、蜈蚣	2 mm	干式	15 min	300 目	5
灵芝孢子粉	孢子	干式	12 min	破壁率≥95%	10
鲨鱼软骨	5 mm	干式	12 min	200 目 97.5%	1.6
大蒜	1 mm	湿式	5 min	400 目 95%	9.6
南极磷虾	5 mm	湿式	5 min	300 目	6

五、产品品质分析

1.多酚的检测：同前。

2.氨基酸测定：同前。

3.容重测定：取 10g 冻干香菇丁，用小米量取体积，进行 2 次平行实验。容重按下列公式计算：

$$容重 = m/V$$

式中：m——样品的质量；

V——样品的体积。

4.粒度测定：采用 Wimer3003 全自动干法激光粒度分析仪用粒度分布法对粉碎样品的颗粒度进行测定，得出超微茶粉的 X50、X90、Vax（体积平均粒径）。

5.电镜扫描

将茶粉置于样品铜台上，金离子喷镀后，于 XL-LAB630 环境扫描电镜中，观察茶粉的超微形态结构,并进行对比。

6.菌落数、霉菌、大肠菌群、致病菌:参照 GB 4789.2008《食品卫生微生物学检验》进行测定。

六、产品质量标准

产品感官要求、理化指标、微生物指标等参照以下标准:DB32/T 751《超微绿茶粉》,NY/T 2672《茶粉》。

(一)理化指标

理化指标符合表 7-12。

表 7-12　超微茶粉理化指标要求

项　目	指　标
水分,g/100g	≤6.6
总灰分,g/100g	≤7.0
粗纤维,g/100g	≤16.0
粒度	粒径小于 75μm 的茶粉≥90.0%
没浸出物,g/100g	≥36.0

(二)卫生指标

卫生指标见表 7-13。

表 7-13　超微茶粉卫生指标要求

项　目	指　标
铅(以 Pb 计,mg/kg)	≤5.0
乙酸甲胺磷,mg/kg	≤0.1
杀螟硫磷,mg/kg	≤0.5
菌落总数,efu/g	≤1000
大肠菌群,MPN/100g	≤40
致病菌(沙门氏菌、志贺氏菌、金黄色葡萄球菌)	不得检出

七、实验报告要求

1.实验报告内容包括关键技术原理、工艺流程、操作要点、产品分析、结果讨论。

2.分析不同超微粉碎技术的原理区别。

3.谈谈对于超微粉碎技术在食品新产品开发中的应用。

实验四十　造粒压片技术及其应用实例

一、关键知识点

1. 流化床造粒的技术原理及操作要点。
2. 旋转压片机的原理及操作要点。
3. 泡腾片产品的品质评价指标及方法。

二、实验技术原理

　　茶叶是我国的传统饮品,茶饮料的发展速度惊人,市场占有率近年来迅速攀升,可与碳酸饮料媲美。开发新的茶食品也将增加我们这个产茶大国的茶叶原料的附加值,提升茶叶的利用价值。茶的保健作用使之越来越受到现代人的推崇。但随着时代的发展,传统的饮茶方式已不能满足消费者的要求,以茶叶为主要原料生产的兼具方便、营养、保健等优点的茶饮料,逐渐成为饮料市场的亮点之一。

　　泡腾片是指含有碱和有机酸,遇水反应释放出大量二氧化碳而呈泡腾状的片剂。由于泡腾片在制作过程中除了主剂和泡腾剂外,还可以添加矫味剂、甜味剂、着色剂以及赋形剂等,可以有效改善药物的可接受性及治疗作用的发挥。近年来,人们将微量营养素补充剂也制备成泡腾片,并逐渐向食品行业拓展。将茶饮与泡腾产品结合,开发新型的茶泡腾饮片适应市场需求,可以满足消费者,尤其是新一代青年消费群体的求新、求异的需求,市场前景广阔。

　　以速溶茶粉、柠檬酸和碳酸氢钠为主要原料,经过造粒、干燥、压片制成固体茶饮料泡腾片,具有全精华,易吸收,即泡即饮,可冷可热等优点,再通过优化配方使其形成较传统冲泡茶风味更加独特、口感清爽的新式茶饮。

图 7-5　Mini-XYT 型造粒机　　　　图 7-6　旋转压片机

三、原料特性分析

1. 水分含量:采用快速水分测定仪测定。
2. 水分活度:采用快速水分活度测定仪测定。
3. 粗多糖含量的测定:《茶　茶多酚测定:GB/T 8313—2002》。
4. 还原糖:用水杨酸比色法测定。

5.粗纤维含量:中性洗涤纤维(NDF)法。

四、产品加工过程

以茶饮料泡腾片为例。

(一)实验材料与设备

实验材料:速溶红茶粉;柠檬酸,碳酸氢钠,白砂糖,阿斯巴甜(均为食用级);柠檬香精,茶香精,玉米淀粉。

仪器设备:电子天平、烘箱、Mini-XYT 型造粒机、旋转压片机等。

(二)工艺流程

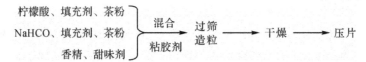

(三)操作要点

1.配方设计原则包括如下 5 个方面。

(1)速溶茶粉的添加量:茶粉的添加量应满足茶多酚的含量大于或等于 200 mg/L,咖啡因大于或等于 35 mg/L。泡腾片重约为 1 g,冲泡量为 150 mL 左右。

(2)泡腾剂的配比:按照 QB 2499—2000 推荐,调味茶饮料:pH<4.6,泡腾剂中的柠檬酸起调整 pH 的作用,调整碳酸氢钠的量使茶汤的 pH 满足标准要求。

(3)泡腾剂的添加量:$NaHCO_2$ 与柠檬酸溶于水后发生酸碱中和反应,产生 CO_2 起泡腾作用,同时产生柠檬酸钠。柠檬酸钠为偏碱性的盐,如生成量过多则对口味有不良影响,为使泡腾片表现出一定的起泡效果、适宜的刹口感及良好的口味,泡腾片中 $NaHCO_2$ 与柠檬酸添加量就要适量且与碳酸氢钠的配比要适宜。

(4)甜味剂的选择:本产品有 3 个特点。第一需要满足冷水冲泡而无不溶物;第二含有大量的柠檬酸及柠檬酸盐;第三是泡腾片体积较小,便于携带。

以上特点促使应选择高甜度甜味剂来保持口味。本实验 200 倍蔗糖甜度的阿斯巴甜作为甜味剂。再加入少量白砂糖共同调整茶片的口味,使其具有英式柠檬红茶的特殊口味。

(5)黏结剂的选用:黏结剂的作用主要体现在物料的可操作性,片剂溶剂性和压片后片剂的性能。分别达到在制粒过程中不易结块,颗粒干燥后不易吸潮;且溶于水后无混浊感;产品不会轻易地开裂、掉屑。

2.造粒:造粒的目的在于合适的粒度可以防止粉体因吸潮而相互间静电吸引,接触面积过大等原因而造成成团结块;改进产品外观,便于压片得到所希望结构形状;还可以控制产品的溶解度。

采用 Mini-XYT 型造粒机进行造粒,操作流程如下:

(1)下压风机,启动气缸;

(2)打开排气风机,排气启动;

(3)风机启动,风机转速为 1000 r/s;

(4)加热启动,进风温度设定为 55 ℃;

(5)设置反吹系统时间:反吹 1 s,停顿 10 s,然后启动自动反吹;

(6)开启雾化流化,启动蠕动泵,以浓度为 2% 的液体啤酒花作为黏合剂;

（7）设定物料温度，上温度为 40 ℃，下温度为 30 ℃。警报温度 100 ℃；

3.压片：采用中的颗粒置于冲压式压片机中进行压片，压片时加入 2％浓度为 70％的麦芽糊精溶液，1％水溶性润滑剂 PEG6000，0.5％的柠檬酸和碳酸氢钠。

4.包装及灭菌：由于泡腾片所用原料中含有一定量的有机酸和碱性物质，而这二者对湿气敏感、吸湿性强，应严格控制生产过程环节及成品周围的空气相对湿度，物料应贮存在密闭、防潮、干燥的环境中，防止吸湿。本产品适宜用铝塑泡罩包装，其具备透明性、美观性、便利性、经济性的优点。一般这种泡腾片是不进行灭菌处理的，但是为了安全起见，可以进行辐照灭菌，能有效除去可能携带的致病菌而对产品质量无大的影响。

5.保存：产品置于阴凉干燥处存储。

五、产品品质分析

（一）崩解时限

取 6 片分别置于吊篮的玻璃管中，浸入（37±1.0）℃的恒温槽中，按一定频率和幅度往复运动，从片剂置于玻璃管开始计时，至片剂破碎并全部固体粒子都通过玻璃管底部的筛网（孔径 2 mm）为止。平均完全崩解时间＜5 min。

（二）脆度

取 6 片，用吹风机吹去脱落的粉末，精确称重，置圆筒中，转动 100 次。取出并除去粉末，精确称重，并记录数据。

3.吸潮

各取 6 片，精确称定其总质量，并将其放置在烧杯中，称取泡腾片及烧杯总质量。在相对湿度为 79％～89％的环境下放置 8 h，每隔 1 h 称量 1 次，所得差值即为含片吸潮质量，计算吸湿百分率。

六、产品质量标准

泡腾片属于片剂的一种，其质量检验的检查项目应符合《中国药典》（2005）"片剂"项下的相应要求，主要包括质量差异、崩解时限、微生物限量等。

泡腾片产品的质量检验还需要检验有效成分含量、溶液 pH 值、水分、CO_2 含量等，同时还要考察产品的稳定性。

（一）感官指标

浅褐色圆片，具有茶的独特风味，无其他异味，无肉眼可见外来杂质；表面光滑细腻，边缘整齐，块型完整。

（二）理化指标

茶多酚≥200 mg/L，水分≤3.0％，灰分≤4.0％，总砷（以 As 计）含量≤0.5 mg/kg，铅（以 Pb 计）含量≤1.0 mg/kg，铜（以 Cu 计）含量≤5.0 mg/kg。

（三）微生物指标

菌落总数平均≤1000 cfu/g，大肠杆菌≤40 MPN/100 g，霉菌≤25 cfu/g，酵母菌≤25 cfu/g，致病菌（金黄色葡萄球菌、沙门氏菌、志贺氏菌、溶血性链球菌）不得检出。

（四）净含量及允差

每片：（1000.0±50）mg，平均偏差应大于或等于零。

七、实验报告要求

1. 实验报告内容包括关键技术原理、工艺流程、操作要点、产品分析、结果讨论。
2. 流化床造粒技术的关键技术参数。
3. 旋转压片设备的关键技术参数。
4. 谈谈泡腾片制备技术在食品新产品开发中的应用。

实验四十一　软胶囊技术及其应用实例

一、关键知识点

1. 软胶囊制备的生产线构成。
2. 软胶囊生产技术的关键技术要点。
3. 软胶囊产品开发的基本思路。

二、实验技术原理

软胶囊制剂多用于非水溶性、对光敏感、遇湿热不稳定、易氧化和挥发性的药物,以增强药物的稳定性。此外,还有掩盖药物不良嗅味的作用。紫苏油中主要成分 α-亚麻酸,另外还富含其他多种不饱和脂肪酸。由于高度的不饱和性,在高温条件下易发生氧化反应,降低其营养价值和经济价值。制成软胶囊后,避免了与外界空气、湿热等接触,可以长时间保持稳定。

紫苏油的主要成分 α-亚麻酸是 ω-3 系列高度不饱和脂肪酸的母体,是补充人体缺乏 ω-3 系列不饱和脂肪酸最理想的资源。1990 年世界卫生组织和联合国粮农组织召开的"ω-3 系列脂肪酸与健康的国际讨论会"慎重声明:鉴于已有明确证据表明,ω-3 系列油在人体发育和健康中不可缺少、人体不能自然合成。人体若缺乏 α-亚麻酸会造成脑、视神经系统功能障碍,脂肪代谢紊乱,免疫力下降。

本实验以紫苏油、大豆油等为主要原料,以明胶、甘油等为辅料,将紫苏油加工成软胶囊高档保健品,有效保护了紫苏油的天然活性成分,提高了产品的附加值。可实现紫苏油资源的综合高效利用,产品更利于人们的消化吸收,具有很好的市场前景。

图 7-7　软胶囊机

三、原料特性分析

1. 水分含量:采用快速水分测定仪测定。
2. 灰分:《粮油检验 灰分测定法:GB/T 5505—2008》550℃灼烧法。
3. 维生素 A:《食品安全国家标准　婴幼儿食品和乳品中维生素 A、D、E 的测定:GB 5413.9—2010》。
4. 维生素 D:《食品安全国家标准　婴幼儿食品和乳品中维生素 A、D、E 的测定:GB

5413.9—2010》。

5.维生素 E:《食品安全国家标准　婴幼儿食品和乳品中维生素 A、D、E 的测定:GB 5413.9》。

四、产品加工过程

以紫苏油软胶囊为例。

(一)实验材料与设备

实验材料:

1.软胶囊内容物为紫苏子油、生育酚、植物油及其他成分;

2.胶囊皮的配方有明胶、纯化水、甘油;

3.防腐剂为对羟基苯甲酸甲酯、对羟基苯甲酸丙酯;

仪器设备包括高剪切乳化机、烘箱、软胶囊机等。

(二)工艺流程

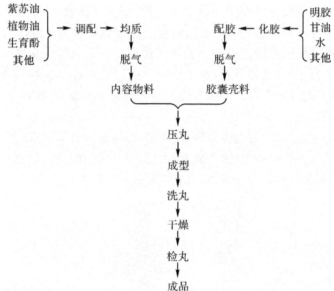

(三)产品包装工艺流程

自动理瓶 → 数粒灌装 → 塞干燥剂 → 下盖 → 旋盖 → 铝箔封口 → 贴标 → 装盒。

(四)操作要点

1.参考配方:

(1)软胶囊内容物的配方中,紫苏油 360 mg/500 mg;生育酚 500 μg/500 mg;植物油及其他成分 139.5 mg/500 mg。

(国外推荐的摄入量为:成人每日摄入 α-亚麻酸 800～1000 mg 即可满足需要。紫苏油中 α-亚麻酸含量高达 40%—60%,每天摄入 2 g 精制的亚麻油即可满足需要;ω-3 系列脂肪酸属不饱和脂肪酸,极易氧化;在食用时应同时摄入具有抗氧化作用的维生素 E,维生素 E 每日的摄入量为 100～150 mg。)

(2)胶囊皮的配方:

明胶：水：甘油＝1：1：0.35(根据要求,可加色素)；

(3)防腐剂:常用对羟基苯甲酸甲酯 4 份,对羟基苯甲酸丙酯 1 份的混合物,为明胶量的 0.2％～0.3％。

2.调配:按设计比例取紫苏油、维生素 A 等配料共同加热,熔化冷却后搅拌均匀；

3.均质:采用高压均质机进行均质处理,均质压力 20～30 MPa,然后存入恒温储存罐；

4.真空脱气:将调配好的物料在真空状态下脱气,排除混入的气体；

5.调胶、脱气:将明胶、甘油、水按比例在配胶罐内混配,水浴加热,物料温度不超过 70 ℃,同时抽真空,真空度为 0.05～0.09 MPa,并同时进行搅拌,在此状态下保持 3～4 h,可直接使用或者放出明胶液至恒温储存罐内,60 ℃以上保温,备用；

6.压丸:根据要求的形状和重量,进行压丸,刚压制出的软胶囊在温度为 15～20 ℃,相对湿度 RH 为 40％～50％的环境下干燥 2～3 h；

7.洗丸:将干燥成型的软胶囊用 95％的乙醇清洗除去软胶囊外壳上的油渍；

8.干燥:此时环境温度为 24～28 ℃,相对湿度 RH 为 30％～40％的条件下干燥 5～6 h；

9.选丸:软胶囊进行挑选,选出外形不美观、有气泡、有渗漏等问题的软胶囊丸,将合格的软胶囊进行包装,即为成品；

10.自动理瓶:SLP200 型配套提升理瓶机独特的旋转分瓶和移位翻瓶机构,使理瓶的产量大大提高;设备的能耗低,噪音控制在 60 dB 以下；

11.数粒灌装:由电子数粒灌装机完成；

12.塞干燥剂:由机器完成,干燥剂防止瓶内物品在运输和储存过程中受潮；

13.下盖旋盖:由高速旋盖机完成；

14.铝箔封口:对瓶口进行铝箔封口；

15.贴标:由全电脑控制立式圆瓶贴标机完成；

16.装盒:由自动装盒机完成；

17.保存:产品置于阴凉干燥处存储。

(五)质量控制要点

紫苏油软胶囊的质控要求见表 7-14。

表 7-14　质量控制要点表

监控点	监控项目	监控方法	监控标准	监控频率
称量	配料数量	称重	准确,与生产指令相符	每班一次
配制	性状	目测	淡黄色至黄色油状液体	随时
	鉴别	检验	符合中间产品质量标准	每批一次
	含量	检验	α-亚麻酸含量高达 58.5％～60％	每批一次
溶胶	气泡	目测	无气泡	每批一次
压丸	丸形	目测	圆整,无异物,无渗漏	随时
	装量差异	检测	装量差异限度±8.0％	随时
洗丸	清洁度	目测	洁净无油腻	随时

续　表

监控点	监控项目	监控方法	监控标准	监控频率
干燥	外观	目测	应整洁,不得有黏结、变形、渗漏或囊壳破裂现象,并应无异臭	随时
	崩解时限	检测	≤30 min	每批一次
	装量差异	检测	装量差异限度±8.0%	随时
检丸	外观	目测	应整洁,不得有黏结、变形、渗漏或囊壳破裂现象,并应无异臭	每批一次
	装量差异	检测	装量差异限度±8.0%	随时
	文字批号	目测	品名、规格、批号与生产指令相符,热合后文字内容完整、清晰、位置正确	随时
铝塑包装	泡罩外观	目测	泡罩圆整,无皱缩,无异物	随时
	装量	抽查	每板12粒,不得有缺粒、残粒、多粒现象	随时
	全检	检测	符合成品内控质量标准	每批一次
包装物	文字内容	与标准稿对照	包装质量标准	每批一次
待包装品	装盒	目测	装入药品、说明书数量准确	随时
	装箱	目测	装入成品、装箱单、印刷内容数量准确	每箱
外包装	外观	目测	批号、数字排列正确,印字端正、清晰 说明书折叠整齐,装箱单填写正确,不干胶带粘贴整齐,牢固,大箱无破损	随时

五、产品品质分析

产品检测指标及方法见表 7-15。

表 7-15　产品检测指标及方法

测试项目	测试方法
水分	《粮食、油料检验 水分测定法:GB/T 5497—1985》
灰分	《粮油检验 灰分测定法:GB/T 5505—2008》550℃灼烧法
汞(Hg)	《食品中总汞及有机汞的测定:GB/T 5009.17—2003》第一法 原子荧光光谱分析法 AFS
总砷	《食品中总砷及无机砷的测定:GB/T 5009.11—2003》第一法 氢化物原子荧光光度法 AFS
铅(Pb)	《食品安全国家标准　食品中铅的测定:GB 5009.12—2010》AAS
崩解度	CHP 2010(第一部)附录 ⅫA　水
	CHP 2010(第一部)附录 ⅫA　二种溶液
	CHP 2010(第一部)附录 ⅫA　人工胃液

测试项目	测试方法
α-亚麻酸	GB/T 22223—2008 食品中总脂肪、饱和脂肪（酸）、不饱和脂肪（酸）的测定 水解提取-气相色谱法
亚油酸	GB/T 22223—2008 食品中总脂肪、饱和脂肪（酸）、不饱和脂肪（酸）的测定 水解提取-气相色谱法
维生素 A	GB/T 5009.82—2003 食品中维生素 A 和维生素 E 的测定，测定测试时请提供参考值
维生素 D	GB 5413.9—2010 食品安全国家标准　婴幼儿食品和乳品中维生素 A、D、E 的测定，测定测试时请提供参考值
维生素 E	GB/T 5009.82—2003 食品中维生素 A 和维生素 E 的测定，测定测试时请提供参考值

六、产品质量标准

生产过程参照 CCAA 0012《食品安全管理体系 营养保健品生产企业要求》。

（一）感官要求

感官指标应符合表 7-16 的要求。

表 7-16　感官要求

项　目	指　标
色　泽	棕褐色胶囊，有光泽，色泽均匀一致
滋味、气味	具有产品特有的滋味和气味，无酸败等异味
形　态	胶囊内容物为金黄色半透明油状液体，无明显异物

（二）理化指标

理化指标应符合表 7-17 的要求。

表 7-17　紫苏油软胶囊理化指标

项　目	指　标
铅（以 Pb 计，mg/kg）	≤1.0
砷（以 As 计，mg/kg）	≤0.5
铬（以 Cr 计，mg/kg）	≤0.3
食品添加剂	按照 GB 2760 和 GB 14880 执行

（三）微生物指标

微生物指标应符合表 7-18 的要求。

表 7-18　紫苏油软胶囊微生物指标

项　目		指　标
菌落总数,cfu/g		≤1000
大肠菌群,MPN/100g		≤40
霉菌,cfu/g		≤25
酵母菌,cfu/g		≤25
致病菌	沙门氏菌 志贺氏菌 金黄色葡萄球菌 溶血性链球菌	不得检出

(四)营养成分指标

营养成分指标应符合表 7-19 的要求。

表 7-19　紫苏油软胶囊营养成分指标

项　目	指　标
α-亚麻酸(mg/500mg)	≥180
维生素 E(μg/500mg)	≥500

七、实验报告要求

1. 实验报告内容包括关键技术原理、工艺流程、操作要点、产品分析、结果讨论。
2. 谈谈对于软胶囊制备技术在食品新产品开发中的应用。

附　录

附录一　食品中蛋白质含量的测定

一、原理

蛋白质是含氮的有机化合物。食品样品与浓硫酸和催化剂一同加热消化,使蛋白质分解,其中碳和氢被氧化成二氧化碳和水溢出,而样品中的有机氮可转化形成氨,氨与硫酸结合生成硫酸铵。然后碱化蒸馏使氨游离出,用硼酸吸收后再以硫酸或盐酸标准溶液滴定,根据酸的消耗量乘以换算系数,即为蛋白质的含量。

二、主要试剂

1.硫酸铜($CuSO_4 \cdot 5H_2O$)。

2.硫酸钾。

3.浓硫酸。

4.2%硼酸溶液。

5.混合指示液:1份0.1%甲基红乙醇溶液与5份0.1%溴甲酚绿乙醇溶液临用时混合。也可用2份0.1%甲基红乙醇溶液与1份0.1%次甲基蓝乙醇溶液临用时混合。

6.40%氢氧化钠溶液。

7.0.05 mol/L硫酸标准溶液或0.05 mol/L盐酸标准溶液。

三、仪器设备

1.定氮瓶:500 mL。

2.定氮蒸馏装置。

3.接收瓶:100 mL。

4.酸式滴定管:50 mL。

5.可调电炉:带石棉网。

6.铁架台。

7.分析天平。

四、操作方法

(一)样品处理

精密称取0.2~2.0 g固体样品或2~5 g半固体样品或吸取10~20 mL液体样品(约相

当氮 30~40 mg),移入干燥的 100 mL 或 500 mL 定氮瓶中,加入 0.2 g 硫酸铜,3 g 硫酸钾及 20 mL 硫酸,稍摇匀后于瓶口放一小漏斗,将瓶以 45 度角斜支于有小孔的石棉网上。小心加热,待内容物全部炭化,泡沫完全停止后,加强火力,并保持瓶内液体微沸,至液体呈蓝绿色澄清透明后,再继续加热半小时。取下放冷,小心加 20 mL 水。放冷后,移入 100 mL 容量瓶中,并用少量水洗定氮瓶,洗液并入容量瓶中,再加水至刻度,混匀备用。取之与处理样品相同量的硫酸铜、硫酸钾、硫酸铵同一方法做试剂空白试验。

(二)蒸馏

安装好定氮装置,于水蒸气发生瓶内装水至约 2/3 处,加甲基红指示液数滴及数毫升硫酸,以保持水呈酸性,加入数粒玻璃珠以防暴沸,用调压器控制,加热煮沸水蒸气发生瓶内的水。

向接收瓶内加入 10 mL 2‰硼酸溶液及混合指示液 1 滴,并使冷凝管的下端插入液面下,吸取 10 mL 样品消化稀释由小玻杯流入反应室,并以 10 mL 水洗涤小烧杯使流入反应室内,塞紧小玻杯的棒状玻塞。将 10 mL40‰氢氧化钠溶液倒入小玻杯,提起玻塞使其缓缓流入反应室,立即将玻塞盖紧,并加水于小玻杯以防漏气。夹紧螺旋夹,开始蒸馏。蒸气通入反应室使氨通过冷凝管而进入接收瓶内,蒸馏 5 min 移动接受瓶,使冷凝管下端离开液面,再蒸馏 1 min。然后用少量水冲洗冷凝管下端外部。取下接收瓶,以 0.05 mol/L 盐酸标准溶液滴定至灰色或蓝紫色为终点。

(三)滴定

取上述吸收液用 0.1 mol/L 的盐酸标准容易让直接滴定至由蓝色变为微红色即为终点,记录盐酸溶液用量,同时做试剂空白对照试验,记录空白试验消耗盐酸标准溶液的体积。

五、结果计算

$$蛋白质含量(g/100g) = c \times \frac{c \times (V_1 - V_2) \times \frac{M}{1000}}{m} \times F \times 100$$

式中:c——盐酸标准溶液的浓度,mol/L;

V_1——滴定样品吸收液时消耗盐酸标准溶液的体积,mL;

V_2——滴定空白吸收液时消耗盐酸标准溶液的体积,mL;

m——样品的质量,g;

M——N 的摩尔质量,14.01 g/mol;

F——氮换算为蛋白质的质量数,一般食物为 6.25;乳制品为 6.38;面粉为 5.70;玉米、高粱为 6.24;花生为 5.46;米为 5.95;大豆及其制品为 5.71;肉与肉制品为 6.25;大麦、小米、燕麦为 5.83;芝麻、向日葵为 5.30。

六、说明与注意事项

1.此法适用于各类食品中蛋白质含量测定。

2.所有试剂均需要用无氨蒸馏水配制。

3.消化时不要用强火,保持和缓沸腾,以免管壁部分未消化完全造成氮损失。

4.样品中若还脂肪和糖类较多,为防止消化时产生的大量泡沫溢出,可先用较大体积的定氮消化瓶;加酸后放置一段时间再加热。

5.当样品消化液不易澄清透明时,可将烧瓶冷却,加入 30% 过氧化氢 2～3 mL 后再继续加热消化。

6.蒸馏过程中,系统要密闭,不能漏气,加入的碱量要充足,动作要快,防止氮损失。

7.蒸馏完毕后,先将冷凝管下端提离液面,再蒸 1 min 后关闭热源,否则可能造成吸收液倒吸。

8.混合指示剂在碱性溶液中呈绿色,在中性溶液中呈灰色,在酸性溶液中呈红色。

附录二　食品中总糖含量的测定

一、原理

样品经处理出去蛋白质杂质后,加入盐酸,其中蔗糖在加热条件下经酸水解转化为还原还原性单糖,以直接滴定法测定水解后样品中的还原糖总量。直接滴定标定过的碱性酒石酸铜液,还原糖将二甲酮还原为氧化亚铜。以次甲基蓝为指示剂,当达到终点时,稍过量的还原糖立即把蓝色的氧化型次甲基蓝还原为无色的还原型次甲基蓝,根据样品液的消耗的体积,计算还原糖含量。

二、主要试剂

1.6 mol/L 盐酸溶液。

2.0.1%甲基红乙醇溶液:称取 0.1 g 甲基红,用 60%乙醇溶液溶解并定容至 100 mL。

3.20%氢氧化钠溶液:称取 20 g 固体氢氧化钠,用水溶解并定容至 100 mL。

4.转化糖标准溶液(1.0 mg/mL):准确称取 1.0526 g 经过 98~100 ℃干燥至恒重的纯蔗糖,用 100 mL 水溶解,置于具塞三角瓶中,加 5 mL 盐酸在 68~70 ℃水浴中加热 15 min,放置室温定容至 1000 mL,每毫升标准溶液相当于 1.0 mg 转化糖。

5.碱性酒石酸铜甲液:称取 15.00 g 硫酸铜($CuSO_4 \cdot 5H_2O$)及 0.05 g 次甲基蓝,溶于水并 定容至 1000 mL。

6.碱性酒石酸铜乙液:称取 50.00 g 酒石酸钾钠及 75 g NaOH,溶于水,再加入 4 g 亚铁氰化钾,完全溶解后,用水稀释至 1000 mL,储存于橡胶塞玻璃瓶中。

7.葡萄糖标准溶液(1.0mg/mL):准确称取 1.0000 g。经 98 ℃~100 ℃干燥至恒重的葡萄糖,加水溶解后,加入 5 mL 盐酸,并以水稀释至 1000 mL,此溶液 1 mL 相当于 1 mg 葡萄糖。

8.乙酸锌溶液:称取 21.90 g 乙酸锌,加 3 mL 冰乙酸,加入溶解并稀释至 100 mL。

9.亚铁氰化钾溶液(10.6%):称取 10.60 g 亚铁氰化钾,加水溶解并稀释至 100 mL。

三、仪器设备

1.酸式滴定管:50 mL;

2.可调电炉:带石棉网;

3.分析天平;

4.恒温水浴锅;

5.移液管。

四、操作方法

(一)样品处理

取适量样品,用 40~50 ℃的纯水作为溶剂进行提取。对不同样品提取液进行相应的澄清,对于浅色的糖及糖浆制品、果蔬制品、焙烤制品等可用中性醋酸铅[Pb(CH₃COO)₂·3H₂O];对于乳及乳制品等色泽较浅、蛋白含量较高的样液可选用乙酸锌和亚铁氰化钾溶液;而对于颜色较深的提取液可用活性炭吸附。

(二)滴定

吸取提取后的样液 50 mL 于 100 mL 容量瓶中,加入 5 mL 6 mol/L 盐酸溶液,68～70 ℃水浴 15 min 后取出,迅速冷却至室温。冷却后的样液加 2 滴 0.1‰甲基红乙醇溶液,用 20%氢氧化钠溶液中和至中性,加水至刻度,混匀后按直接滴定法测定还原糖含量。

五、结果计算

$$总糖量(以转化糖,\%) = \frac{m_1}{m_2 \times \dfrac{50}{V_1} \times \dfrac{V_2}{100} \times 1000} \times 100$$

式中:m_1——10 mL 碱性酒石酸铜溶液相当的转化糖质量,mg;

m_2——样品质量,g;

V_1——样品处理液总体积,mL;

V_2——测定时消耗样品水解液的体积,mL。

六、说明与注意事项

1. 此法所用的氧化剂碱性酒石酸铜的氧化能力较强,醛糖和酮糖都能被氧化,所测得是总还原糖含量。

2. 本法是根据经过标定的一定量的碱性酒石酸铜溶液(Cu^{2+} 量一定)消耗的试样溶液量来计算试样溶液中的还原糖的含量,反应体系中 Cu^{2+} 的含量是定量的基础,所以在试样处理时,不能用铜盐作为澄清剂,以免试样溶液中引入 Cu^{2+},得到错误的结果。

3. 次甲基蓝本身也是一种氧化剂,其氧化型为蓝色,还原型为无色;但在测定条件下,它的氧化能力比 Cu^{2+} 弱,故还原糖先与 Cu^{2+} 反应,Cu^{2+} 完全反应后,稍微过量一点的还原糖将次甲基蓝指示剂还原,使之由蓝色变为无色,指示滴定终点。

4. 为消除氧化亚铜沉淀对滴定终点观察的干扰,在碱性酒石酸铜乙液中加入少量亚铁氰化钾,使之与 Cu_2O 生成可溶性的无色配合物,而不再析出红色沉淀,其反应式如下:

$$Cu_2O + K_4Fe(CN)_6 + H_2O \Longrightarrow K_2Cu_2Fe(CN)_6 + 2KOH$$

5. 碱性酒石酸铜甲液和乙液应分别贮存,用时才混合,不能事先混合贮存。否则酒石酸钾钠铜配合物长期在碱性条件下会慢慢分解析出氧化亚铜沉淀,使试剂有效浓度降低。

附录三　鸡蛋的品质鉴别与分级

鸡蛋的新鲜度在一定程度上可解释为一些感官的、化学的、微生物的及物理的参数。鸡蛋在贮藏过程中会发生很多复杂的变化,如蛋清蛋白减薄、pH增加、蛋黄膜弱化和伸展、蛋黄中水分含量的增加等。因此鸡蛋在上市前要进行分级和品质鉴定,它是鸡蛋在上市前为保证质量、按质定价、保证食品安全的一整套必不可少的生产程序与技术措施。通过鸡蛋的检测和分级可及时发现并剔除已变质而不宜食用的鸡蛋,做到按新鲜度分级和按质论价。鸡蛋的品质随存储时间而发生的变化,一般通过几种不同的方法如感官评价、理化性质测定、pH测定等获得测定结果,并将不同结果与感官评价关联起来,以此来评价鸡蛋的新鲜度。

一、蛋的一般质量指标

蛋的一般质量指标包括蛋形指数、蛋重、蛋的密度、蛋壳质量指标、蛋壳厚度、蛋壳强度等。

蛋形指数表示蛋的形状,指蛋的纵径与横径之比,或者用蛋的横径与纵径之比的百分率表示。蛋重指包括蛋壳在内的蛋的质量。蛋重与家禽种类、品种、日龄、气候、饲料和蛋的贮藏时间有密切关系。鸡蛋蛋重的国际质量标准为每个58 g。蛋的密度指单位体积的蛋重。蛋的密度与蛋的新鲜度有密切关系。禽蛋存放时间愈长,蛋内水分蒸发愈多,气室愈大,内容物质量减轻,其密度变小,蛋就愈不新鲜。蛋壳相对重是指蛋壳重占整个蛋重的百分率,蛋壳重一般为蛋重的10%左右,如高于10%则破损率很低,9%以下破损升高。最合适的蛋壳相对重为11%～12%。

鲜蛋蛋壳应表面清洁、无粪便、无草屑、无污物。蛋壳应完整,无破损。蛋壳色泽必须具有该品种所固有的色泽,按白、浅褐、褐、深褐、青色、花色等表示。蛋壳色泽与营养价值无关,但由于消费习惯不同而对商品价值有一定的影响,如亚洲人喜食褐壳蛋,而欧洲一些国家的人喜食白壳蛋。

蛋壳厚度与蛋破损率之间具有明显的相关性(附表1),蛋壳厚度在0.35 mm以上时,蛋具有良好的移动性和延长保存期的可能性,耐压性好,不易破损。蛋壳强度是指蛋壳耐压强度的大小,即耐压度或压碎力,取决于蛋的形状、壳的厚度和均匀性。禽蛋在3 MPa下不破裂,并且纵轴的耐压性大于横轴,所以运输和贮藏禽蛋时,以竖放为佳。国际上要求蛋在竖放时能承受270～360 kPa压力,破蛋壳率不超过1%为好。

附表1　蛋壳厚度与蛋破损率的关系

蛋壳厚度/mm	0.28	0.31	0.33	0.36	0.38
蛋壳破损与裂纹率/%	45.5	21.8	12.3	6.8	4.9

二、蛋的内部品质指标

蛋的内部品质指标包括气室高度、蛋白指数、蛋黄指数、哈夫单位、蛋黄色泽及蛋黄百分率等。

透视最新鲜蛋时,全蛋呈红黄色,蛋黄不显影,内容物不转动,气室高度在3 mm以内。透视产后约14 d内的新鲜蛋时,全蛋呈红黄色,蛋黄处颜色稍浓,内容物略转动,气室高度在5

mm 以内。存放愈久,水分蒸发愈多,气室愈大。气室过大者为陈旧蛋。

蛋白指数是指浓厚蛋白与稀薄蛋白的质量之比。新鲜蛋浓厚蛋白与稀薄蛋白之比为 6:4 或 5:5,浓厚蛋白愈多则蛋愈新鲜。蛋黄指数是指蛋黄高度与蛋黄直径的比值,表示蛋黄的品质和禽蛋的新鲜程度。新鲜蛋的蛋黄膜弹性大,蛋黄高度高,直径小。随着存放时间的延长,蛋黄膜松弛,蛋黄平塌,高度下降,直径变大。正常新产蛋的蛋黄指数为 0.38~0.44,合格蛋的蛋黄指数为 0.30 以上。当蛋黄指数小于 0.25 时,蛋黄膜破裂,出现“散黄”现象,这是质量较差的陈旧蛋。

哈夫单位是根据蛋重和浓厚蛋白的高度,按一定公式计算出的指标。新鲜蛋的哈夫单位在 80 以上,随着存放时间的延长,由于蛋白质的水解,会使浓厚蛋白变稀,蛋白高度下降,哈夫单位变小。试验表明 AA 级蛋在 37 ℃下保存 3 d 后即变为 C 级。

美国农业部根据哈夫单位对禽蛋等级的划分见附表 2。

附表 2　美国农业部根据哈夫单位划分的禽蛋等级

哈夫单位	状态与用途
72 以上 AA 级	食用蛋:蛋白做扩散,蛋黄呈圆形,高高地在中间,浓厚蛋白高而围绕蛋黄,水样蛋白较少
71~55 A 级	食用蛋:蛋白适当扩散,蛋黄呈圆形,浓厚蛋白较高,水样蛋白少
54~31 B 级	加工蛋:蛋白有较大面积,蛋黄稍平,浓厚蛋白低,水样蛋白多
30 以下 C 级	仅部分供加工用:蛋白扩散极广,蛋黄扁平,浓厚蛋白几乎没有,仅见水样蛋白

蛋黄百分率为蛋黄重占蛋重的百分率。蛋的大部分固形物、所有的维生素、微量元素、油脂等均在蛋黄内。蛋黄百分率愈高,蛋的营养价值也愈高。蛋重愈大,蛋黄百分率愈低。老的品种如褐色来航、新汉夏、浅花蛋的蛋重为 53.1~53.7 g,蛋黄百分率为 27.7%~30.1%;现代商品系褐壳蛋鸡 35 周龄蛋重为 61.1 g,蛋黄百分率仅 22.2%。

三、蛋的品质鉴别

(一)感官法

感官法主要通过看、听、触、闻等方法鉴别鲜蛋的质量。

1. 视觉鉴定:视觉鉴定是用肉眼观察蛋壳色泽、形状、清洁度,以及蛋的大小、壳上膜的完整情况。新鲜蛋的蛋壳比较粗糙、表面干净、完整、坚实,附有一层霜状胶质薄膜。如果胶质膜脱落、不清洁、乌灰色或有霉点则为陈蛋。出口鲜蛋及原料蛋,通过视觉鉴定,应拣出不清洁蛋、蛋壳不完整蛋、畸形蛋、壳上膜脱落蛋,其他蛋按大小和颜色不同分开,以便进行光照鉴定和分级。

2. 听觉鉴定:听觉鉴定是通过鲜蛋相互碰撞的声音进行鉴别。新鲜蛋发出的声音坚实,似碰击砖头的声音;裂纹蛋发音沙哑,有“啪啦”声;空头蛋的大头端有空洞声;钢壳蛋发音尖脆,有“叮叮”响声;贴皮蛋、臭蛋发声像敲瓦片声;用指甲竖立在蛋壳上敲击,有“吱吱”声的是雨淋蛋。振摇鲜蛋时,没有声响的为好蛋,有声响的是散黄蛋。

3. 触觉鉴定:触觉鉴定是新鲜蛋拿在手中有“沉”的压手感觉。孵化过的蛋外壳发滑,分量轻。霉蛋和贴皮蛋外壳发涩。

4. 嗅觉鉴定:新鲜鸡蛋没有气味,新鲜鸭蛋有轻微的鸭腥味,有特异气味的是异味污染蛋,有霉味的是霉蛋,有臭味的是腐臭蛋,说明蛋已经严重变质,呈黑腐状态。

(二)检测法

1.蛋重的测定:在进行系统测定之前,先将鸡蛋样本编号,按编号次序逐一称重,做各项测定。使用电子台秤测定蛋质量,以 g 为单位,灵敏度至小数点后一位。

2.蛋容积的测定:鲜蛋的容积可以根据其排水量测得,或者按下式计算:

$$V = 0.913m$$

式中:V——蛋的容积,cm³;

m——蛋重,g;

0.913——常数。

3.蛋形指数的测定:采用蛋形指数计测定,或者用游标卡尺测量蛋的纵径与最大横径,以 mm 为单位,精确度为 0.5 mm,然后按下式进行计算:

$$蛋形指数(\%) = [横径(mm)/纵径(mm)] \times 100\%$$

4.蛋密度的测定:一般用 9 种不同密度的盐溶液,盐液密度从 1.060 g/mL 到 1.100 g/mL,每种相差 0.005 g/mL。将待测鲜蛋依次放入密度由低到高的盐溶液内,蛋在哪一密度的盐液中飘浮,此密度即为该蛋的密度。密度越大,蛋越新鲜,优质鲜蛋的密度为 1.080 g/mL 以上。

5.蛋白指数的测定:将蛋打开后,采用过滤的方法,将浓厚蛋白与稀薄蛋白分开,称重后,按下式计算。

$$蛋白指数 = 浓厚蛋白质量(g)/稀薄蛋白质量(g)$$

6.蛋黄指数的测定:将蛋打开放在蛋质检查台上,使用高度测微仪和精密游标卡尺,分别测定蛋黄高度和蛋黄直径,按下式计算。

$$蛋黄指数(\%) = [蛋黄高度(mm)/蛋黄直径(mm)] \times 100\%$$

7.蛋黄百分率的测定:将蛋称重后,打蛋分开蛋白与蛋黄,将蛋黄单独称重,按下式计算。

$$蛋黄百分率(\%) = [蛋黄质量(g)/蛋质量(g)] \times 100\%$$

四、蛋的分级

我国相关标准规定,鲜蛋质量标准包括产品品种规格、感官指标、卫生指标 3 部分。其中,蛋重是主要衡量标准,只有蛋重够,才进一步考虑感官指标和卫生指标。同时,制定标准多以鸡蛋为例,其他禽蛋可参照鲜鸡蛋的标准执行。

(一)产品品种、规格

产品品种分为鲜鸡蛋、冷藏鲜鸡蛋两类。规格分为 3 个等级,即一级、二级、三级。其中,一级蛋重要求每 10 枚大于或等于 625 g,二级蛋重要求每 10 枚大于或等于 500 g,三级蛋重每 10 枚小于 500 g。另外,同等级的蛋中所含上、下邻级蛋的总数不得超过 10%,每千克鲜蛋计量允许差值±10 g。

(二)感官指标

感官指标规定鲜蛋应具有禽蛋固有的色泽;蛋壳清洁、无破裂,打开后蛋黄凸起、完整、有韧性,蛋白澄清透明、稀稠分明;具有产品固有的气味,无异味;无杂质,内容物不得有血块及其他鸡组织异物。

附表 3　鲜鸡蛋感官指标

项目	指标		
	一级	二级	三级
强壳	清洁,有外蛋壳膜,不破裂,蛋形正常,色泽鲜明	清洁,不破裂,蛋形正常	不破裂
气室	完整,深度不超过 7 mm,无气泡	完整,深度不超过 7 mm,无气泡	可移动,深度不超过 9 mm,无气泡
蛋白	浓厚	浓厚	按浓厚,允许存在少量血斑
蛋黄	居中,轮廓明显,胚胎未发育,蛋黄系数≥0.40	居中,轮廓明显,胚胎未发育,蛋黄系数 0.39～0.36	居中或稍偏,轮廓明显,胚胎未发育,蛋黄系数≤0.35

附表 4　冷藏鲜鸡蛋感官指标

项目	指标		
	一级	二级	三级
蛋壳	清洁,不破裂,外形正常,色泽鲜明	清洁,不破裂,外形正常,色泽鲜明	清洁,不破裂,外形正常,色泽鲜明
气室	完整,深度不超过 9 mm,无气泡	完整,深度不超过 9 mm,无气泡较浓厚	移动,深度不超过 9 mm,或有气泡
蛋白	浓厚	较浓厚	较浓厚或稀薄,允许存在少量血斑
蛋黄	居中或稍偏,轮廓明显,胚胎未发育,蛋黄系数≥0.30	稍偏,轮廓明显,胚胎未发育	游离,轮廓显著,不与蛋白相混

(三)卫生指标

附表 5　蛋卫生指标

项　目	指　标
无机碎/(mg/kg)	≤0.05
铅(Pb)(mg/kg)	≤0.2
镉(Cd)/(mg/kg)	≤0.05
总汞(以 Hg 计)/(mg/kg)	≤0.05
六六六、滴滴涕	按 GB 2763 规定执行

附录四　肉品新鲜度快速检验技术

肉的腐败变质是一个非常复杂的过程,因此要准确判定腐败的界限是相当困难的,尤其是判定初期腐败更是复杂。一般情况下,以测定肉腐败的分解产物及引起的外观变化和细菌的污染程度,同时结合感官检验,作为对带骨鲜肉、剔骨包装及解冻肉进行新鲜度检查,以决定其利用价值。

一、感官及理化检验

1.感官及理化检验是新鲜度检查的主要方法。主要从以下几个方面进行:

(1)视觉—肉的组织状态、粗嫩、黏滑、干湿、色泽等。

(2)嗅觉—气味的有无、强弱、香、臭、腥膻等。

(3)味觉—滋味的鲜美、香甜、苦涩、酸臭等。

(4)触觉—坚实、松弛、弹性、拉力等。

(5)听觉—检查冻肉、罐头的声音的清脆或混浊及虚实等。

感官检验方法简便易行,比较可靠。但只有深度腐败时才能被察觉,并且不能反映出腐败分解产物的客观指标。

附表6　肉品新鲜度感官指标

项目	一级鲜度	二级鲜度
色泽	肌肉有光泽,红色均匀,脂肪洁白	肌肉色暗,脂肪缺乏光泽
黏度	外表微干或微湿润,不粘手	外表干燥或粘手,新切面湿润
弹性	指压后的凹陷立即恢复	凹陷恢复慢或不完全
气味	正常	稍有氨味或酸味
肉汤	透明澄清,脂肪团集于表面,具有香味	稍有混浊,脂肪呈小滴浮于表面,无鲜味

2.肉品的理化检测指标主要有肉品的颜色、持水性、弹性、嫩度、导电率、黏度、保水量、pH值等物理性的指标,以及通过定性定量得测定某类能代表肉品品质变化规律的物质的变化,来衡量肉品品质,如氨、胺类、TVB-N(挥发性盐基氮)、三甲胺(TMA)、吲哚等。其中 TVB-N 是我国检测肉类新鲜度的国家标准。国家标准规定:一级鲜肉 TVB-N≤15 mg/100g;二级鲜肉 TVB-N 为 15～25 mg/100g,腐败肉 TVB-N≥25 mg/100g。化学指标的检测还包括一些有害代谢物质的检测,如硫化氢、硫醇、不可凝结性氮、二甲氨、三甲氨、酪氨酸复合体,这些物质的出现表明肉已经出现腐败特征。

二、细菌污染度检验

鲜肉的细菌污染检验不但比感官的、化学的方法更能客观地判定肉的鲜度质量,而且能反映出生产、贮运中的卫生状况。鲜肉的细菌污染度检验,通常包括三个方面:菌数测定,涂片镜检和色素还原试验。

三、生物化学检验

生物化学检验是以寻找蛋白质、脂肪的分解产物为基础进行定性定量分析。常用的有pH值测定、H_2S试验、胺测定、球蛋白沉淀试验、过氧化物酶反应、酸度-氧化力测定、挥发性盐基氮测定、挥发性脂肪酸测定、TBA测定及有机酸的测定等。

四、快速无损检测

1. 利用近红外光谱分析技术检测肉品新鲜度

肉品从新鲜到次新鲜的变化是肉品物质成分的变化过程,肉品吸收系数、散射系数会发生改变。在不同的储藏阶段对肉品进行光谱扫描,光谱信息中将携带着吸收系数、散射系数的变化特征,从而实现对肉品新鲜度的识别和分类。近红外技术 NIR(Nearing Frared)具有测量信号数字化及分析过程绿色化的特点。目前文献所提供的近红外光谱方法在应用于肉质检测时,多采用漫反射光谱法,侯瑞锋通过近红外漫反射光谱法(NIRS)建立了挥发性盐基氮(TVB-N)的预测模型,并通过聚类分析方法对光谱数据进行了分类处理,实现对肉品的新鲜程度非破坏性、快速检测。Alomar 等人采用近红外光谱分析法 100% 正确区分了冷却肉与冷冻肉。Cozzolino 等人在 $200\sim2500$ nm 的可见近红外光谱范围内,分别对完整的猪肉表面颜色和绞碎后的猪肉颜色进行了研究,发现对于肉品的颜色 L、a 值都有着较好的预测。

2. 利用生物传感器检测肉品的新鲜度

生物传感器工作原理为被测样本与传感器相接触,传感器的导电性能发生变化,该导电性能变化的大小与被测样品的种类、浓度有关。柴春祥用电子鼻技术检测了猪肉在不同实验条件下挥发性成分的变化,发现电子鼻的响应信号随着猪肉的采集时间延长和保存温度的升高而增加,初步实验研究表明,可尝试用电子鼻技术检测肉品挥发性成分的变化来评价猪肉新鲜度的变化。顾赛麒等人采用电子鼻研究冷却猪肉在不同贮藏温度(-18 ℃、0 ℃、4 ℃、10 ℃、20 ℃)条件下新鲜度变化规律,结果表明:5 种温度条件下贮藏不同 时间肉样挥发性气味差异显著,且电子鼻检测数据与感官评分的结果相一致。

3. 利用计算机视觉技术检测肉品新鲜度

计算机视觉检测技术是利用图像传感器(一般采用高分辨率CCD)获取物体图像,然后将图像转换成数字图像,通过计算机模拟人的判别准则去理解和识别图像,用图像分析做出相应结论的实用技术。目前计算机视觉技术在食品分级处理中的研究很多,赵杰文等发明了一种牛肉胴体质量的计算机视觉检测装置,评定牛肉的大理石花纹、肉色和脂肪色及生理成熟度,最后综合以上评定信息给出所测牛肉的最终等级。孙永海等利用计算机视觉技术对冷却牛肉的新鲜度进行了分析研究,以所提取牛肉图像肌肉组织的统计颜色向量均值[H,S,I]作为输入,利用 3 层 BP 网络准确的新鲜度评价结果。脂肪是肉类腐败变质最快的成分之一,于瑞雪等通过研究了猪肉脂肪组织细胞结构在 氧化腐败过程中形态的特异变化,利用计算机图像处理技术提取细胞组织特征信息,进行了聚类和分类判,为猪肉新鲜度检测提供了一种新的辨识方法。与实验室方法相比,基于计算机视觉技术的肉品新鲜度评价方法对肉新鲜度的评价准确率更高,且没有烦琐试验过程,不对评价对象造成破坏,效率更高。

4. 新鲜度检测的智能检测系统

多传感器信息融合检测技术是一种模拟人类大脑功能,将来自人体各个器官(如眼、耳、口、鼻)的信息组合,最终得出对被测对象的评估的检测技术,是肉品新鲜度无损检测的发展方向,具有能获取多方面的信息且可提高信息准确度的优点。郭培源等构建了一套包括气体采集模块、图像采集模块、神经网络模块和 PC 计算机 4 个部分的肉品新鲜度智能检测装置。气体采集模块可以采集猪肉变质过程中释放的氨气和硫化氢气体;图像采集模块可以采集猪肉变质过程中特定元素的特征波长下的相对灰度值(H、S、I)特征信息,最后将猪肉变质过程中释放出的氨气和硫化氢以及相对灰度值(H、S、I),同时输入神经网络模块,经过多数据融合得到猪肉新鲜度的等级,为猪肉新鲜度的检测提供了一种有实用价值的方法。

附录五　食品中水分含量的测定

一、原理

食品中的水分一般是指在 100 ℃ 左右直接干燥的情况下,所失去的物质的总量。105 ℃ 直接法适用于测定在 95～105 ℃ 下,不含或含其他挥发性物质甚微的食品,如谷物及其制品、淀粉及其制品、调味品、水产品、豆制品、乳制品、肉制品。利用快速水分测定仪可快速测定食品中的含水量。

二、仪器设备

快速水分测定仪。

三、操作方法

(一)样品处理

固体样品需经磨碎、过筛、混匀。谷类样品过 18 目筛,其他食品过 30～40 目筛。在研磨过程中,要防止样品水分含量变化。一般水分在 14% 以下时称为安全水分,即在实验室条件下进行粉碎过筛等处理,水分含量一般不会发生变化。但要求动作迅速。制备好的样品存于干燥洁净的磨口瓶中备用。

半固体或浓稠态样品直接加热干燥,其表面易结硬壳焦化,使内部水分蒸发受阻,产生物理栅现象。在测定前,需加入精制海砂或无水硫酸钠,以增大蒸发面积。测定前,先准确称样,再加入已知质量的海砂或无水硫酸钠,搅拌均匀后待测。海砂量为样品质量的 1～2 倍。

液态样品直接置于高温加热,会因沸腾而造成样品损失,故需经低温浓缩后,再进行高温干燥。测定时先准确称样于已烘干至恒重的蒸发皿内,置于热水浴锅上蒸发至近干,再进行测定。

(二)参数设置

1.按“On/Off”键启动 MJ33 快速水分测定仪,预热 60 min。

2.按下“Menu”键以显示菜单(退出菜单选择“Exit”,可随时通过按下 HOME 键退出菜单);选择“Method parameters”菜单选项,按“Sel”调用方法参数(包括干燥温度、关机模式和显示模式)。

3.温度参数设置:按“∨”箭头键选择参数“Temperature”,并按“Edit”进行编辑,通过“＋”或“－”在 50～160 ℃ 之间更改温度;按 Enter 键确认新设置的温度参数。

4.关机模式设置:按“∨”箭头键选择参数“Switch-off mode”,并按“Edit”进行编辑,通过“∧”或“∨”选择“Auto”(自动关机模式)或“Timed”定时关机模式;自动关机模式在规定时间内平均失重低于预置值(1 mg/30 s)仪器就会自动结束干燥,定时关机模式可在 1～99 min 更改;按 Enter 键确认新设置的关机模式。

5.显示模式设置:按“∨”箭头键选择参数“Display mode”,并按“Edit”进行编辑;四种可选显示模式:g,以克为单位显示样品的质量,即在干燥过程中,以克单位连续显示当前质量;％MC,以湿重百分比形式显示样品的水分含量;％DC,以湿重百分比形式显示样品的固体含量;％AM,以干重百分比形式显示样品的水分含量;按 Enter 键确认新设置的显示模式。

6. 设置完所有参数后,重复按 Enter 键直到屏幕显示是否要保存更改结果,按"Yes"保存更改。保存方法参数后,水分测定仪立即使用新设置进行工作。

(三)样品测定

1. 按"On/Off"键启动仪器。

2. 打开干燥单元,将空样品盘置于样品盘取样器内。将样品盘取样器置于防风圈中,样品盘在取样器内必须平整。

3. 关闭干燥单元,然后内置天平被自动设定调零;去皮重后,状态画面提示将样品添加到样品盘中。

4. 打开干燥单元,将样品添加到样品盘中,确保均匀分布,必需的最小样品为 0.5 g,最适为 3～5 g。

5. 装入样品后,立即关闭干燥单元,仪器将自动干燥和测定。

6. 干燥进行时会连续更新和显示即时测定值;当干燥完成时,仪器会发出一个音频信号并且画面的底部反白显示,此时结果和时间保持在最终值;记录测定结果。

7. 打开干燥单元,小心从进样腔中取出样品盘取样器;待样品盘和样品冷却后,将样品盘从取样器内取出并进行清洁处理。

四、说明与注意事项

1. 选择一个安全、足够通风的地方,操作时应保持操作平面稳定且水平。

2. 干燥温度的选择要求不能分解也不会改变样品的化学结构。

3. 时间设置为自动模式时,当检测到 30 s 内样品失重小于 1 mg 时会自动停止;当手动设置加热时间时,则加热到设定的时间后自动停止加热,结束此次分析。

4. 样品质量影响测量时间及结果的重复性。建议样品质量在 3～5 g 为宜。

5. 测量之前确保样品在样品盘上放置均匀,同时避免堆积及数量过多。

6. 对糊状、含可溶性脂肪的样品,对液体样品,对易结壳样品,对含糖易焦的样品,应确保样品均匀地分布在样品盘上,采用较温和适宜的加热温度。必要时可利用玻璃纤维吸盘覆盖样品,使样品分布均匀。

7. 对包含溶剂或释放易燃或爆炸蒸汽的物质,应在空气干燥、温度足够低的环境下进行测试,防止起火或爆炸。要用 1 g 或 1 g 以下的小样品进行测试。

8. 对有毒物质,要在通风橱内进行干燥。

9. 对有腐蚀性的物质,因其产生的蒸汽会在水分分析仪部件上凝聚而导致腐蚀,故要以少量物质进行测试。

附录六　水分活度分析技术

一、原理

水分活度(Water Activity,简称 a_w,又称水活性,水活度)是一个平衡相对湿度 ERH,可近似等于食品在密封容器内的水蒸气压(P)与在相同温度下的纯水蒸气压(P_0)之比:

$$a_w = \frac{P}{P_0}$$

a_w 主要反映食品平衡状态下的自由水分的多少,反映食品的稳定性和微生物繁殖的可能性,以及能引起食品品质变化的化学、酶及物理变化的情况,常用于衡量微生物忍受干燥程度的能力。通过测量食品的水分活度来选择合理的包装和储藏方法,从而减少防腐剂的使用,还可以判断食品、粮食、果蔬的货架寿命。

水分活度计测定的原理是把被测食品置于密闭空间内,在恒温条件下,食品与周围空气的蒸气压达到平衡,此时,气体空间的水蒸气分压即可作为食品水蒸气压力的数值。同时,测定同样条件下纯水的蒸气压,利用上述公式,计算出食品的水分活度。

AquaLab 水活度仪利用冷镜露点技术来测定样品的 a_w。水活度仪使用露点技术——样品在密闭的样品室内达到与顶空平衡,而样品室中装有可以测定冷凝的镜子。在平衡状态下,空气的相对湿度室与样品的水分活度是一样的。AquaLab 内的镜子温度有热电冷却器(珀尔帖效应)精确控制,而初次出现冷凝的点可被光电探测元件精确地检测到。一束光射到镜子上就会被反射到一个光电探测元件上,当镜子上发生冷凝时光电探测器所感应的反射率发生改变,随后连接在镜子上的热点偶立即记录冷凝时的温度。此时,AquaLab 完成测定,会频闪或是发出"哔"声,同时显示样品的水活度和温度。

附图 1　AquaLab 水活度仪

二、仪器设备

水分活度仪(AquaLab Series)。

三、操作方法

(一)样品制备

一般来说,AquaLab 对大多数材料的样品测定均不会超过 5 min。但是,一些样品由于材料性质的不同,可能会需要较长时间。因此,对这些材料需进行特殊处理以保证样品测定的快速准确。

1. 有外皮和干燥的样品:外皮裹有糖衣及油脂的样品由于平衡时间久,所以所需测定时间长。对此类样品进行粉碎、切片或是研磨处理,处理后的样品由于表面积的增加,可缩短测定时间。

2. 水蒸发较慢的样品:一些极干燥的、高黏性的油包水型(黄油)、重油的,或是玻璃态组成的样品,由于它们吸湿特性,会增加测定时间。对这类食品来说,水活度的测定至少需要 10 min。为保证此类样品可以快速测定,测定时需注意保持样品室中的水活度低于或是等于这类产品。这可促使样品中的水分进入气相并形成样品室中的平衡。而如果样品室顶部空间的水分活度大于此类型样品,则达到平衡所需要时间会更长,a_w 的测定将受到影响。

(二)测定

1. 打开电源(power)开关,预热 40 min。

2. 将样品室开关旋钮旋至 OPEN/LOAD 处,打开样品室。

3. 将样品放入样品室,并检查样品盘的边缘,确保其整洁(边缘切勿遗留样品残渣,以免污染样品室)。

4. 缓慢关闭样品室,防止样品飞溅或渗漏而污染仪器。

5. 将样品室开关旋钮旋至 READ 处,密封样品盘,仪器将开始进行测定。

6. 测定完成,屏幕频闪,记录结果。

四、说明与注意事项

1. 样品制备时保证样品的均一性。

2. 将样品置于一次性样品盘中,确保平铺并完全覆盖于底部,并需确保样品盘的边缘及外部干净。

3. 样品不宜过多,一般不超过样品盘高度的 1/2。

4. 如果样品需进行多次测定,则需对样品盘进行加盖以免发生水分转移。

5. 读数完成后,立即将样品室中的样品取出,防止样品在仪器突然移动或震动时溢出污染样品室

6. 样品加入后切勿移动仪器,以免样品洒出污染样品室。

7. 在将液体样品放入或取出时,操作要缓慢,以免样品洒出污染样品室。

8. 温度较高的样品放入样品室前需进行冷却。如果放入样品室中的样品温度较样品室高 4 ℃,仪器会显示"Sample too hot(样品过热)"。此外,温度过高的样品可能会引起样品室中冷凝现象,因此测定结果会不准确。

9. 仪器测定环境温度应在 5～43 ℃之间。在此温度范围内,仪器对样品的测定更快速更准确。

10. 如果在进样时发现屏幕右上角显示"△"形状,需立即对上部镜像及样品室进行清洁后

再进行测定。

11. 如果样品水活度过低(低于 0.03),仪器由于样品过干不能准确测定则屏幕会闪亮"a_w <0.031",此时需结束测定;如果已知所测样品水活度比 0.031 大,那可能仪器的传感器被污染,此时需结束测定并立即进行清洁。

附录七　食品质构分析技术

一、原理

国际标准化组织(ISO)规定的食品质构是指"通过力学的、触觉的,还包括视觉的、听觉的方法能够感知的食品流变学特性的综合感觉";美国食品技术协会(IFT)委员会规定,"食品的质构是指眼睛、口中的豁膜及肌肉所感觉到的食品的性质,包括粗细、滑爽、颗粒感等"。

食品加工的目的之一就是经过适当处理,改变原料组织结构,进而改善其质构特性,以增加其实用性、商品性和感官性。食品质构特性是物理特性,主要是人通过接触而感觉到的主观感知。但感官评价中评价员的主观差异无法避免,实验结果的可靠性、可比性差。为了揭示质构的本质以及更准确地描述和控制食品质构,可以通过仪器和生理学方法测定质构特性。质构仪是用于客观评价食品品质的主要仪器,近年来在食品行业得到广泛应用。质构仪测试围绕着距离、时间、作用力三者进行测试和结果分析,以量化的指标反映与力学特性有关的食品质地特性。

二、质构仪介绍

(一)仪器构造

质构仪主要包括主机、专用软件、探头及附件。主机(见附图2)主要含有一个对样品产生变形作用的机械装置,样品台和力量感应源。借由摇臂上下移动,以稳定速度进行下压、穿透样品时,其受到的阻力通过力量感应源测量。质构仪配备的专用软件可对测试结果进行准确的数量化处理,赋予其质构指标的意义。

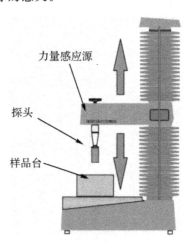

力量感应源

探头

样品台

附图2　质构仪

(二)测试常用指标

测试常用指标主要有:硬度(hardness)、酥脆性(fracturability)、弹性(springiness)、咀嚼度(chewiness)、坚实度(firmness)、韧性(toughness)、纤维强度(fibrousness)、黏着性

（gumminess）、胶着性（stickiness/tackiness）、粘聚性（cohesiveness）、屈服点（yieldpaint）、延展性（extension）、回复性（resilience）、凝胶强度（gel strength）等。

（三）常用探头

1. 柱形探头——提供一系列不同材质、大小的柱形探头，广泛应用于粮油制品、肉制品、乳制品、胶体等，通过穿刺或挤压，进行硬度、弹性、胶黏性、回复性的测试。

2. 锥形探头——通用45度锥形探头，通过穿刺，用于软滑质地的流体、半流体，例如果酱、冰淇淋、奶酪、黄油、肉糜等的稠度（consistence）与延展性（extension）测试。

3. 针形探头——尖端针刺型探头，以穿刺方式深入内部测试样品的质地。例如，测水果表皮硬度（Skin strength）、屈服点（yield point）或穿透（penetration），从而判断水果的成熟度。

4. 球形探头——不同材质、大小的球形及半球形探头，广泛应用于肉制品、乳制品、膨化食品、水果等，用于软固体如肉糜的强度（firmless）、弹性（springiness），固体食品如膨化食品的脆性（fracture），水果、奶酪的表面硬度（firmless）及胶黏性（stickiness）测试。

5. TA/LKB-切刀探头——用于切割较软质地样品，如面条、通心面，测试弹性（springiness）、柔软度（tenderness）、咀嚼性（chewiness），为AACC16—50标准测试面条、通心面的方法。

6. TA/BS-剪切探头——刃口装置包括 Warner Bratzler 切刀和斜口、直角切刀。测试样品受剪切、切断（cutting or shearing）时的应力变化，适用于测试面团的剪切强度（cutting strength）、韧性（toughness）等。

7. TA/100-压盘探头 ——可用于火腿肠等肉制品的硬度（hardness）、回复性（resilience）、弹性（springiness）的测试。

8. TA/BE-液体挤压探头——适用测试不同黏稠度的流体，适用于胶体溶液、油脂、奶油、黄油、酱料的黏度（stickiness）、稠度（consistency）、粘聚性（cohesiveness）等。

9. TA/DSC 面团黏性测试探头——主要用于测定面团的黏性（stickiness），可测试添加氧化剂、盐、乳化剂、酶等对样品的影响，也可适用于米糕等具有黏弹性样品的胶黏性（stickiness）测试。

10. Volodkevich 咬合探头——模拟人的牙齿咬穿食物的测试，测试样品的韧性（toughness）和嫩度（tenderness），并可对生熟蔬菜的纤维度进行测试。

三、实验模式

（一）压缩实验

压缩实验就是探头以测试前速度接近样品，当接触到样品时改用测试中速度对样品进行压缩，直到达到设定的目标位置，以测试后速度返回。其测试过程附图3所示：

下压——接触样品前 接触样品下压 到达目标位置，返回

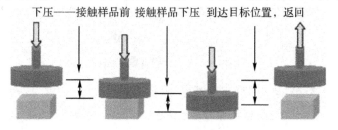

附图3　压缩实验测试过程

主要应用在面包与蛋糕类等烘焙制品的硬度、弹性、新鲜度测试；火腿及肉丸子等肉制品的硬度、弹性测试；苹果和草莓等果蔬类产品的坚实度、脆度和抗挤压能力测试。

图形分析压缩实验所得到的典型图形如附图4所示：

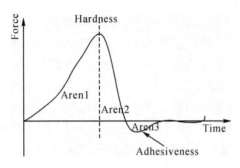

附图 4　压缩实验典型图形

从图中可以得到硬度、脆度、回复力、黏性等。其中，回复力 Resilience＝Area2/Area1。

(二)穿刺实验

穿刺实验就是探头穿过样品表面，继续穿刺到样品内部，达到设定的目标位置后返回。其测试过程如附图5所示：

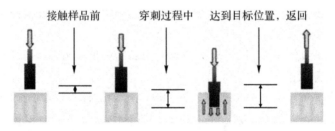

附图 5　穿刺实验测试过程

主要应用在苹果和梨子等果蔬类产品的表皮硬度、屈服点、果肉硬度、成熟度或新鲜度的测定；带馅料或夹层烘焙产品的内部馅料或夹层的质地测定；带包装火腿等肉制品的质地测定等

穿刺实验所得到的典型图形如附图 6 所示：

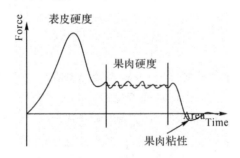

附图 6　穿刺实验典型图形

从图中可以得到表皮硬度、内部组织硬度、黏性等。

(三)剪切实验

剪切实验就是刀具对样品进行剪切，到目标位置后返回。其测试过程如附图 7。

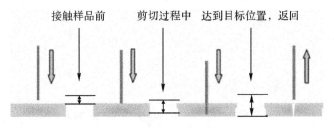

附图 7　剪切实验测试过程

主要应用于鱼肉与火腿等肉制品的嫩度、韧性和新鲜度的测定；蔬菜组织质地测定；面包、蛋糕等烘焙产品的表面硬度以及内部馅料、质地变化等

剪切实验所得到的典型图形如附图 8 所示：

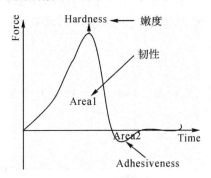

附图 8　穿刺实验典型图形

从图中我们可以得到样品的硬度、嫩度、韧性、黏性等。

(四)弯曲折断实验

弯曲折断实验就是探头对样品进行下压弯曲施力，直到样品受挤压断裂后返回。其测试过程如附图 9。

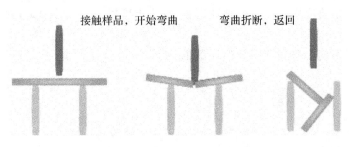

附图 9　弯曲实验测试过程

主要应用于硬质面包、饼干、巧克力棒等烘焙产品的断裂强度、脆度等质构的测定；黄瓜等蔬菜的新鲜度测定；糖果的硬度测定等。

弯曲实验的典型图形如附图 10 所示：

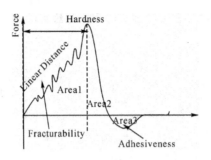

附图 10　弯曲实验典型图形

从图中可以得到样品的酥脆性、硬度、坚实度、回复力、黏性等质构特征。其中,酥脆性(Fracturability)用从起始位置到最大峰值点之间的线性距离(Linear Distance)表示;硬度(Hardness)用最大峰值点的力值表示;回复力(Resilience)用 Area2/Area1 表示;黏性(Adhesiveness)用 Area3 表示。

(五)拉伸实验

拉伸测试就是指将样品固定在设备上,用设备对样品进行向上拉伸,直到拉伸到设定距离后返回。其测试过程如附图 11 所示:

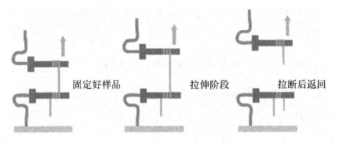

固定好样品　　　　拉伸阶段　　　　拉断后返回

附图 11　拉伸实验测试过程

拉伸实验模式主要应用于面条的弹性模数、抗张强度以及伸展性测试;面团的拉伸阻力和拉伸距离的测定。

拉伸实验所得到的典型测试图形如附图 12 所示:

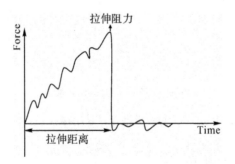

附图 12　弯曲实验典型图形

从图中可以得到拉伸阻力、拉伸距离等质构特性。其中拉伸阻力用图中力的最大峰值表示;拉伸距离用最大峰值对应的距离表示。

（六）TPA 实验

TPA 测试时探头的运行轨迹为：探头从起始位置开始，先以一实速度压向测试样品，接触到样品的表面后再以测试速度对样品进行压缩，压缩一定的距离之后返回到压缩的触发点，停留一段时间后继续向下压缩同样的距离，而后以测后速度返回到探头测前的位置。

TPA 实验的前提条件：样品必须有弹性；测中和测后速度保持一致；下压百分比≥75%；探头面积＞样品面积，P/36R 除外。

TPA 实验应用于烘焙类产品，如面包、蛋糕等，以及肉类制品，如火腿、肉丸子等。

TPA 实验所得到的典型测试图形如下附图 13 所示：

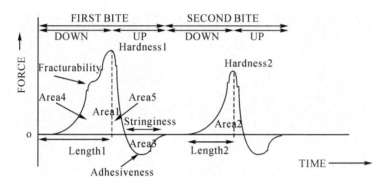

附图 13　弯曲实验典型图形

从图中可获得样品的九种物性：硬度（hardness）、脆性（fracturability）、粘连性（stringiness）、粘性（adhesiveness）、弹性（springiness）、内聚性（cohesiveness）、回复性（resilience）、胶黏性（gumminess）、咀嚼性（chewiness）。其中：

Springiness＝Length2/Length1，

Cohesiveness＝Area2 / Area1，

Resilience＝Area5/ Area4，

Gumminess＝Hardness × Cohesiveness，

Chewiness＝Gumminess × Springines。

四、测试流程

一个实验的基本流程是，首先了解实验对象和目的，然后据此选择实验方法，再进行实验前的准备（包括仪器和样品），开始实验，得到图形后，进行结果的分析处理。

以 TA 质构仪为例，实验需要设定以下项目：

1. Project Notes：记录此方法的标题叙述和注意事项。

2. T. A. Settings：设定 T. A. 的移动速度、距离、触发力量，以及复杂的重复测试顺序等。

3. Test Configuration：设定存贮档名、探头型号、标题叙述、附注，以及资料通道等其他设定。

4. Files：设定 Macro 档路径、结果档路径、报告档路径等。

5. Graph Preferences：设定显示图形 X、Y 轴的单位以及其他资料显示方式。

五、注意事项

1. 避免于潮湿、水蒸气之环境下操作，环境温度 0 ℃～40 ℃，湿度范围 0%～90%。

2.避免使力量感应源超过负荷。

3.安装探头时请注意适当的紧度。

4.探头用好请妥善保管,可以用布擦干净。

5.避免频繁的开关仪器。

6.依方法需做高度矫正及力量矫正。

附录八　面粉粉质分析技术

一、原理

测试面粉在粉质仪中加水后,利用同步电机使揉面钵的叶片旋转,进行揉合,随着面团的形成与衰变,其稠度不断变化,用测力计测量面团揉合时相应于稠度的阻力变化,并自动记录。由加水量及记录的揉合性能的粉质曲线计算测试面粉的吸水量,评价揉合面团形成时间、稳定时间、弱化度等特性,用以评价面团性能,推测其对面制品的影响。

二、仪器设备

1.粉质仪:又称面团阻力仪,结构见附图 14。它由调粉(揉面)器和动力测定计组成。

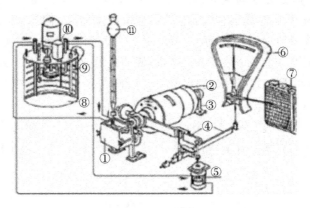

附图 14　粉质仪

①—搅拌槽　②—测力计　③—轴承　④—连杆　⑤—缓冲器　⑥—刻度盘　⑦—记录仪　⑧—恒温水槽
⑨—循环管　⑩—循环电机　⑪—滴管

2.天平:精度 0.1 g。

3.软塑料刮片。

4.滴定管:用于 300 g 揉面钵的起止刻度线为 135～225 mL,刻度间隔 0.2 mL,225 mL 排水时间不超过 20 s;用于 50 g 揉面钵的起止刻度线为 22.5～37.5 mL,刻度间隔为 0.2 mL 或 0.1 mL,37.5 mL 排水时间不超过 20 s。

三、操作方法

(一)水分测定

按 GB 5497—2013 测定待测面粉水分。

(二)仪器准备

1.打开恒温水浴和循环水开关,将揉面钵升温至(30±0.2) ℃,实验中应经常检查温度。

2.用一滴水润湿揉面器及刀面和后壁间的缝隙,开动揉面器,借助仪器左侧的零位调节器使测力计指针指到零位,如果指针零位偏差超过 5 粉质单位(FU),进一步清洗揉面钵或寻找其他原因,调整笔壁使记录笔在图纸的读纸与测力计指针读数一致,关停揉面器。

3. 用手抬起杠杆使记录笔停在1000 FU位置,松手放开杠杆,用秒表测量记录笔从1000 FU摆至100 FU的时间,测出时间应为(1.0±0.2)s,否则应调节油阻尼器连杆上的滚花螺帽。调节时按顺时针方向调节,可降低摆动速度,使曲线波带变窄;按反时针方向调节,可加快摆动速度,使曲线波带变宽。测定曲线峰值宽度以70~80 FU为宜。

4. 用(30±5)℃的蒸馏水注满滴定管。

(三)操作步骤

1. 根据所测面粉水分含量,称取质量相当于50 g或300 g含水量为14%的面粉样品,准确至0.1 g,取样方式推荐采用ISO13690。

2. 将样品倒入限选定的粉质仪揉面钵中,盖上盖(除短时间加蒸馏水和刮粘在内壁的碎面块外,实验中不要打开有机玻璃覆盖)。

3. 启动揉面器,将转速开关放在快速挡,放下记录笔,揉合1 min后打开覆盖,立即用滴定管自揉面钵右前角加水[加水量按能获得峰值中线于(500±20)FU的粉质曲线而定],蒸馏水必须在25 s内加完,盖上有机玻璃覆盖,用刮片将粉在揉面钵内壁的碎面块刮入面团(不停机)。面团揉合至形成峰值后,观察峰值是否在480~520 FU之间。否则,立即停止揉合,在清洗揉面钵后重新测定。峰值过高可增加水量,峰值过低则减少水量。应用50 g揉面钵,每改变峰值20 FU约相当于0.4 mL水;应用300 g揉面钵,每改变峰值20 FU约相当于2.1 mL水。

4. 如形成的峰值在480~520 FU之间,则继续揉合。一般小麦粉的曲线峰值在稳定一段时间后逐渐下降,在开始明显下降后,继续揉合12 min,实验结束。记录仪绘出粉质曲线(揉合全过程)。

四、数据处理

(一)吸水量

以14%水分为基础,每百克测试面粉在粉质仪中揉成最大黏度为500粉质单位(FU)的面团时所需的水量,以mL/100 g表示。如测定的最大黏度峰值中线不是准确处于500 FU线上,而在480~520 FU间,则需对实验过程加水量进行校正。

加水量校正按下面二式计算:

$$\text{采用50 g揉面钵:} V_c = V + 0.016(C - 500);$$
$$\text{采用300 g揉面钵:} V_c = V + 0.096(C - 500)。$$

式中:V_c——校正后的加水量(mL);

V——实际加水量(mL);

C——测定获得最大稠度的粉质曲线中线值FU,如出现双峰则取较高的峰值。

吸水量计算按下列公式:

$$\text{采用50 g揉面钵:吸水量(mL/100g)} = (V_c + m - 50) \times 2;$$
$$\text{采用300 g揉面钵:吸水量(mL/100g)} = (V_c + m - 300)/3。$$

式中:V_c——试样形成最大稠度为500 FU的面团时加入的水量或校正后的加水量(mL);

m——根据式样实际含水量计算出的实际称样量(g)。

双实验测定结果差值不超过 $1.0\,mL/100\,g$，以平均值作为结果，取小数点后 1 位数。

(二)粉质曲线分析

典型粉质曲线附图 15 如下：

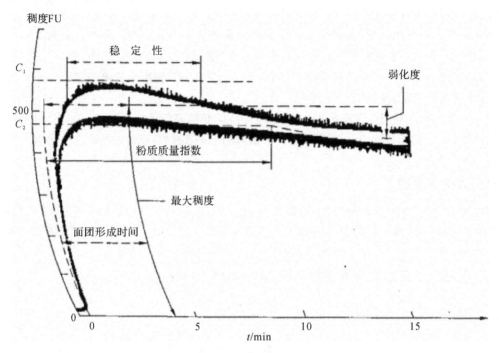

附图 15　典型粉质曲线

1.及线时间：搅拌开始到记录曲线和 500 FU 的纵轴线接触所需要的时间。它表示小麦蛋白质水合所需的时间，蛋白质含量越大，这个时间越长。

2.面团形成时间：从小麦面加水开始到粉质曲线达到和保持最大黏度所需要的时间，读数准确至 0.5 min，双实验测定结果差值不超过平均值的 25％，以平均值作为结果，取小数点后 1 位数。在少数情况下粉质曲线出现双峰，以第二个峰即将下降前的时间计算面团形成时间。

3.面团弱化度：从面团形成获得最大稠度时粉质曲线的中线值与面团稠度衰变至 12 min 时的粉质曲线的中线值的差值，称为弱化度，参见附图 15，以 FU 表示，读数准确至 5 FU。双实验测定结果差值不超过平均值的 20％，平均值作为测定结果，以平均值作为结果，取小数点后 1 位数。

4.面团稳定时间：面团揉合过程粉质曲线到达峰值前第一次与 500 FU 线相交，以后曲线下降第二次与 500 FU 线相交并离开此线，两个交点相应的时间差值称为稳定时间，以 min(分钟)表示，读数准确至 0.5 min。双实验测定结果差值不超过平均值的 25％，以平均值作为测定结果，取小数点后 1 位数。

5.断裂时间：曲线中值从开始加水至最大稠度下降 30 FU 处的时间。

6.粉质质量指数：沿时间坐标从加水点开始至中线最大稠度衰减 30 FU 点时的时间值乘以 10 来评价。

7.公差指数(耐力指数)：形成时间 5 min 后曲线中值与最大稠度值的差值，用 FU 表示。它表示面团在搅拌过程中的耐衰落性，与稳定性相似。

8.双实验测定结果差值如果超过以上各项目规定的范围，则重新测定。

五、说明与注意事项

(一)和面钵的清理

每次试验后,揉混器必须彻底清洁。为方便清洁,试验结束后应立刻进行清理,不能让面团在钵内变干。为方便清理,在试验结束后的面团内加入少量的干粉,进行短时间混合(大约 1 min 以内)。揉混器各零件都要用清洁温水和纱布(或细软毛刷)彻底擦洗,然后用干纱布擦干。用清洗时应保护零件,减少磨损。搅拌刀清洗完毕后,必须用干净棉布擦干,并在铜套、轴、键槽部位涂抹硅脂,保证润滑和防止生锈。

揉混器清理干净后,按下述步骤检查摩擦阻力:揉混器安装后空钵运转,运行测试系统,检查系统零值显示。加干粉运行时零点偏差(中值)不应该超过 20 FU。如果清洁后阻力较大,应重新清理。

(二)滴定管清理

滴定管内部表面应无油性物质。清洗时,推荐使用试验室专用清洗液。尽量避免使用腐蚀性较强的溶液。清洗液洗后用蒸馏水反复清洗滴定管,然后取下滴定管阀,用吸水纸吸干,备用。如果暂时不用,可以涂一层薄薄的凡士林。再用时要小心清洗滴定管。

(三)其他注意事项可参考国家标准 GB 14614—2006。

附录九　面团拉伸力分析

一、原理

在规定条件下用粉质仪将待测面粉、水和盐制备成为面团。从该面团中分出测试面块。将测试面团先后分别放在揉圆机构圆盘上旋转成球形,再将球形面团放在搓条机构上,使其搓成圆柱形标准形状。在恒温、恒湿醒发室内醒发一定时间后,进行拉伸试验,直至面团断裂为止。当拉面钩向下拉伸面团时,传感器自动记录面团延伸力度随时间的变化曲线,通过变送器将数据传输到计算机内。所得的负荷试验曲线图中的图形面积、长度等特征参数可以表征面团的物理特性。

二、仪器设备

1.粉质仪:详见附录八面粉粉质分析技术。

2.拉伸仪:由机座,揉圆机构,搓条机构,拉伸机构和数据记录系统组成。

主机部分见附图 16。

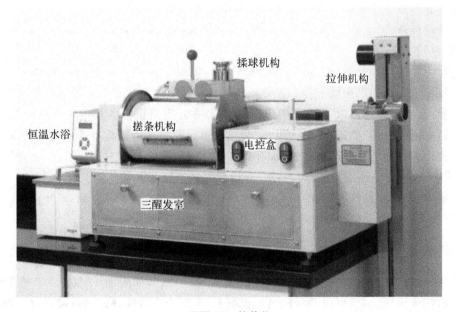

附图 16　拉伸仪

3.天平:精度 0.1 g。

4.软塑料刮片。

5.滴定管:用于 300 g 揉面钵的起止刻度线为 135～225 mL,刻度间隔 0.2 mL,225 mL 排水时间不超过 20 s;用于 50 g 面钵的起止刻度线为 22.5～37.5 mL,刻度间隔为 0.2 mL 或 0.1 mL,37.5 mL 排水时间不超过 20 s。

三、操作方法

1.根据试验用面粉的含水量,用精度为 0.1 g 的电子天平称取质量相当于 300 g 含水量为 14％的面粉样品(取样方法推荐采用 ISO13690),置粉质仪揉面钵中,揉面钵温度应严格控制在(30±0.2)℃的范围内。

2.将 6 g 纯氯化钠(NaCl)溶于烧杯中加入少许滴定管中的水搅匀,待制作面团用。其中较粉质试验的吸水率大致减少 2(按加水量计算约减少 6 mL),以补偿盐对面团吸水的影响。打开粉质程序,按照粉质试验的顺序:调零,加入样品,开始试验,1 min 后加入氯化钠溶液,然后继续加入滴定管中的水,直至规定的加水量。凡曲线均值 5 min 时达 480～520EU 稠度者就视为正确的吸水量,所形成的面团可以作为拉伸试验的合格样品,正确无误的粉质曲线用来作为面团形成的指导。

3.打开拉伸仪和水浴的电源开关;设定水浴温度,使拉伸仪的醒发箱温度稳定在(30±0.2)℃。打开拉伸仪软件。

4.当上述面团和好后,剪取两个 150g±0.5g 的面团(双试验)。把面团放入揉圆机构内,盖上配重按下控制箱左边绿色按钮启动揉圆;将面团夹放在搓条机构的角弧搁板上备用。

5.待揉圆停止后从揉圆机构内取出面团并放入搓条机构的挡面板内,再按下绿色按钮启动搓条;将搓出的面团条放到面团夹内夹住(尽量保持面团的形状),放入醒发箱左侧醒发室;同样的方法制作第二个面团。点击拉伸软件右边的定时器"启 1"。

6.点击拉伸软件"实验"里的"新建测试",输入实验的实验条件,点击"保存",输入文件名,再点击"保存"。

7.定时器报警后(45 min),点击软件"实验"里的"装入曲线",调出该实验样品;点击"测试",从醒发箱拿出对应的面团夹放到拉伸机构的面团夹托架上,按下控制箱右边绿色按钮进行拉伸试验,待面团拉断后取下面团夹,清理出面团放入揉圆机构内并重复 3 项操作;待拉伸运行停止后点击软件的"确定"。再次点击"测试",拿出第二个面团重复前面的拉伸试验操作,完成后点击拉伸软件的"确定"。点击"保存",在文件名和本样品相对应时点击"保存",再点击"是",完成 45 min 的双实验。

8.重复第 3～5 步操作,进行 90 min、135 min 实验。定时器"启 2""启 3"分别对应拉伸仪的中、右醒发室。

四、数据处理

通过拉伸仪软件可绘制负荷延伸曲线图(又名"拉伸图",如附图 17 所示),3 次测量结果可分别显示在 3 张图上,也可以显示在同一张图上,根据个人习惯在试验前可以自行设定。

从附图 17 中可获得以下几个特称参数,可表明测试面团的物理特性,通过这些特性可评定面粉的品质和用途。

1.最大拉伸阻力:曲线所得延伸曲线到达峰顶位置时对应的曲线高度,以两个测试面块的平均值计(两者之间的差值应不大于其平均值的 15％),表示为 Rm,单位为 EU。

2.拉伸阻力:曲线所得延伸曲线在水平到达 50 mm 位置时对应的曲线高度,以两个测试面块的平均值计(两者之间的差值应不大于其平均值的 15％),表示为 $R50$,单位为 EU。

3.延伸度:从拉面钩接触面团开始至面团被拉断,拉伸曲线横坐标的距离,以两个测试面块的平均值计(两者之间的差值应不大于其平均值的 9％)。表示为 E,单位为 cm。

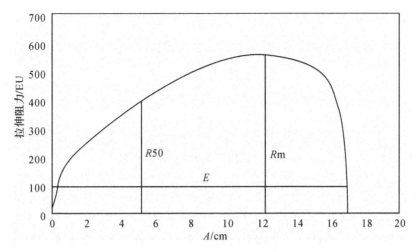

附图 17　负荷延伸测定曲线图

4.拉伸能量:面团拉伸曲线所包围的面积,表示为 A,单位为 cm^2。

5.拉伸比 50:即 50 mm 位置时对应的拉伸阻力与延伸度的比值 $R50/E$。

6.最大拉伸比:即最大拉伸阻力与延伸度的比值:Rm/E。

五、说明与注意事项

(一)面团制作

制作面团过程中,尽量少用手接触面团,并且尽量不让面团粘在手上,如果有必要,在接触面团之前,用少量的淀粉涂在手指上。在移动面团时,应尽快从机构上取下面团并安放到下一机构上。移动过程中严禁拉扯捏打面团,避免影响面团性能的多余操作。托架表面一般不需涂硅胶(或凡士林油)。如果面粉较粘,可在使用前少量薄层涂抹。

(二)清理

拉伸仪所有与面团接触的部位必须定期清理,如揉圆机构、面团夹具、底托架、搓条机构和拉伸钩等残留的面粉将影响测试结果。不可使用任何金属等硬质工具进行清理,应用湿软布进行清洁,以防伤及零件表面会影响测试结果。

(三)温度控制

揉圆机构、搓条机构和醒发室通过循环水浴保持恒定的温度。试验时确保有足够的水流通过。如果循环水流流速太低,一旦醒发室打开门之后,温度将迅速下降,当门关上之后,需要较长时间才能达到设定温度,影响测试结果。

(四)其他注意事项可参考国家标准 GB 14615—2006。

附录十　流变分析技术

一、原理

流变学(Rheology)是研究物质的流动和变形的科学,它与物质的组织结构有密切关系。食品流变学主要研究作用于物体上的应力和由此产生的应变规律,是力、变形和时间的函数。食品流变学研究的对象是食品物质。食品物质种类繁多,为了研究方便,食品流变学把食品物质按形态简单分成液态食品、半固态食品和固态食品。即把主要具有流体性质的食品物质归属于液态食品;主要具有固体性质的食品物质归属于固态食品;同时表现出固体性质和流体性质的食品物质归属于半固态食品。液体又可分为两大类。符合牛顿黏性定律的液体称之牛顿流体;不符合牛顿黏性定律的液体称之为非牛顿流体。把具有弹性的黏性流体归属于塑性流体。

食品流变学在食品物性学中占有非常重要的地位。食品流变性质对食品的运输、传送、加工工艺甚至人在咀嚼食品时的满足感等都起非常重要的作用。特别是在食品的烹饪、加工过程中,通过对流变性质的研究不仅能够了解食品组织结构的变化情况,而且还可以找出与加工过程有关的力学性质的变化规律,从而可以控制产品的质量,鉴别食品的优劣,还可以为工艺及设备的设计提供有关数据。

旋转流变仪可以进行稳定剪切测量或摆动剪切测量,稳定剪切测量可以分析样品的剪切黏度、剪切应力、流动曲线、黏度曲线等,摆动测量可以测量样品的模量、阻尼系数等,通过软件分析,可以得出该物质的分子量等重要性质、旋转流变仪用途广泛,在聚合物熔体、溶液、涂料、油墨、石油开采、食品、日用化学、制药等领域都是非常重要的研究手段,医学检查上常用的血流变测定也是根据稳定剪切原理的。还可以通过流变仪模拟流体在注射等成型过程中所受的应力和流体的变形,使得流变学成为研究高分子加工过程所必需的内容。

二、旋转式流变仪 ARG2 使用

(一)确认压缩空气

1.确保气源始终清洁,气压稳定。

2.打开空压机,或打开管道压缩空气阀门。

3.打开干燥过滤器上的开关(如果有的话)。确认气压达到规定值 30psi。

(二)确认循环水

1.将空气轴承底部黑色的保护盖卸下。此时转轴应该可以自由旋动了。

2.如果使用 Peltier Plate,打开循环水,确认水流正常循环。

(三)开机

1.打开流变仪控制箱电源,等待流变仪完成开机自检。

2.打开计算机。

3.打开流变仪控制软件(AR Instrument control),取得联机。

4.在画面上点选 Instrument Status Page ▮ AR Rheometer 便可以观察到仪器的状况显示。

(四)基本校正

1. 仪器惯量(Instrument Inertia)：由以下路径 Options＞Instrument＞Inertia。按校正"calibrate"向导进 6 行校正。

2. 轴承摩擦损失校正(Bearing Friction Correction)：由以下路径 Options＞Instrument＞Miscellaneous。按校正"Calibrate"向导进行校正。并确认勾选"Bearing Friction Correction"选项。

注意：仪器惯量校正和轴承摩擦校正可以定期一或两个月进行一次。

(五)安装夹具

1. 安装：将夹具连接在驱动轴底部，握住夹具，顺时针方向拧紧机头顶部的旋钮。通过 Geometry＞Open…打开已经建档的夹具档案，或是新建夹具档案 Geometry＞New…，并遵循向导指引进行。

2. 夹具惯量(Geometry Inertia)：由以下路径执行 Geometry Page 〔40mm 2° steel cone〕＞Settings ＞Geometry Inertia：Calibrate。

(六)间隙调零

间隙调零(Zero Gap)：由快捷工具栏执行 〔图标〕，或者由以下路径进行 Instrument＞Gap＞Zero Gap。

(七)温度补偿设置

间距温度补偿(Gap Temperature Compensation)：如果进行变温试验，需要进行此项设置。打开 Geometry Page＞〔40mm 2° steel cone〕 Settings 的"Gap Temperature Compensation"选择 Calibrate 进行校正。校正后在 Enable Correction 选项上打钩。

(八)Mapping

1. Rotational Mapping：由快捷工具栏执行 〔图标〕，或者打开 Instrument＞rotational mapping。根据实验需要选择 Bearing Mapping Type 和 Number of Iterations 数值。一般情况下选用 Standard 模式进行 2 次。如果测试的力矩范围低于 10μNm，或者测试 Creep 模式，选择 Precision 模式进行 2～3 次。

2. Oscillational Mapping：由以下路径执行：Instrument＞oscillational mapping。只有在连续控制应变模式(Continuous Controlled Strain Mode)进行动态测试低扭矩或者低应变时，才进行 Oscillational Mapping。

(九)设定方法

开启已建立方法档案，利用 Procedure＞Open 开启，新建实验方法可以通过 Procedure＞New 建立，也可进入 Procedure Page 〔Flow procedure〕进行编辑。每种实验方法可分为：前处理步骤，测试步骤和后处理步骤，测试步骤可以自定义添加和修改。

(十)样品和存档信息

样品和存档信息(Notes)：开启已建立样品档案利用 Notes＞Open，开启新建样品则利用

Notes＞New,利用 Notes Page ▣ Text (test-0000f) 输入有关样品和存档的信息。

(十一)加载样品

1.加载样品(Sample Loading):到达设定实验温度后,放置样品(如果是聚合物样品,等待样品熔融;如果是低黏度溶剂或溶液,使用吸管加样)。

2.调整间隙(Gap Closure):通过选择快捷键或者 ⊥↓ Instrument＞Gap＞Go to Geometry Gap 使夹具到达设定间隙,可以通过快捷键 ▲ ▼ 和仪器控制面板上的按键先进行粗调。调整间隙的方式有多种,在 Options＞Instrument＞Gap＞Sample Compression 中进行选择。一般选用 Normal Force 方式,数值设为 1 N。

3.修边:刮除多余溢出样品。可以先调整间隙到大于设定实验间隙的 5％,刮边,然后再到实验间隙,使样品在夹具边缘平齐略微外凸。

样品的加入量根据夹具而不同,可以参照 Geometry Page＞Settings＞Approximate Sample Volume 数值。

(十二)开始试验

开始实验(Experiment＞Run),或者利用左侧快捷键 ▶ 进行。

(十三)结束实验

1.抬升机头。

2.清理样品。

3.取下夹具。

(十四)关机

1.关掉 AR Instrument Control 控制软件。

2.关掉水浴。

3.关掉流变仪控制箱电源。

4.锁住轴承保护盖。

5.关掉气源。

三、说明及注意事项

1.确认压缩空气时,为了保证气流稳定,一般应在实验前提前半小时以上打开空压机和过滤器。

2.如果在轴承保护盖卸下的情况下气体供应断开,不要旋转轴承,以防轴承损坏。

3.如果使用循环水,要保证水干净无杂质,不要直接使用自来水。

4.仪器惯量校正和轴承摩擦校正可以定期一或两个月进行一次。

5.由于夹具热胀冷缩的物理特性,在进行间隙调零之前,必须先设置温度。

6.对于恒温试验,要先达到实验温度再进行调零;对于变温试验,设置温度到测试起点温度调零。

7.如果样品黏附力很强或者弹性很大,或者是有固化反应发生,应该先握住夹具旋松机头顶端的旋钮,再抬升机头,以防传感器过载。

附录十一　色差分析技术

一、原理

色差计又称为便携式色度仪、色彩分析仪、色彩色差计。色差计是一种简单的颜色偏差测试仪器,即制作一块模拟与人眼感色灵敏度相当的分光特性的滤光片,用它对样板进行测光,关键是设计这种感光器的分光灵敏度特性,并能在某种光源下通过电脑软件测定并显示出色差值。它是一种常规性用于科研和生产的仪器。根据色差计测色后显示的数据结果,进行如下分析:

ΔE 总色差的大小,$\Delta E = [(\Delta L) + (\Delta a) + (\Delta b)]1/2$;

$\Delta L = L$ 样品$-L$ 标准(明度差异);

$\Delta a = a$ 样品$-a$ 标准(红/绿差异);

$\Delta b = b$ 样品$-b$ 标准(黄/蓝差异);

$\Delta L +$ 表示偏白,$\Delta L -$ 表示偏黑;

$\Delta a +$ 表示偏红,$\Delta a -$ 表示偏绿;

$\Delta b +$ 表示偏黄,$\Delta b -$ 表示偏蓝。

二、色彩色差计(CR400)使用

(一)连接

确认数据处理器和测量探头的电源是否处于 OFF(O)状态。用配节 RS-232C 电缆,连接数据处理器和测量探头。

(二)开机

将电源开关滑向"I"侧。

(三)校正

按下 Calibrate 键,将测量探头垂直放在白色校正板上,然后按下 Measure Enter 按钮。确认数值与白色校正板中的数据相同。灯闪烁三次后完成校正,切换到测量页面。

(四)标准色的测量

按下 Target 键,将测量探头垂直放在标准色样品上,然后按下 Measure Enter 按钮。灯闪后测量标准色样品。测量完毕后,按下 Measure Enter 按钮。完成音响起,切换到测量页面。

(五)色差的测量

将测量探头垂直放在样品上,然后按下 Measure Enter 按钮。灯闪后对样品进行测量并显示色差结果。

如要继续测量其他标准色及色差,则重复上述"标准色的测量"之后的步骤。

如要更改显示页面,按下 Display 键。

附录十二　亚硝酸盐含量测定(离子色谱法)

一、原理

试样经沉淀蛋白质、除去脂肪后,采用相应的方法提取和净化,以氢氧化钾溶液为淋洗液,阴离子交换柱分离,电导检测器检测。以保留时间定性,外标法定量。

二、分析步骤

(一)试样预处理

1.新鲜蔬菜、水果:将试样用去离子水洗净,晾干后,取可食部分切碎混匀。将切碎的样品用四分法取适量,用食物粉碎机制成匀浆备用。如需加水应记录加水量。

2.肉类、蛋、水产及其制品:用四分法取适量或取全部,用食物粉碎机制成匀浆备用。

3.乳粉、豆奶粉、婴儿配方粉等固态乳制品(不包括干酪):将试样装入能够容纳 2 倍试样体积的带盖容器中,通过反复摇晃和颠倒容器使样品充分混匀直到使试样均一化。

4.发酵乳、乳、炼乳及其他液体乳制品:通过搅拌或反复摇晃和颠倒容器使试样充分混匀。

5.干酪:取适量的样品研磨成均匀的泥浆状。为避免水分损失,研磨过程中应避免产生过多的热量。

(二)提取

1.水果、蔬菜、鱼类、肉类、蛋类及其制品等:称取试样匀浆 5 g(精确至 0.01 g,可适当调整试样的取样量,以下相同),以 80 mL 水洗入 100 mL 容量瓶中,超声提取 30 min,每隔 5 min 振摇一次,保持固相完全分散。于 75 ℃水浴中放置 5 min,取出放置至室温,加水稀释至刻度。溶液经滤纸过滤后,取部分溶液于 10 000 r/min 离心 15 min,上清液备用。

2.腌鱼类、腌肉类及其他腌制品:称取试样匀浆 2 g(精确至 0.01 g),以 80 mL 水洗入 100 mL 容量瓶中,超声提取 30 min,每 5 min 振摇一次,保持固相完全分散。于 75 ℃水浴中放置 5 min,取出放置至室温,加水稀释至刻度。溶液经滤纸过滤后,取部分溶液于 10 000 r/min 离心 15 min,上清液备用。

3.乳:称取试样 10 g(精确至 0.01 g),置于 100 mL 容量瓶中,加水 80 mL,摇匀,超声 30 min,加入 3‰乙酸溶液 2 mL,于 4 ℃放置 20 min,取出放置至室温,加水稀释至刻度。溶液经滤纸过滤,取上清液备用。

4.乳粉:称取试样 2.5 g(精确至 0.01 g),置于 100 mL 容量瓶中,加水 80 mL,摇匀,超声 30 min,加入 3‰乙酸溶液 2 mL,于 4 ℃放置 20 min,取出放置至室温,加水稀释至刻度。溶液经滤纸过滤,取上清液备用。

5.取上述备用的上清液约 15 mL,通过 0.22 μm 水性滤膜针头滤器、C18 柱,弃去前面 3 mL(如果氯离子大于 100 mg/L,则需要依次通过针头滤器、C18 柱、Ag 柱和 Na 柱,弃去前面 7 mL),收集后面洗脱液待测。

(三)参考色谱条件

1.色谱柱:氢氧化物选择性,可兼容梯度洗脱的高容量阴离子交换柱,如 Dionex IonPac

AS11-HC4 mm×250 mm(带 IonPac AG11-HC 型保护柱 4 mm×50 mm),或性能相当的离子色谱柱。

2.淋洗液:一般试样,氢氧化钾溶液,浓度为 6～70 mmol/L;洗脱梯度为 6 mmol/L 30 min,70mmol/L 5 min,6 mmol/L 5 min;流速 1.0 mL/min。

粉状婴幼儿配方食品:氢氧化钾溶液,浓度为 5～50 mmol/L;洗脱梯度为 5 mmol/L 33min,50 mmol/L 5min,5 mmol/L 5 min;流速 1.3 mL/min。

3.抑制器:连续自动再生膜阴离子抑制器或等效抑制装置。

4.检测器:电导检测器,检测池温度为 35 ℃。

5.进样体积:50 μL(可根据试样中被测离子含量进行调整)。

(四)测定

1.标准曲线

移取亚硝酸盐和硝酸盐混合标准使用液,加水稀释,制成系列标准溶液,含亚硝酸根离子质量浓度为 0.00 mg/L、0.02 mg/L、0.04 mg/L、0.06 mg/L、0.08 mg/L、0.10 mg/L、0.15 mg/L、0.20 mg/L;硝酸根离子质量浓度为 0.0 mg/L、0.2 mg/L、0.4 mg/L、0.6 mg/L、0.8 mg/L、1.0 mg/L、1.5 mg/L、2.0 mg/L 的混合标准溶液,从低到高浓度依次进样。以亚硝酸根离子或硝酸根离子的质量浓度(mg/L)为横坐标,以峰高(μS)或峰面积为纵坐标,绘制标准曲线或计算线性回归方程。

2.样品测定

分别吸取空白和试样溶液 50 μL,在相同工作条件下,依次注入离子色谱仪中,记录色谱图。根据保留时间定性,分别测量空白和样品的峰高(μS)或峰面积。

三、结果计算

试样中亚硝酸盐(以 NO_2^- 计)或硝酸盐(以 NO_3^- 计)含量按下式计算:

$$x = \frac{(c - c_0) \times V \times f \times 1000}{m \times 1000}$$

式中:x——试样中亚硝酸根离子或硝酸根离子的含量,单位为毫克每千克(mg/kg);

c——测定用试样溶液中的亚硝酸根离子或硝酸根离子浓度,单位为毫克每升(mg/L);

c_0——试剂空白液中亚硝酸根离子或硝酸根离子的质量浓度,单位为毫克每升(mg/L);

V——试样溶液体积,单位为毫升(mL);

f——试样溶液稀释倍数;

m——试样取样量,单位为克(g)。

说明:试样中测得的亚硝酸根离子含量乘以换算系数 1.5,即得亚硝酸盐(按亚硝酸钠计)含量;试样中测得的硝酸根离子含量乘以换算系数 1.37,即得硝酸盐(按硝酸钠计)含量。

以重复性条件下获得的两次独立测定结果的算术平均值表示,结果保留两位有效数字。

附录十三　可溶性固形物含量测定

一、原理

利用手持式折光仪测定果蔬中的总可溶性固形物（Total Soluble Solid，TSS）含量，可大致表示果蔬的含糖量。可溶性固形物主要是指可溶性糖类，包括单糖、双糖、多糖（除淀粉、纤维素、几丁质、半纤维素不溶于水），我们喝的果汁一般糖都在 100 g/L 以上（以葡萄糖计），主要是蔗糖、葡萄糖和果糖，可溶性固形物含量可以达到 9% 左右。

光线从一种介质进入另一种介质时会产生折射现象，且入射角正弦之比恒为定值，此比值称为折光率。果蔬汁液中可溶性固形物含量与折光率在一定条件下（同一温度、压力）成正比例，故测定果蔬汁液的折光率，可求出果蔬汁液的浓度（含糖量的多少）。由于果蔬汁液中除糖以外，有机酸含量也很可观，并且含有果胶、单宁、无机盐等可溶性物质，故用手持糖度计测定的其实是可溶性固形物的含量。通过测定果蔬可溶性固形物含量（含糖量），可了解果蔬的品质，大约估计果实的成熟度。常用的测定可溶性固形物的仪器是手持式折光仪，也称糖镜、手持式糖度计，该仪器的构造如附图 18 所示。

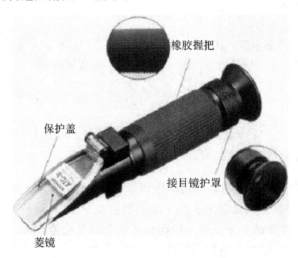

橡胶握把

保护盖

接目镜护罩

菱镜

附图 18　手持式折光仪

二、仪器设备

折光计：测量范围 0～80%，精确度 ±0.1%。

三、操作方法

(一)样品处理

透明液体饮料：将试样充分混匀，直接测定；半黏稠制品（果蔬浆类）：将试样充分混匀，用四层纱布挤出滤液，弃去最初几滴，收集滤液供测试用；含悬浮物质制品（含果粒饮料）：将待测样品置于组织捣碎机中捣碎，用四层纱布挤出滤液，弃去最初几滴，收集滤液供测试用。

（二）样品测定

测定前按说明书校正折光计。分开折光计两面棱镜，用脱脂棉蘸乙醚或乙醇擦净。用末端熔圆之玻璃棒蘸取处理后之样品 2～3 滴,滴于折光计棱镜面中央（注意勿使玻璃棒触及镜面）。迅速闭合棱镜,静置约 1 min,使样品均匀无气泡,并充满视野。对准光源,通过目镜观察接物镜。调节指示规,使视野分成明暗两部分,再旋转微调螺旋,使明暗界限清晰,并使其分界线恰在接物镜的十字交叉点上。读取目镜视野中的百分数或折光率,并记录棱镜温度。如目镜读数标尺刻度为百分数,即为可溶性固形物的百分含量;如目镜读数标尺为折光率,可换算为可溶性固形物百分含量。

四、说明与注意事项

1. 对于黏稠、浑浊的样品,必须进行过滤,避免不溶性物质的影响。

2. 同一样品两次测定值之差,不得超过 0.5%。

3. 手持式折光仪使用前需校正;使用中,必须细心谨慎,严格按说明使用,不得任意松动仪器各连接部分,不得跌落、碰撞、严禁发生剧烈震动。

4. 使用完毕后,严禁直接放入水中清洗,应用干净柔软绒布沾水擦拭干净,对于光学零件表面,不应碰伤、划伤。

5. 仪器应存放于干燥、无灰尘、无油污和无酸等腐蚀气体的地方,以免光学零件腐蚀或生霉。

附录十四　总酸测定

一、原理

用标准碱液滴定食品中的有机弱酸时,有机弱酸被中和生成盐类。采用 pH 计显示滴定终点,根据所消耗的标准碱液的浓度和体积,计算出样品中酸的含量。

二、主要试剂

1. NaOH 标准溶液(0.1 mol/L,使用前标定);
2. pH＝6.86 和 pH＝9.18 标准缓冲溶液;
3. 酚酞指示剂:称取 1 g 酚酞溶于适量乙醇中,再稀释为 100 mL。

三、仪器设备

1. 碱式滴定管;
2. 移液管;
3. 磁力搅拌器;
4. pH 计。

四、操作方法

(一)氢氧化钠标准溶液的配制与标定

1. 氢氧化钠标准溶液 $c(NaOH)＝0.1$ mol/L 配制:吸取 5.6 mL 澄清的氢氧化钠饱和溶液,加入适量新煮沸的冷水至 1000 mL,摇匀。

2. 标定:准确称取约 0.6 g 在 105～110 ℃ 干燥至恒重的基准邻苯二甲酸氢钾,加 30 mL 新煮沸过的冷水,溶解完全后滴加 2 滴酚酞指示剂;然后用 0.1 mol/L 的氢氧化钠标准溶液滴定至溶液呈粉红色,0.5 min 不褪色。重复 3 次,并做空白试验。

3. 计算:

$$c = \frac{m}{(V_1 - V_2) \times 0.204\ 2}$$

式中:c——氢氧化钠标准溶液的实际浓度,mol/L;

m——基准邻苯二甲酸氢钾的质量,g;

V_1——氢氧化钠标准溶液的用量,mL;

V_2——空白实验中氢氧化钠标准溶液的用量,mL;

0.204 2——邻苯二甲酸氢钾($KHC_8H_4O_4$)的毫摩尔质量,g/mmol。

(二)pH 计预热与校正

将 pH 计接通电源,预热 10 min,用 pH 6.86 和 pH 9.18 标准缓冲溶液校正电极并将仪器定位。

(三)滴定

取 5～10 mL 混匀样品与 100 mL 烧杯中,加入 20 mL 无 CO_2 去离子水待用。将烧杯置于磁力搅拌器上,电极插入烧杯试样中适当位置,打开搅拌开关,待 pH 读数稳定后读数记录并开始滴定。用 0.05 mol/L NaOH 标准溶液滴定至 pH8.2,记录消耗的 0.1 mol/L NaOH 标准溶液的体积。

(四)空白对照

用等体积水替代样品,重复上述滴定步骤,记录消耗 0.1 mol/L NaOH 标准溶液的体积。

五、结果计算

$$总酸度(g/100g) = \frac{c \times (V_1 - V_2) \times K \times N}{m} \times 100$$

式中:c——NaOH 标准溶液的浓度,mol/L;

V_1 滴定试样时消耗 NaOH 标准溶液的体积,L;

V_2 空白对照时消耗 NaOH 标准溶液的体积,L;

m——样品的质量,g;

N——稀释倍数;

K——换算成适当酸的系数,其中苹果酸为 0.067 g/mol,乙酸为 0.060 g/mol,酒石酸为 0.075 g/mol,乳酸为 0.090 g/mol,柠檬酸(含 1 分子水)为 0.070 g/mol,盐酸为 0.036 g/mol,磷酸为 0.059 g/mol。

六、说明与注意事项

1. 氢氧化钠易潮解且经常含有一定量不可溶解的碳酸钠,因此氢氧化钠标准溶液必须用标准的酸进行标定。

2. 对于颜色较深的样品,宜用 pH 计显示终点。对于颜色较浅的样品,可使用酚酞作指示剂显示终点,防止 30 s 不褪色即为滴定终点。

3. 滴定速度要慢而均匀直到接近终点,最后以滴状加入,直至滴定到终点。

4. 同一样品,两次测定结果之差,不得超过两次测定平均值 2%。

附录十五 pH 值测定

一、原理

pH,即有效酸度,是指被测溶液中 H^+ 的浓度,或是说溶液中 H^+ 的活度。所反映的是已解离的那部分酸的浓度。pH 的大小不仅取决于酸的数量和性质,还受食品中缓冲物质的影响。其大小可以用酸度计(pH 计)来测定。pH 计利用电极在不同溶液中所产生的点位变化来测定溶液的 pH,结果较精确。玻璃电极作为指示电极,饱和甘汞电极作参比电极,同浸于溶液中形成原电池。其中参比电极的电位不变,指示电极所显示的电位随溶液中氢离子的浓度改变而变化。两电极之间产生电位差,其大小与溶液 pH 有直接关系。因此,电位法测定 pH 值的基本原理,是基于由水溶液和电极组成的原电池的电动势与 pH 值的规律,即在 25 ℃ 时,每当电池的电动势变化 0.059 V 时,pH 值就变化一个单位。

利用 pH 计测量电动势并直接以 pH 表示,可直接读出样液 pH。

二、主要试剂

1. pH 1.68(20 ℃)标准缓冲溶液。

2. pH 4.01(20 ℃)标准缓冲溶液。

3. pH 6.88(20 ℃)标准缓冲溶液。

4. pH 9.23(20 ℃)标准缓冲溶液。

三、仪器设备

1. pH 计;

2. 磁力搅拌器;

3. 移液管;

4. 高速组织捣碎机。

四、操作方法

(一)样品处理

1. 一般液体样品(如牛乳、不含 CO_2 的果汁、酒等):摇匀后可直接取样测定。

2. 含 CO_2 的液体样品(如碳酸饮料、啤酒等):将样品置于 40 ℃ 水浴上解热 30 min,去除 CO_2,冷却后备用。

3. 果蔬样品:将果蔬样品榨汁后,取果汁直接进行 pH 测定。对于果蔬干制品,取适量样品加数倍的无 CO_2 蒸馏水,水浴加热 30 min,再捣碎、过滤,取滤液进行测定。

4. 肉类制品:称取 20 g 已去除油脂并捣碎的样品于 250 mL 锥形瓶中,加入 100 mL 无 CO_2 蒸馏水,浸泡 15 min,并随时摇动,过滤后取滤液测定。

5. 鱼类等水产品:称取 10 g 切碎样品,加入 100 mL 无 CO_2 蒸馏水,浸泡 30 min,并随时摇动,过滤后取滤液测定。

6.皮蛋等蛋制品:皮蛋洗净剥壳,按蛋:水为 2:1 的比例加入无 CO_2 蒸馏水,于组织捣碎机中捣成匀浆。再称取 15 g(相当于 10 g 样品),加入无 CO_2 蒸馏水至 150 mL,搅匀,过滤后取滤液测定。

7.罐头制品(液固混合样品):将样品沥掉汁液,取浆汁液测定;或将液固样品混合捣碎成浆状后,取浆状物测定。如有油脂,则应先分出油脂再测定。

8.含油及油浸样品:先分离出油脂,再把固形物经组织捣碎机捣成浆状,必要时加入少量无 CO_2 蒸馏水(20 mL/100 g 样品)搅匀后,进行 pH 测定。

(二)pH 计校正

1.打开电源,预热 30 min,连接电极。

2.选择两个标准缓冲溶液,用其中一个对仪器定位;选用仪器"pH"档,将清洗干净的电极浸入欲测标准 pH 缓冲溶液中,按下测量按钮,转动定位调节旋钮,使仪器显示的 pH 值稳定在该标准缓冲溶液 pH 值。

3.松开测量按钮,取出电极,用蒸馏水冲洗几次,小心用滤纸吸去电极上水液。

4.将电极置于另一个标准缓冲溶液中,调节斜率旋钮(如果没设斜率旋钮,可使用温度补偿旋钮调节),使仪器显示的 pH 读数至该标准缓冲溶液的 pH 值。

5.松开测量按钮,取出电极,用蒸馏水冲洗几次,小心用滤纸吸去电极上水液;再放入第一次测量的标准缓冲溶液中,按下测量按钮,其读数与该试液的 pH 值相差至多不超过 0.05pH 单位,表明仪器和玻璃电极的响应特性均良好。往往要反复测量、反复调节几次,才能使测量系统达到最佳状态。

(三)样品 pH 值测定

用无 CO_2 蒸馏水淋洗电极,并用滤纸吸干。将洗干净的电极置于欲测试样溶液中,按下测量按钮,读取稳定 pH 值,记录。松开测量按钮,取出电极,冲洗净后,将电极浸泡在蒸馏水中。

五、说明与注意事项

1.玻璃电极的玻璃球膜壁薄易碎,使用时应特别小心。

2.选用 pH 与待测样液 pH 相近的标准缓冲液校正仪器。

3.仪器一经标定,定位和斜率不得随意触动,否则需重新标定。

附录十六　重金属含量测定

第一部分　食品中铅的测定
第一法　石墨炉原子吸收光谱法

一、原理

铅是食品重金属污染中最严重问题之一,我国食品中铅的含量普遍偏高现象,已逐渐成为食品安全的热点问题。铅进入人体后约 90% 的铅蓄积在骨骼系统,其他存在于血液中。此外,铅的毒性持续时间比较长,最长时间高达 10 年,且不容易从人类身体中排除出去。食品中铅污染的主要来源包括:食品容器和包装材料,工业三废和汽油燃烧,含铅农药(如砷酸铅等)的使用,含铅的食品添加剂或加工助剂的使用等。

试样经灰化或酸消解后,注入原子吸收分光光度计石墨炉中,电热原子化后吸收 283.3 nm 共振线,在一定浓度范围,其吸收值与铅含量成正比,与标准系列比较定量。本方法适用于食品中铅的测定。

二、主要试剂

1. 硝酸:优级纯。
2. 过硫酸铵。
3. 过氧化氢(30%)。
4. 高氯酸:优级纯。
5. 硝酸(50%):取 50 mL 硝酸慢慢加入 50 mL 水中。
6. 硝酸(0.5 mol/L):取 3.2 mL 硝酸加入 50 mL 水中,稀释至 100 mL。
7. 硝酸(1 mol/L):取 6.4 mL 硝酸加入 50 mL 水中,稀释至 100 mL。
8. 磷酸二氢铵溶液(20 g/L):称取 2.0 g 磷酸二氢铵,以水溶解稀释至 100 mL。
9. 混合酸:硝酸十高氯酸(9+1)。取 9 份硝酸与 1 份高氯酸混合。
10. 铅标准储备液:准确称取 1.000 g 金属铅(99.99%),分次加少量硝酸,加热溶解,总量不超过 37 mL,移入 1000 mL 容量瓶,加水至刻度。混匀。此溶液每毫升含 1.0 mg 铅。
11. 铅标准使用液:每次吸取铅标准储备液 1.0 mL 于 100 mL 容量瓶中,加硝酸至刻度。如此经多次稀释成每毫升含 10.0 ng,20.0 ng,40.0 ng,60.0 ng,80.0 ng 铅的标准使用液。

三、仪器设备

1. 原子吸收光谱仪,附石墨炉及铅空心阴极灯。
2. 马弗炉。
3. 天平:感量为 1 mg。
4. 干燥恒温箱。
5. 瓷坩埚。
6. 压力消解器、压力消解罐或压力溶弹。

四、操作方法

(一)试样预处理

在采样和制备过程中,应注意不使试样污染。

1.粮食、豆类去杂物后,磨碎,过 20 目筛,储于塑料瓶中,保存备用。

2.蔬菜、水果、鱼类、肉类及蛋类等水分含量高的鲜样,用食品加工机或匀浆机打成匀浆,储于塑料瓶中,保存备用。

(二)试样消解(可根据实验室条件选用以下任何一种方法消解)

1.压力消解罐消解法:称取 1～2 g 试样(精确到 0.001 g,干样、含脂肪高的试样<1 g,鲜样<2 g 或按压力消解罐使用说明书称取试样)于聚四氟乙烯内罐,加硝酸(4.1)2～4 mL 浸泡过夜。再加过氧化氢(4.3)2～3 mL(总量不能超过罐容积的 1/3)。盖好内盖,旋紧不锈钢外套,放入恒温干燥箱,120 ℃～140 ℃保持 3～4 h,在箱内自然冷却至室温,用滴管将消化液洗入或过滤入(视消化后试样的盐分而定)10～25 mL 容量瓶中,用水少量多次洗涤罐,洗液合并于容量瓶中并定容至刻度,混匀备用;同时作试剂空白。

2.干法灰化:称取 1～5 g 试样(精确到 0.001 g,根据铅含量而定)于瓷坩埚中,先小火在可调式电热板上炭化至无烟,移入马弗炉 500 ℃±25 ℃灰化 6～8 h,冷却。若个别试样灰化不彻底,则加 1 mL 混合酸在可调式电炉上小火加热,反复多次直到消化完全,放冷,用硝酸将灰分溶解,用滴管将试样消化液洗入或过滤入(视消化后试样的盐分而定)10 mL～25 mL 容量瓶中,用水少量多次洗涤瓷坩埚,洗液合并于容量瓶中并定容至刻度,混匀备用;同时作试剂空白。

3.过硫酸铵灰化法:称取 1～5 g 试样(精确到 0.001 g)于瓷坩埚中,加 2～4 mL 硝酸浸泡 1 h 以上,先小火炭化,冷却后加 2.00～3.00 g 过硫酸铵盖于上面,继续炭化至不冒烟,转入马弗炉,(500±25)℃恒温 2 h,再升至 800 ℃,保持 20 min,冷却,加 2～3 mL 硝酸,用滴管将试样消化液洗入或过滤入(视消化后试样的盐分而定)10～25 mL 容量瓶中,用水少量多次洗涤瓷坩埚,洗液合并于容量瓶中并定容至刻度,混匀备用;同时作试剂空白。

4.湿式消解法:称取试样 1～5 g(精确到 0.001 g)于锥形瓶或高脚烧杯中,放数粒玻璃珠,加 10 mL 混合酸,加盖浸泡过夜,加一小漏斗于电炉上消解,若变棕黑色,再加混合酸,直至冒白烟,消化液呈无色透明或略带黄色,放冷,用滴管将试样消化液洗入或过滤入(视消化后试样的盐分而定)10～25 mL 容量瓶中,用水少量多次洗涤锥形瓶或高脚烧杯,洗液合并于容量瓶中并定容至刻度,混匀备用;同时作试剂空白。

(三)测定

1.仪器条件:根据各自仪器性能调至最佳状态。参考条件为波长 283.3 nm,狭缝 0.2～1.0 nm,灯电流 5～7 mA,干燥温度 120 ℃,20 s;灰化温度 450 ℃,持续 15～20 s,原子化温度:1700～2300 ℃,持续 4～5 s,背景校正为氘灯或塞曼效应。

2.标准曲线绘制:吸取上面配制的铅标准使用液 10.0 ng/mL(或 μg/L),20.0 ng/mL(或 μg/L),40.0 ng/mL(或 μg/L),60.0 ng/mL(或 μg/L),80.0 ng/mL(或 μg/L)各 10 μL,注入石墨炉,测得其吸光值并求得吸光值与浓度关系的一元线性回归方程。

3.试样测定:分别吸取样液和试剂空白液各 10 μL,注入石墨炉,测得其吸光值,代入标准系列的一元线性回归方程中求得样液中铅含量。

4.基体改进剂的使用:对有干扰试样,则注入适量的基体改进剂磷酸二氢铵溶液(一般为 5 μL 或与试样同量)消除干扰。绘制铅标准曲线时也要加入与试样测定时等量的基体改进剂磷酸二氢铵溶液。

五、结果计算

试样中铅含量按下式进行计算。

$$X = [(c_1 - c_0) \times V \times 1000] / [m \times 1000 \times 1000]$$

式中:X——试样中铅含量,单位为毫克每千克或毫克每升(mg/kg 或 mg/L);

c_1——测定样液中铅含量,单位为纳克每毫升(ng/mL);

c_0——空白液中铅含量,单位为纳克每毫升(ng/mL);

V——试样消化液定量总体积,单位为毫升(mL);

m——试样质量或体积,单位为克或毫升(g 或 mL)。

以重复性条件下获得的两次独立测定结果的算术平均值表示,结果保留两位有效数字。

六、说明与注意事项

在重复性条件下获得的两次独立测定结果的绝对差值不得超过算术平均值的 20%。

第二法 二硫腙比色法

一、原理

试样经消化后,在 pH 8.5~9.0 时,铅离子与二硫腙生成红色络合物,溶于三氯甲烷。加入柠檬铵、氰化钾和盐酸羟胺等,防止铁、铜、锌等离子干扰,与标准系列比较定量。

二、主要试剂

1. 氨水(1+1)。

2.盐酸(1+1):量取 100 mL 盐酸,加入 100 mL 水中。

3.酚红指示液(1 g/L):称取 0.10 g 酚红,用少量多次乙醇溶解后移入 100 mL 容量瓶中并定容至刻度。

4.盐酸羟胺溶液(200 g/L):称取 20.0 g 盐酸羟胺,加水溶解至 50 mL,加 2 滴酚红指示液,加氨水(1+1),调 pH 至 8.5~9.0(由黄变红,再多加 2 滴),用二硫腙-三氯甲烷溶液提取至三氯甲烷层绿色不变为止,再用三氯甲烷洗二次,弃去三氯甲烷层,水层加盐酸(1+1)至呈酸性,加水至 100 mL。

5.柠檬酸铵溶液(200 g/L):称取 50 g 柠檬酸铵,溶于 100 mL 水中,加 2 滴酚红指示液,加氨水,调 pH 至 8.5~9.0,用二硫腙-三氯甲烷溶液提取数次,每次 10~20 mL,至三氯甲烷层绿色不变为止,弃去三氯甲烷层,再用三氯甲烷洗二次,每次 5 mL,弃去三氯甲烷层,加水稀释至 250 mL。

6.氰化钾溶液(100 g/L):称取 10.0 g 氰化钾,用水溶解后稀释至 100 mL。

7.三氯甲烷:不应含氧化物。

检查方法:量取 10 mL 三氯甲烷,加 25 mL 新煮沸过的水,振摇 3 min,静置分层后,取 10 mL 水溶液,加数滴碘化钾溶液(150 g/L)及淀粉指示液,振摇后应不显蓝色。

处理方法:于三氯甲烷中加入 1/10~1/20 体积的硫代硫酸钠溶液(200 g/L)洗涤,再用水洗后加入少量无水氯化钙脱水后进行蒸馏,弃去最初及最后的十分之一馏出液,收集中间馏出液备用。

8.淀粉指示液:称取 0.5 g 可溶性淀粉,加 5 mL 水搅匀后,慢慢倒入 100 mL 沸水中,边倒边搅拌,煮沸,放冷备用,临用时配制。

9. 硝酸(1+99):量取 1 mL 硝酸,加入 99 mL 水中。

10.二硫腙-三氯甲烷溶液(0.5 g/L):保存冰箱中,必要时用下述方法纯化。称取 0.5 g 研细的二硫腙,溶于 50 mL 三氯甲烷中,如不全溶,可用滤纸过滤于 250 mL 分液漏斗中,用氨水(1+99)提取三次,每次 100 mL,将提取液用棉花过滤至 500 mL 分液漏斗中,用盐酸(1+1)调至酸性,将沉淀出的二硫腙用三氯甲烷提取 2~3 次,每次 20 mL,合并三氯甲烷层,用等量水洗涤 2 次,弃去洗涤液,在 50 ℃ 水浴上蒸去三氯甲烷。精制的二硫腙置硫酸干燥器中,干燥备用。或将沉淀出的二硫腙用 200 mL,200 mL,100 mL 三氯甲烷提取三次,合并三氯甲烷层为二硫腙溶液。

11.二硫腙使用液:吸取 1.0 mL 二硫腙溶液,加三氯甲烷至 10 mL,混匀。用 1 cm 比色杯,以三氯甲烷调节零点,于波长 510 nm 处测吸光度(A),用下式算出配制 100 mL 二硫腙使用液(70%透光率)所需二硫腙溶液的毫升数(V)。

$$V=[10\times(2-\lg(70))]/A=1.55/A$$

12.硝酸-硫酸混合液(4+1)。

13.铅标准溶液(1.0 mg/mL):准确称取 0.159 8 g 硝酸铅,加 10 mL 硝酸(1+99),全部溶解后,移入 100 mL 容量瓶中,加水稀释至刻度。

14.铅标准使用液(10.0 μg/mL):吸取 1.0 mL 铅标准溶液,置于 100 mL 容量瓶中,加水稀释至刻度。

三、仪器设备

1.分光光度计。

2.天平:感量为 1 mg。

四、操作方法

(一)试样预处理

在采样和制备过程中,应注意不使试样污染。

1.粮食、豆类去杂物后,磨碎,过 20 目筛,储于塑料瓶中,保存备用。

2.蔬菜、水果、鱼类、肉类及蛋类等水分含量高的鲜样,用食品加工机或匀浆机打成匀浆,储于塑料瓶中,保存备用。

(二)试样消化

1.硝酸-硫酸法:

(1)粮食、粉丝、粉条、豆干制品、糕点、茶叶等及其他含水分少的固体食品:称取 5 g 或 10 g 的粉碎样品(精确到 0.01 g),置于 250~500 mL 定氮瓶中,先加水少许使湿润,加数粒玻璃珠、10~15 mL 硝酸,放置片刻,小火缓缓加热,待作用缓和,放冷。沿瓶壁加入 5 mL 或 10 mL 硫酸,再加热,至瓶中液体开始变成棕色时,不断沿瓶壁滴加硝酸至有机质分解完全。加大火力,至产生白烟,待瓶口白烟冒净后,瓶内液体再产生白烟为消化完全,该溶液应澄清无色或微带黄色,放冷(在操作过程中应注意防止爆沸或爆炸)。加 20 mL 水煮沸,除去残余的硝酸至产生白烟为止,如此处理两次,放冷。将冷后的溶液移入 50 mL 或 100 mL 容量瓶中,用水洗涤定氮瓶,洗液并入容量瓶中,放冷,加水至刻度,混匀。定容后的溶液每 10 mL 相当于 1 g 样品,相当加入硫酸量 1 mL。取与消化试样相同量的硝酸和硫酸,按同一方法做试剂空白试验。

(2)蔬菜、水果:称取 25.00 g 或 50.00 g 洗净打成匀浆的试样(精确到 0.01 g),置于 250 mL 至 500 mL 定氮瓶中,加数粒玻璃珠、10 mL～15 mL 硝酸,放置片刻,小火缓缓加热,待作用缓和,放冷。沿瓶壁加入 5 mL 或 10 mL 硫酸,再加热,至瓶中液体开始变成棕色时,不断沿瓶壁滴加硝酸至有机质分解完全。加大火力至产生白烟,待瓶口白烟冒净后,瓶内液体再产生白烟为消化完全。该溶液应澄清无色或微带黄色,放冷(在操作过程中应注意防止爆沸或爆炸)。加 20 mL 水煮沸,除去残余的硝酸至产生白烟为止,如此处理两次,放冷。将冷后的溶液移入 50 mL 或 100 mL 容量瓶中,用水洗涤定氮瓶,洗液并入容量瓶中,放冷,加水至刻度,混匀。定容后的溶液每 10 mL 相当于 5 g 样品,相当加入硫酸 1 mL。取与消化试样相同量的硝酸和硫酸,按同一方法做试剂空白试验。

(3)酱、酱油、醋、冷饮、豆腐、腐乳、酱腌菜等:称取 10 g 或 20 g 试样(精确到 0.01 g)或吸取 10.0 mL 或 20.0 mL 液体样品,置于 250～500 mL 定氮瓶中,加数粒玻璃珠、5～15 mL 硝酸。放置片刻,小火缓缓加热,待作用缓和,放冷。沿瓶壁加入 5 mL 或 10 mL 硫酸,再加热,至瓶中液体开始变成棕色时,不断沿瓶壁滴加硝酸至有机质分解完全。加大火力,至产生白烟,待瓶口白烟冒净后,瓶内液体再产生白烟为消化完全。该溶液应澄清无色或微带黄色,放冷(在操作过程中应注意防止爆沸或爆炸)。加 20 mL 水煮沸,除去残余的硝酸至产生白烟为止,如此处理两次,放冷。将冷后的溶液移入 50 mL 或 100 mL 容量瓶中,用水洗涤定氮瓶,洗液并入容量瓶中,放冷,加水至刻度,混匀。定容后的溶液每 10 mL 相当于 2 g 或 2 mL 试样。

(4)含酒精性饮料或含二氧化碳饮料:吸取 10.00 mL 或 20.00 mL 试样,置于 250～500 mL 定氮瓶中.加数粒玻璃珠,先用小火加热除去乙醇或二氧化碳,再加 5～10 mL 硝酸,混匀后,放置片刻,小火缓缓加热,待作用缓和,放冷。沿瓶壁加入 5 mL 或 10 mL 硫酸,再加热,至瓶中液体开始变成棕色时,不断沿瓶壁滴加硝酸至有机质分解完全。加大火力,至产生白烟,待瓶口白烟冒净后,瓶内液体再产生白烟为消化完全。该溶液应澄清无色或微带黄色,放冷(在操作过程中应注意防止爆沸或爆炸)。加 20 mL 水煮沸,除去残余的硝酸至产生白烟为止,如此处理两次,放冷。将冷后的溶液移入 50 mL 或 100 mL 容量瓶中,用水洗涤定氮瓶,洗液并入容量瓶中,放冷,加水至刻度,混匀。定容后的溶液每 10 mL 相当于 2 mL 试样。

(5)含糖量高的食品:称取 5 g 或 10 g 试样(精确至 0.01 g),置于 250～500 mL 定氮瓶中,先加少许水使湿润,加数粒玻璃珠、5～10 mL 硝酸,摇匀。缓缓加入 5 mL 或 10 mL 硫酸,待作用缓和停止起泡沫后,先用小火缓缓加热(糖分易炭化),不断沿瓶壁补加硝酸,待泡沫全部消失后,再加大火力,至有机质分解完全,发生白烟,溶液应澄清无色或微带黄色,放冷。加 20 mL 水煮沸,除去残余的硝酸至产生白烟为止,如此处理两次,放冷。将冷后的溶液移入 50 mL 或 100 mL 容量瓶中,用水洗涤定氮瓶,洗液并入容量瓶中,放冷,加水至刻度,混匀。定容后的溶液每 10 mL 相当于 1 g 样品,相当加入硫酸量 1 mL。取与消化试样相同量的硝酸和硫酸,按同一方法做试剂空白试验。

(6)水产品:取可食部分样品捣成匀浆,称取 5 g 或 10 g 试样(精确至 0.01 g,海产藻类、贝类可适当减少取样量),置于 250～500 mL 定氮瓶中,加数粒玻璃珠,5 mL～10 mL 硝酸,混匀后,沿瓶壁加入 5 或 10 mL 硫酸,再加热,至瓶中液体开始变成棕色时,不断沿瓶壁滴加硝酸至有机质分解完全。加大火力,至产生白烟,待瓶口白烟冒净后,瓶内液体再产生白烟为消化完全。该溶液应澄清无色或微带黄色,放冷(在操作过程中应注意防止爆沸或爆炸)。加 20 mL 水煮沸,除去残余的硝酸至产生白烟为止,如此处理两次,放冷。将冷后的溶液移入 50 mL 或 100 mL 容量瓶中,用水洗涤定氮瓶,洗液并入容量瓶中,放冷,加水至刻度,混匀。定容后的溶液每 10 mL 相当于 1 g 样品,相当加入硫酸量 1 mL。取与消化试样相同量的硝酸和硫酸,按同一方法做试剂空白试验。

2. 灰化法:

(1)粮食及其他含水分少的食品:称取 5 g 试样(精确至 0.01 g),置于石英或瓷坩埚中,加热至炭化,然后移入马弗炉中,500 ℃灰化 3 h,放冷,取出坩埚,加硝酸(1+1),润湿灰分,用小火蒸干,在 500 ℃烧 1 h,放冷。取出坩埚。加 1 mL 硝酸(1+1),加热,使灰分溶解,移入 50 mL 容量瓶中,用水洗涤坩埚,洗液并入容量瓶中,加水至刻度,混匀备用。

(2)含水分多的食品或液体试样:称取 5.0 g 或吸取 5.00 mL 试样,置于蒸发皿中,先在水浴上蒸干,加热至炭化,然后移入坩埚放到马弗炉中,500 ℃灰化 3 h,放冷,取出坩埚,加硝酸(1+1),润湿灰分,用小火蒸干,在 500 ℃烧 1 h,放冷。取出坩埚。加 1 mL 硝酸(1+1),加热,使灰分溶解,移入 50 mL 容量瓶中,用水洗涤坩埚,洗液并入容量瓶中,加水至刻度,混匀备用。

(三)测定

1. 吸取 10.0 mL 消化后的定容溶液和同量的试剂空白液,分别置于 125 mL 分液漏斗中,各加水至 20 mL。

2. 吸取 0 mL,0.10 mL,0.20 mL,0.30 mL,0.40 mL,0.50 mL 铅标准使用液(相当 0.0 μg,1.0 μg,2.0 μg,3.0 μg,4.0 μg,5.0 μg 铅),分别置于 125 mL 分液漏斗中,各加硝酸(1+99)至 20 mL。于试样消化液、试剂空白液和铅标准液中各加 2.0 mL 柠檬酸铵溶液(200 g/L),1.0 mL 盐酸羟胺溶液(200 g/L)和 2 滴酚红指示液,用氨水(1+1)调至红色,再各加 2.0 mL 氰化钾溶液(100 g/L),混匀。各加 5.0 mL 二硫腙使用液,剧烈振摇 1 min,静置分层后,三氯甲烷层经脱脂棉滤入 1 cm 比色杯中,以三氯甲烷调节零点于波长 510 nm 处测吸光度,各点减去零管吸收值后,绘制标准曲线或计算一元回归方程,试样与曲线比较。

五、结果计算

试样中铅含量按下式进行计算:

$$X = [(m_1 - m_2) \times 1000] / [m_3 \times V_2 / V_1 \times 1000]$$

式中:X ——试样中铅的含量,单位为毫克每千克或毫克每升(mg/kg 或 mg/L);

m_1 ——测定用试样液中铅的质量,单位为微克(μg);

m_2 ——试剂空白液中铅的质量,单位为微克(μg);

m_3 ——试样质量或体积,单位为克或毫升(g 或 mL);

V_1 ——试样处理液的总体积,单位为毫升(mL);

V_2 ——测定用试样处理液的总体积,单位为毫升(mL)。

以重复性条件下获得的两次独立测定结果的算术平均值表示,结果保留两位有效数字。

六、说明与注意事项

在重复性条件下获得的两次独立测定结果的绝对差值不得超过算术平均值的 10%。

第二部分　食品中铬的测定
石墨炉原子吸收光谱法

一、原理

试样经消解处理后,采用石墨炉原子吸收光谱法,在 357.9 nm 处测定吸收值,在一定浓度范围内其吸收值与标准系列溶液比较定量。本方法适用于食品中铬的含量测定。

二、主要试剂

1. 硝酸(HNO_3)。

2. 高氯酸($HClO_4$)。

3. 磷酸二氢铵($NH_4H_2PO_4$)。

4. 硝酸溶液(5+95):量取 50 mL 硝酸加入 950 mL 水中。

5. 硝酸溶液(1+1):硝酸加水等体积混合。

6. 磷酸二氢铵溶液(20.0 g/L):称取 2.0 g 磷酸二氢铵,用硝酸溶液(5+95)定容至 100 mL。

7. 重铬酸钾($K_2Cr_2O_7$)标准品:纯度＞99.5%或经国家认证并授予标准物质证书的标准物质。

8. 铬标准储备液:准确称取基准物质重铬酸钾(110 ℃,烘 2 h)1.4315 g(精确至 0.0001 g),溶于水中,移入 500 mL 容量瓶中,用硝酸溶液(5+95)稀释至刻度,混匀。此溶液每毫升含 1.000 mg 铬。或购置经国家认证并授予标准物质证书的铬标准储备液。

9. 铬标准使用液:将铬标准储备液用硝酸溶液(5+95)逐级稀释至每毫升含 100 ng 铬。

10. 标准系列溶液的配制:分别吸取铬标准使用液(100 ng/mL)0 mL、0.5 mL、1.00 mL、2.00 mL、3.00 mL、4.00 mL 于 25 mL 容量瓶中,用硝酸溶液(5+95)稀释至刻度,混匀。各容量瓶中每毫升分别含铬 0 ng、2.00 ng、4.00 ng、8.00 ng、12.0 ng、16.0 ng。或采用石墨炉自动进样器自动配制。

三、仪器设备

1. 原子吸收光谱仪,配石墨炉原子化器,附铬空心阴极灯,热解涂层石墨管。

2. 密闭微波消解系统。

3. 可调式控温电热炉。

4. 可调式控温电热板。

5. 高压消解器,配有消解内罐。

6. 高温炉。

7. 恒温干燥箱。

8. 天平,感量 0.1 mg。

四、操作方法

(一)试样的预处理

1. 粮食、豆类等去除杂物后,磨碎,过 20 目筛,装入洁净的容器内,作为试样。密封,并标明标记,试样应于室温下保存。

2.蔬菜、水果、鱼类、肉类及蛋类等水分含量高的鲜样,用食品加工机打成匀浆,装入洁净的容器内,作为试样。密封,并标明标记。试样应于冰箱冷藏室保存。

(二)样品消解

1.微波消解:称取 0.2～0.6 g 试样于微波消解罐中,加入 5 mL 硝酸,按照微波消解的操作步骤消解试样(消解条件参见附录 A)。冷却后取出消解罐,在电热板上于 140 ℃～160 ℃赶酸。消解罐放冷后,将消化液转移至 10 mL 容量瓶中,用少量水洗涤消解罐 2～3 次,合并洗涤液,定容。同时做试剂空白试验。

2.湿法消解:准确称取 0.5～3 g 试样于消化管中,加入 10 mL 硝酸、0.5 mL 高氯酸,在控温电热炉上消解(参考条件:120 ℃/0.5 h～1 h,升至 180 ℃/2 h～4 h,升至 200 ℃～220 ℃)。若消化液呈棕褐色则再加硝酸,消解至冒白烟,消化液呈无色透明或略带黄色,取出消化管,冷却后用水定容至 10 mL。同时做试剂空白试验。

3.高压消解:称取样品 0.3～1 g 于消解内罐中,加入 5 mL 硝酸,浸泡过夜。旋紧消解外罐,放入恒温干燥箱,于 140～160 ℃下保持 4～5 h。冷却至室温,缓慢旋松外罐,取出消解内罐,放在控温电热板上于 140～160 ℃赶酸。冷却后将消化液转移至 10 mL 容量瓶中,用少量水洗涤内罐和内盖 2～3 次,合并洗涤液于容量瓶中并用水定容。同时做试剂空白试验。

4.干式消解法:称取 0.5～3 g 试样于瓷坩埚中,加人 1～2 mL 硝酸,浸泡 1 h 以上,将坩埚置于电热板上,小心蒸干,炭化至不冒烟为止,转移至高温炉中,于 550 ℃恒温 3～4 h。对于灰化不彻底的试样,取出冷却,加数滴硝酸,再转入 550 ℃高温炉中,继续灰化 1～2 h,至试样呈白灰状,从高温炉取出冷却,用硝酸溶液(1＋1)溶解并用水定容至 10 mL。同时,按上述方法作空白试验。

(三)测定

1.仪器测试条件:将石墨炉原子吸收光谱仪调试至测铬最佳状态。仪器条件为:波长357.9 nm,狭缝 0.2 nm,灯电流 7 mA。

2.标准曲线的制作:将标准系列工作液按浓度由低到高的顺序分别取 10 μL,注入石墨管,原子化后测其吸光度值,以浓度为横坐标,吸光度值为纵坐标,绘制标准曲线。

3.试样溶液测定

在与测定标准溶液相同的实验条件下,将空白溶液和样品溶液分别注入石墨管,原子化后测其吸光度值,与标准系列比较定量。

对有干扰的试样应注入 5 μL(可根据使用仪器选择最佳进样量)的磷酸二氢铵溶液(20.0 g/L)基体改进剂(标准系列亦然)。

五、结果计算

试样中铬的含量按下式计算:

$$X = \frac{(C - C_0) \times V}{m \times 1000}$$

式中:X——试样中铬的含量,单位为毫克每千克(mg/kg);

C——测定样液中铬的含量,单位为微克每升(ng/mL);

C_0——空白液中铬的含量,单位为微克每升(ng/mL);

V——样品消化液的定容总体积,单位为毫升(mL);

m——样品称样量,单位为克(g);

1000——换算系数。

当分析结果$\geqslant$1 mg/kg 时,保留三位有效数字;当分析结果$<$1 mg/kg 时,保留两位有效数字。

六、说明及注意事项

1. 在重复性条件下获得的两次独立测定结果的绝对差值不得超过算术平均值的20%。

2. 当称样量 0.5 g,定容量 10 mL 时,本标准的检出限(LOD)为 0.01 mg/kg,定量限(LOQ)为 0.03 mg/kg。

附录十七　食品中大肠杆菌的测定

一、原理

大肠菌群(coliforms)定义为在一定培养条件下能发酵乳糖、产酸产气的需氧和兼性厌氧革兰氏阴性无芽孢杆菌。

最可能数(most probable number,MPN),基于泊松分布的一种间接计数方法。MPN法是统计学和微生物学结合的一种定量检测法。待测样品经系列稀释并培养后,根据其未生长的最低稀释度与生长的最高稀释度,应用统计学概率论推算出待测样品中大肠菌群的最大可能数。

平板计数法依据大肠菌群在固体培养基中发酵乳糖产酸,在指示剂的作用下形成可计数的红色或紫色,带有或不带有沉淀环的菌落。

本方法适合食品中大肠菌群的计数。

二、主要试剂

(一)月桂基硫酸盐胰蛋白胨(Lauryl Sulfate Tryptose,LST)肉汤

1.成分:

胰蛋白胨或胰酪胨	20.0 g
氯化钠	5.0 g
乳糖	5.0 g
磷酸氢二钾(K_2HPO_4)	2.75 g
磷酸二氢钾(KH_2PO_4)	2.75 g
月桂基硫酸钠	0.1 g
蒸馏水	1 000 mL

pH 6.8±0.2

2.配制方法:将上述成分溶解于蒸馏水中,调节 pH。分装到有玻璃小导管的试管中,每管 10 mL。121 ℃高压灭菌 15 min。

(二)煌绿乳糖胆盐(Brilliant Green Lactose Bile,BGLB)肉汤

1.成分:

蛋白胨	10.0 g
乳糖	10.0 g
牛胆粉(oxgall 或 oxbile)溶液	200 mL
0.1%煌绿水溶液	13.3 mL
蒸馏水	800 mL

pH 7.2±0.1

2.配制方法:将蛋白胨、乳糖溶于约 500 mL 蒸馏水中,加入牛胆粉溶液 200 mL(将 20.0 g 脱水牛胆粉溶于 200 mL 蒸馏水中,调节 pH 至 7.0～7.5),用蒸馏水稀释到 975 mL,调节

pH,再加入 0.1%煌绿水溶液 13.3 mL,用蒸馏水补足到 1000 mL,用棉花过滤后,分装到有玻璃小导管的试管中,每管 10 mL。121 ℃高压灭菌 15 min。

(三)结晶紫中性红胆盐琼脂(Violet Red Bile Agar,VRBA)

1.成分:

蛋白胨	7.0 g
酵母膏	3.0 g
乳糖	10.0 g
氯化钠	5.0 g
胆盐或 3 号胆盐	1.5 g
中性红	0.03 g
结晶紫	0.002 g
琼脂	15~18 g
蒸馏水	1000 mL

pH 7.4±0.1

2.配制方法:将上述成分溶于蒸馏水中,静置几分钟,充分搅拌,调节 pH。煮沸 2 min,将培养基冷却至 45~50 ℃倾注平板。使用前临时制备,不得超过 3 h。

(四)磷酸盐缓冲液

1.成分:

磷酸二氢钾(KH2PO4)	34.0 g
蒸馏水	500 mL

pH 7.2

2.配制方法:

(1)贮存液:称取 34.0 g 的磷酸二氢钾溶于 500 mL 蒸馏水中,用大约 175 mL 的 1 mol/L 氢氧化钠溶液调节 pH,用蒸馏水稀释至 1000 mL 后贮存于冰箱。

(2)稀释液:取贮存液 1.25 mL,用蒸馏水稀释至 1000 mL,分装于适宜容器中,121 ℃高压灭菌 15 min。

(五)无菌生理盐水

1.成分:

氯化钠	8.5 g
蒸馏水	1000 mL

2.配制方法:称取 8.5 g 氯化钠溶于 1000 mL 蒸馏水中,121 ℃高压灭菌 15 min。

(六)无菌 1 mol/L NaOH

1.成分

NaOH	40.0 g
蒸馏水	1000 mL

2.配制方法

称取 40 g NaOH 溶于 1000 mL 无菌蒸馏水中。

(七)无菌 1 mol/L HCl

1.成分:

| HCl | 90 mL |
| 蒸馏水 | 1000 mL |

2.配制方法:移取浓盐酸 90 mL,用蒸馏水稀释至 1000 mL,121 ℃高压灭菌 15 min。

三、仪器设备

1.恒温培养箱:36±1 ℃。

2.冰箱:2～5 ℃ 。

3.恒温水浴箱:46±1 ℃ 。

4.天平:感量 0.1 g。

5.均质器。

6.振荡器。

7.无菌吸管:1 mL(具 0.01 mL 刻度)、10 mL(具 0.1 mL 刻度)或微量移液器及吸头。

8.无菌锥形瓶:容量 500 mL。

9.无菌培养皿:直径 90 mm。

10.pH 计或 pH 比色管或精密 pH 试纸。

11.菌落计数器。

12.高压灭菌锅。

13.超净工作台。

四、操作方法

(一)大肠菌群 MPN 计数法

1.检验程序:大肠菌群 MPN 计数的检验程序见附图 19 。

2.操作步骤

(1)样品的稀释:

固体和半固体样品　称取 25 g 样品,放入盛有 225 mL 磷酸盐缓冲液或生理盐水的无菌均质杯内,8000～10000 r/min 均质 1～2 min,或放入盛有 225 mL 磷酸盐缓冲液或生理盐水的无菌均质袋中,用拍击式均质器以 6～9 次/s 拍打 1～2 min,制成 1∶10 的样品匀液。

液体样品　以无菌吸管吸取 25 mL 样品置盛有 225 mL 磷酸盐缓冲液或生理盐水的无菌锥形瓶(瓶内预置适当数量的无菌玻璃珠)中充分振摇或置于机械振荡器中振摇,充分混匀,制成 1∶10 的样品匀液。

样品匀液的 pH 值应在 6.5～7.5 之间,必要时分别用 1 mol/L NaOH 或 1 mol/L HCl 调节。

用 1 mL 无菌吸管或微量移液器吸取 1∶10 样品匀液 1 mL,沿管壁缓缓注入 9 mL 磷酸盐缓冲液或生理盐水的无菌试管中(注意吸管或吸头尖端不要触及稀释液面),振摇试管或换用 1 支 1 mL 无菌吸管反复吹打,使其混合均匀,制成 1∶100 的样品匀液。根据对样品污染状况的估计,按上述操作,依次制成十倍递增系列稀释样品匀液。每递增稀释 1 次,换用 1 支 1 mL 无菌吸管或吸头。从制备样品匀液至样品接种完毕,全过程不得超过 15 min。

(2)初发酵试验:每个样品选择 3 个适宜的连续稀释度的样品匀液(液体样品可以选择原液),每个稀释度接种 3 管月桂基硫酸盐胰蛋白胨(LST)肉汤,每管接种 1 mL(如接种量超过 1 mL,则用双料 LST 肉汤),36 ℃ ±1 ℃培养 24 h±2 h,观察导管内是否有气泡产生;24 h±2 h

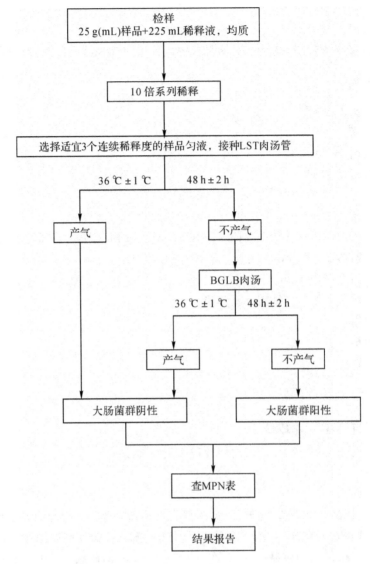

附图 19　大肠菌群 MPN 计数法检验程序

产气者进行复发酵试验(证实试验),如未产气则继续培养至 48 h±2 h,产气者进行复发酵试验。未产气者为大肠菌群阴性。

(3)复发酵试验(证实试验):用接种环从产气的 LST 肉汤管中分别取培养物 1 环,移种于煌绿乳糖胆盐肉汤(BGLB)管中,36 ℃ ±1 ℃培养 48 h±2 h,观察产气情况。产气者,计为大肠菌群阳性管。

(4)大肠菌群最可能数(MPN)的报告:按(3)确证的大肠菌群 LST 阳性管数,检索 MPN 表(见附表 7),报告每 g(mL)样品中大肠菌群的 MPN 值。

附表 7　大肠菌群最可能数(MPN)检索表

阳性管数			MPN	95％可信限		阳性管数			MPN	95％可信限	
0.10	0.01	0.001		下限	上线	0.10	0.01	0.001		下限	上限
0	0	0	<3.0	——	9.5	2	2	0	21	4.5	42
0	0	1	3.0	0.15	9.6	2	2	1	28	8.7	94
0	1	0	3.0	0.15	11	2	2	2	35	8.7	94
0	1	1	6.1	1.2	18	2	3	0	29	8.7	94
0	2	0	6.2	1.2	18	2	3	1	36	8.7	94
0	3	0	9.4	3.6	38	3	0	0	23	4.6	94
1	0	0	3.6	0.17	18	3	0	1	38	8.7	110
1	0	1	7.2	1.3	18	3	0	2	64	17	180
1	0	2	11	3.6	38	3	1	0	43	9	180
1	1	0	7.4	1.3	20	3	1	1	75	17	200
1	1	1	11	3.6	38	3	1	2	120	37	420
1	2	0	11	3.6	42	3	1	3	160	40	420
1	2	1	15	4.5	42	3	2	0	93	18	420
1	3	0	16	4.5	42	3	2	1	150	37	420
2	0	0	9.2	1.4	38	3	2	2	210	40	430
2	0	1	14	3.6	42	3	2	3	290	90	1000
2	0	2	20	4.5	42	3	3	0	240	42	1000
2	1	0	15	3.7	42	3	3	1	460	90	2000
2	1	1	20	4.5	42	3	3	2	1100	180	4100
2	1	2	27	8.7	94	3	3	3	>1100	420	——

注 1:本表采用 3 个稀释度[0.1 g(mL)、0.01 g(mL)、0.001 g(mL)],每个稀释度接种 3 管。

注 2:表内所列检样量如改用 1 g(mL)、0.1 g(mL)和 0.01 g(mL)时,表内数字应相应降低 10 倍;如改用 0.01 g(mL)、0.001 g(mL)和 0.00001 g(mL)时,则表内数字应相应增高 10 倍,其余类推。

(二)大肠菌群平板计数法

1.检验程序:大肠菌群平板计数法的检验程序见附图 20。

2.操作步骤:

(1)样品的稀释,同上。

(2)平板计数:选取 2～3 个适宜的连续稀释度,每个稀释度接种 2 个无菌平皿,每皿 1 mL。同时取 1 mL 生理盐水加入无菌平皿作空白对照。

及时将 15～20 mL 冷至 46 ℃的结晶紫中性红胆盐琼脂(VRBA)倾注于每个平皿中。小心旋转平皿,将培养基与样液充分混匀,待琼脂凝固后,再加 3～4 mLVRBA 覆盖平板表层。翻转平板,置于(36±1)℃培养(18～24)h。

(3)平板菌落数的选择:选取菌落数在 15～150 CFU 之间的平板,分别计数平板上出现的典型和可疑大肠菌群菌落(如菌落直径较典型菌落小)。典型菌落为紫红色,菌落周围有红色

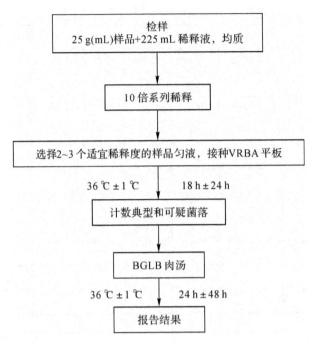

附图 20　大肠菌群平板计数法检验程序

的胆盐沉淀环,菌落直径为 0.5 mm 或更大。

　　(4)证实试验:从 VRBA 平板上挑取 10 个不同类型的典型和可疑菌落,分别移种于 BGLB 肉汤管内,36 ℃±1 ℃培养 24~48 h,观察产气情况。凡 BGLB 肉汤管产气,即可报告为大肠菌群阳性。

　　(5)大肠菌群平板计数的报告:经最后证实为大肠菌群阳性的试管比例乘以(3)中计数的平板菌落数,再乘以稀释倍数,即为每 g(mL)样品中大肠菌群数。例:样品稀释液 1 mL,在 VRBA 平板上有 100 个典型和可疑菌落,挑取其中 10 个接种 BGLB 肉汤管,证实有 6 个阳性管,则该样品的大肠菌群数为:100×6/10×104/g(mL)＝6.0×105 CFU/g(mL)。

附录十八　食品中菌落总数的测定

一、原理

菌落总数(aerobic plate count)即食品检样经过处理,在一定条件下(如培养基、培养温度和培养时间等)培养后,所得每 g(mL)检样中形成的微生物菌落总数。

本方法适用于食品中菌落总数的测定。

二、主要试剂

(一)平板计数琼脂(plate count agar,PCA)培养基

1. 成分:

胰蛋白胨 5.0 g

酵母浸膏 2.5 g

葡萄糖 1.0 g

琼脂 15.0 g

蒸馏水 1000 mL

pH 7.0±0.2

2. 配制方法:将上述成分加于蒸馏水中,煮沸溶解,调节 pH。分装试管或锥形瓶,121 ℃高压灭菌 15 min。

(二)磷酸盐缓冲液

1. 成分:

磷酸二氢钾(KH_2PO_4) 34.0 g

蒸馏水 500 mL

pH 7.2

2. 配制方法:

贮存液:称取 34.0 g 的磷酸二氢钾溶于 500 mL 蒸馏水中,用大约 175 mL 的 1 mol/L 氢氧化钠溶液调节 pH,用蒸馏水稀释至 1000 mL 后贮存于冰箱。

稀释液:取贮存液 1.25 mL,用蒸馏水稀释至 1000 mL,分装于适宜容器中,121 ℃高压灭菌 15 min。

(三)无菌生理盐水

1. 成分:

氯化钠 8.5 g

蒸馏水 1000 mL

2. 配制方法:称取 8.5 g 氯化钠溶于 1000 mL 蒸馏水中,121 ℃高压灭菌 15 min。

三、仪器设备

1. 恒温培养箱:36 ℃±1 ℃,30 ℃±1 ℃。

2. 冰箱:2~5 ℃。

3.恒温水浴箱:46 ℃±1 ℃。

4.天平:感量为 0.1 g。

5.均质器。

6.振荡器。

7.无菌吸管:1 mL(具 0.01 mL 刻度)、10 mL(具 0.1 mL 刻度)或微量移液器及吸头。

8.无菌锥形瓶:容量 250 mL、500 mL。

9.无菌培养皿:直径 90 mm。

10. pH 计或 pH 比色管或精密 pH 试纸。

11.放大镜和菌落计数器。

12.高压灭菌锅。

13.超净工作台。

四、操作方法

(一)检验程序

菌落总数的检验程序见附图 21。

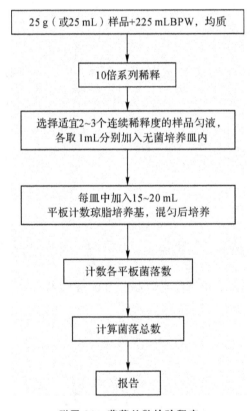

附图 **21** 菌落总数检验程序

(二)操作步骤

1.样品的稀释:

（1）固体和半固体样品：称取 25 g 样品置盛有 225 mL 磷酸盐缓冲液或生理盐水的无菌均质杯内，8000～10000 r/min 均质 1～2 min，或放入盛有 225 mL 稀释液的无菌均质袋中，用拍击式均质器拍打 1～2 min，制成 1：10 的样品匀液。

（2）液体样品：以无菌吸管吸取 25 mL 样品置盛有 225 mL 磷酸盐缓冲液或生理盐水的无菌锥形瓶（瓶内预置适当数量的无菌玻璃珠）中，充分混匀，制成 1：10 的样品匀液。

（3）用 1 mL 无菌吸管或微量移液器吸取 1：10 样品匀液 1 mL，沿管壁缓慢注于盛有 9 mL 稀释液的无菌试管中（注意吸管或吸头尖端不要触及稀释液面），振摇试管或换用 1 支无菌吸管反复吹打使其混合均匀，制成 1：100 的样品匀液。

（4）按（3）操作程序，制备 10 倍系列稀释样品匀液。每递增稀释一次，换用 1 次 1 mL 无菌吸管或吸头。

（5）根据对样品污染状况的估计，选择 2～3 个适宜稀释度的样品匀液（液体样品可包括原液），在进行 10 倍递增稀释时，吸取 1 mL 样品匀液于无菌平皿内，每个稀释度做两个平皿。同时，分别吸取 1 mL 空白稀释液加入两个无菌平皿内作空白对照。

（6）及时将 15～20 mL 冷却至 46 ℃ 的平板计数琼脂培养基（可放置于 46 ℃±1 ℃恒温水浴箱中保温）倾注平皿，并转动平皿使其混合均匀。

2. 培养：

（1）待琼脂凝固后，将平板翻转，36 ℃±1 ℃培养 48 h±2 h。水产品 30 ℃±1 ℃培养 72 h±3 h。

（2）如果样品中可能含有在琼脂培养基表面弥漫生长的菌落时，可在凝固后的琼脂表面覆盖一薄层琼脂培养基（约 4 mL），凝固后翻转平板，按 6.2.1 条件进行培养。

3. 菌落计数：可用肉眼观察，必要时用放大镜或菌落计数器，记录稀释倍数和相应的菌落数量。菌落计数以菌落形成单位（colony-forming units，CFU）表示。

（1）选取菌落数在 30～300 CFU 之间、无蔓延菌落生长的平板计数菌落总数。低于 30 CFU 的平板记录具体菌落数，大于 300 CFU 的可记录为多不可计。每个稀释度的菌落数应采用两个平板的平均数。

（2）其中一个平板有较大片状菌落生长时，则不宜采用，而应以无片状菌落生长的平板作为该稀释度的菌落数；若片状菌落不到平板的一半，而其余一半中菌落分布又很均匀，即可计算半个平板后乘以 2，代表一个平板菌落数。

（3）当平板上出现菌落间无明显界线的链状生长时，则将每条单链作为一个菌落计数。

五、结果计算

（一）菌落总数的计算方法

1. 若只有一个稀释度平板上的菌落数在适宜计数范围内，计算两个平板菌落数的平均值，再将平均值乘以相应稀释倍数，作为每 g（mL）样品中菌落总数结果。

2. 若有两个连续稀释度的平板菌落数在适宜计数范围内时，按下式计算：

$$N = \frac{\sum C}{(n_1 + 0.1 n_2) d}$$

式中：N——样品中菌落数；

$\sum C$—— 平板（含适宜范围菌落数的平板）菌落数之和；

n_1——第一稀释度（低稀释倍数）平板个数；

n_2——第二稀释度（高稀释倍数）平板个数；

d——稀释因子（第一稀释度）。

示例：

稀释度	1∶100（第一稀释度）	1∶1000（第二稀释度）
菌落数（CFU）	232,244	33,35

上述数据经数字修约（按下文"菌落总数的报告"中第二点）后，表示为 25000 或 2.5×10^4。

3.若所有稀释度的平板上菌落数均大于 300 CFU,则对稀释度最高的平板进行计数,其他平板可记录为多不可计,结果按平均菌落数乘以最高稀释倍数计算。

4.若所有稀释度的平板菌落数均小于 30 CFU,则应按稀释度最低的平均菌落数乘以稀释倍数计算。

5.若所有稀释度（包括液体样品原液）平板均无菌落生长,则以小于 1 乘以最低稀释倍数计算。

6.若所有稀释度的平板菌落数均不在 30～300 CFU 之间,其中一部分小于 30 CFU 或大于 300CFU 时,则以最接近 30 CFU 或 300 CFU 的平均菌落数乘以稀释倍数计算。

（二）菌落总数的报告

1.菌落数小于 100 CFU 时,按"四舍五入"原则修约,以整数报告。

2.菌落数大于或等于 100 CFU 时,第 3 位数字采用"四舍五入"原则修约后,取前 2 位数字,后面用 0 代替位数；也可用 10 的指数形式来表示,按"四舍五入"原则修约后,采用两位有效数字。

3.若所有平板上为蔓延菌落而无法计数,则报告菌落蔓延。

4.若空白对照上有菌落生长,则此次检测结果无效。

5.称重取样以 CFU/g 为单位报告,体积取样以 CFU/mL 为单位报告。

附录十九　食品中还原糖测定(直接滴定法)

一、原理

试样经除去蛋白质后,在加热条件下,以次甲基蓝作指示剂,滴定标定过的碱性酒石酸铜溶液(用还原糖标准溶液标定碱性酒石酸铜溶液),还原糖将溶液中的二价铜还原成氧化亚铜。以后稍过量的还原糖使次甲蓝指示剂褪色,表示终点到达。根据试样溶液消耗体积,计算还原糖量。

二、主要试剂

1.碱性酒石酸铜甲液:称取 15.00 g 硫酸铜($CuSO_4 \cdot 5H_2O$)及 0.05g 次甲基蓝,溶入水中并稀释至 1000 mL。

2.碱性酒石酸铜乙液:称取 50.00 g 酒石酸钾钠及 75.00 g 氢氧化钠,溶于水中,再加入 4 g 亚铁氰化钾,完全溶解后,用水稀释至 1000 mL,贮存于橡胶塞玻璃瓶内。

3.盐酸溶液(1+1)。

4.葡萄糖标准溶液(1.0 mg/mL):准确称取 1.000 g 经过 98~100 ℃ 干燥至恒重的无水纯葡萄糖,加水溶解后加入 5 mL 盐酸,并以水稀释定容至 1000 mL。此溶液每毫升相当于 1.0 mg 葡萄糖。

5.乙酸锌溶液:称取 21.9 g 乙酸锌,加 3 mL 冰乙酸,加水溶解并稀释至 100 mL。

6.亚铁氰化钾溶液:称取 10.6 g 亚铁氰化钾,加水溶解并稀释至 100 mL。

三、仪器设备

1.酸式滴定管:50 mL。

2.可调电炉:带石棉网。

3.分析天平。

4.移液管。

5.容量瓶。

6.锥形瓶。

四、操作方法

1.样品处理:取适量样品,用 40~50 ℃ 的纯水作为溶剂进行提取。对不同样品提取液进行相应的澄清,对于浅色的糖及糖浆制品、果蔬制品、焙烤制品等可用中性醋酸铅[$Pb(CH_3COO)_2 \cdot 3H_2O$];对于乳及乳制品等色泽较浅、蛋白含量较高的样液可选用乙酸锌和亚铁氰化钾溶液;而对于颜色较深的提取液可用活性炭吸附。

2.碱性酒石酸溶液标定:吸取 5.0 mL 碱性酒石酸铜甲液及 5.0 mL 乙液,置于 150 mL 锥形瓶中,加水 10 mL,加入几粒玻璃珠。用滴定管滴加约 9 mL 葡萄糖,控制在 2 min 内加热至沸,准确沸腾 30 s。趁沸以 2 秒 1 滴的速度继续滴加葡萄糖标准溶液,直至溶液蓝色刚好褪去为终点,记录消耗葡萄糖标准溶液的总体积。平行操作三次,取平均值,按下式计算每 10 mL

(甲、乙液各 5 mL)碱性酒石酸铜溶液相当于葡萄糖的质量(mg)。

$$m_1 = \rho \times V_0$$

式中：m_1——10 mL 碱性酒石酸铜溶液相当于葡萄糖的质量，mg；

ρ——葡萄糖标准溶液的质量浓度，mg/mL；

V_0——标定时消耗葡萄糖标准溶液的体积，mL。

3. 样品溶液预测：吸取碱性酒石酸铜甲液及乙液各 5.0 mL，置于 150 mL 锥形瓶中，加水 10 mL，加入几粒玻璃珠，控制在 2 min 内加热至沸，准确沸腾 30 s。趁沸以先快后慢的速度，从滴定管中滴加试样溶液，并保持溶液沸腾状态，待溶液颜色变浅时，以每 2 秒 1 滴的速度滴定，直至溶液蓝色刚好褪去为终点，记录样液消耗体积。

当样液中还原糖浓度过高时应适当稀释，再进行正式测定，使每次滴定消耗样液的体积控制在与标定碱性酒石酸铜溶液时消耗的还原糖标准溶液的体积相近，约在 10 mL 左右。

4. 样品溶液测定：吸取碱性酒石酸铜甲液及乙液各 5.0 mL，置于 150 mL 锥形瓶中，加水 10 mL，加入几粒玻璃珠，控制在 2 min 内加热至沸，准确沸腾 30 s。趁沸以先快后慢的速度，从滴定管中滴加试样溶液，并保持溶液沸腾状态，待溶液颜色变浅时，以每 2 秒 1 滴的速度滴定，直至溶液蓝色刚好褪去为终点，记录样液消耗体积。

五、结果计算

$$还原糖含量(以葡萄糖计, g/100g) = \frac{m_1}{m_2 \times \dfrac{V}{250} \times 1000} \times 100$$

式中：m_1——10 mL 碱性酒石酸铜溶液(甲、乙液各 5 mL)相当于葡萄糖的质量，mg；

m_2——样品质量，g；

V——测定时平均消耗试样溶液体积，mL；

250——试样液总体积，mL。

六、说明与注意事项

1. 次甲基蓝本身也是一种氧化剂，其氧化型为蓝色，还原型为无色；但在测定条件下，它的氧化能力比 Cu^{2+} 弱，故还原糖先与 Cu^{2+} 反应，Cu^{2+} 完全反应后，稍微过量一点的还原糖将次甲基蓝指示剂还原，使之由蓝色变为无色，指示滴定终点。

2. 本法是根据经过标定的一定量的碱性酒石酸铜溶液(Cu^{2+} 量一定)消耗的试样溶液量来计算试样溶液中的还原糖的含量，反应体系中 Cu^{2+} 的含量是定量的基础，所以在试样处理时，不能用铜盐作为澄清剂，以免试样溶液中引入 Cu^{2+}，得到错误的结果。

3. 为消除氧化亚铜沉淀对滴定终点观察的干扰，在碱性酒石酸铜乙液中加入少量亚铁氰化钾，使之与 Cu_2O 生成可溶性的无色配合物，而不再析出红色沉淀，其反应式如下：

$$Cu_2O + K_4Fe(CN)_6 + H_2O \Longrightarrow K_2Cu_2Fe(CN)_6 + 2KOH$$

4. 碱性酒石酸铜甲液和乙液应分别贮存，用时才混合，不能事先混合贮存。否则酒石酸钾钠铜配合物长期在碱性条件下会慢慢分解析出氧化亚铜沉淀，使试剂有效浓度降低。

5. 醋酸锌及亚铁氰化钾作为蛋白质沉淀剂，这两次种试剂混合形成白色的氰亚铁酸锌沉淀，能使溶液中的蛋白质共同沉淀下来，主要用于乳制品及富含蛋白质的浅色糖液，其澄清效果较好。

6.滴定时要保持沸腾状态,使上升蒸汽阻止空气侵入滴定反应体系中,一方面,加热可加快还原糖与 Cu^{2+} 的反应速度;另一方面,次甲基蓝的变色反应是可逆的,还原型次甲基蓝遇到空气中的氧时又会被氧化为其氧化型,再变为蓝色。此外,氧化亚铜也极不稳定,容易与空气中的氧结合而被氧化,从而增加还原糖的消耗量。

7.试验中预测定的目的一方面是因为该测定方法对试样溶液中还原糖浓度有一定要求(0.1%左右),测定时试样溶液的消耗体积应该与标定葡萄糖标液的消耗体积相近;通过预测定可以了解试样浓度是否合适,浓度过大或过小应该加以调整,使测定时消耗试样溶液量在10 mL 左右;另一方面通过预测定可知道此溶液的大概消耗量,以便在正式的滴定时,预先加入比实际用量少 1 mL 左右的样液,只留下 1 mL 左右的样液在续滴定时加入,以便保证在 1 min 内完成续滴定工作,提高预测定的准确度。

8.滴定终点蓝色褪去后,溶液呈现黄色,此后又重新变为蓝色,不应再进行滴定。因为亚甲蓝指示剂被糖还原后蓝色消失,当接触空气中的氧气后,被氧化重现蓝色。

附录二十　食品中灰分的测定（高温灼烧法）

一、原理

食品中除含有大量有机物质外，还含有较丰富的无机成分。这些无机成分维持人体的正常生理功能，在构成人体组织方面有着十分重要的作用。食品经高温灼烧后所残留的无机物质称为灰分，主要为食品中的矿物盐或无机盐类。测定食品灰分是评价食品质量的指标之一。通常测定的灰分称为总灰分，包括水溶性灰分和水不溶性灰分，以及酸溶性灰分和酸不溶性灰分。灰分通常通过灼烧称量法测定。在空气中使有机物灼烧灰化，在灼烧过程中，有机物中的碳、氢、氮等物质与氧结合成二氧化碳、水蒸气、氮氧化物而挥发，残留的无色或灰白色氧化物即为灰分。

二、仪器设备

1.高温炉（马弗炉）；

2.坩埚；

3.水浴锅；

4.电炉；

5.干燥器；

6.分析天平。

三、操作方法

1.坩埚质量测定：取大小适宜的石英坩埚或瓷坩埚置马弗炉中，在 $550\sim600\ ℃$ 下灼烧 30 min，冷至 $200\ ℃$ 以下后取出，放入干燥器中冷至室温，精密称量，并重复灼烧至恒重，记录坩埚质量。

2.坩埚与样品质量测定：加入 $2\sim3\ g$ 固体样品或 $5\sim10\ g$ 液体样品后，精密称量，记录坩埚和样品的质量。

3.高温灼烧：固体或已在沸水浴上蒸干的液体样品先在电炉上以小火加热使样品充分炭化至无烟，然后转移至高温炉中，在 $550\sim600\ ℃$ 灼烧至无碳粒，即灰化完全。

4.坩埚与灰分质量测定：灰化完全冷却至 $200\ ℃$ 以下后取出放入干燥器中冷却至室温，准确称量。重复灼烧，至前后两次称量相差不超过 $0.5\ mg$ 为恒重，记录坩埚和灰分的质量。

四、结果计算

$$灰分含量（\%）= \frac{m_1 - m_2}{m_3 - m_2} \times 100$$

式中：m_1——坩埚和灰分的质量，g；

m_2——坩埚的质量，g；

m_3——坩埚和样品的质量，g。

五、说明与注意事项

1. 果汁、牛乳等含水较多的液体样品,先在水浴上蒸干;含水较多的果蔬及动物性食品,先用烘箱干燥(先 60~70 ℃,然后升至 105 ℃);富含脂肪的样品可先提取脂肪,然后再分析其残留物。如液体样品量过多,可分次在同一坩埚中蒸干。

2. 在测定蔬菜、水果这类含水分高的产品时,应预先测定这些样品的水分,再将这些干燥物继续加温至 550~600 ℃灼烧炭化,测定灰分质量。

3. 样品炭化时要注意热源强度,防止产生大量泡沫溢出。

4. 灼烧后的坩埚应冷却到 200 ℃以下再移入干燥器中,防止因热的对流作用造成残灰飞散,或是冷却速度慢,冷却后干燥器内较大真空,盖子不易开等现象。

5. 一般灰化温度为 550~600 ℃,不超过 600 ℃。否则钾、钠、氯等易挥发损失造成误差。

6. 对于一般样品,灰化时间没有严格规定,要求灼烧至灰分呈全白色或浅灰色,并达到恒重,一般需要 2~5 h。

7. 碰到难以灰化的样品可按下法处理:

(1)待坩埚冷却后,加少许水,使已灰炭化物质溶解,而未灰化的物质露出表面,蒸干后再次灼烧。

(2)待坩埚冷却后,以热水浸泡灰分,并用无灰定量滤纸过滤,将滤纸放入原坩埚中进行灰化,合并滤液于坩埚中,置水浴上蒸干,再进行灰化。

8. 从干燥器内取出坩埚后,开盖回复承压时,要使空气缓缓流入,防止残灰飞散。

附录二十一 产品配方工艺优化实验实例
——降低真空油炸紫薯片含油量的方法

一、原理

真空低温油炸是一种食品加工新技术,该项技术主要是利用在真空状态下食品中的水分沸点降低的原理,实现低温条件下的油炸脱水。国外的报道侧重于深层油炸,对真空油炸技术的报道很少。国内关于真空油炸方面的生产工艺研究较为活跃,如有真空油炸香菇、红枣、甘薯、鲮鱼、胡萝卜、子芋、土豆、香蕉、海芦笋等产品加工工艺的报道。目前有关真空油炸紫薯片的报道还较少。

紫薯具有诸多营养价值和药用价值,可以清除自由基、抗诱变、抗癌,并且具有降血压等功效,是真空油炸的良好原料。虽然相对于常压油炸来说真空油炸紫薯片可以在很大程度上降低产品脂肪质量分数,但产品含油率还是过高。过高的脂肪质量分数会带来诸多不良后果:对消费者来说,高脂肪、高热量不利于身体的健康;增加产品氧化的概率,缩短货架期;增加成本,加重消费者的经济负担。鉴于此,将产品的脂肪质量分数严格控制在合理范围内,是目前真空油炸产品亟待解决的大问题。

本试验中筛选加工方法中对产品品质影响较大的因素,采用响应面分析法研究降低真空油炸紫薯片含油量的方法,以期提高产品品质,为实际生产提供参考。

二、材料与试剂

紫薯,浙江省农业科学院作物与核技术利用研究所;棕榈油,上海达丰化工贸易有限公司;柠檬酸、L-半胱氨酸、亚硫酸钠、无水氯化钙、石油醚(均为分析纯),成都科龙化工试剂厂。

三、仪器设备

FIRST-015 电动切片机,瑞安市云丰机械厂;爱仕达电磁炉,浙江爱仕达电器股份有限公司;DW-FL 超低温冷冻储藏箱,中科美菱低温科技有限责任公司;VFI 真空油炸机,烟台海瑞食品设备有限公司;SZC-索氏抽提器,杭州汇尔仪器设备有限公司。

四、操作方法

(一)加工工艺及产品品质影响因素的确定

1.加工工艺:

紫薯→去皮→切片→洗片→护色→硬化→漂烫→冷冻→真空油炸→离心脱油→包装。

2.真空油炸条件对产品品质影响的研究:将新鲜紫薯去皮、切片(3±0.3) mm 后用护色剂护色,0.4%$CaCl_2$ 硬化 20 min。漂烫温度 95 ℃,漂烫 3.5 min,-20 ℃冷冻 18 h。将预处理的紫薯片在真空度 0.092~0.096 MPa 的条件下真空油炸,研究油炸温度和油炸时间对产品品质的影响。油炸完毕,在 360 r/min 条件下离心 4 min;然后选择较优的油炸时间和油炸温度,进一步研究离心转速、离心时间;通过对产品感官评分、脂肪质量分数、水分质量分数的测定比较,考核各加工条件对产品品质的影响。

3.真空油炸降脂方法的研究:在对真空油炸条件研究的基础上,以真空油炸温度、真空油炸时间、离心转速、离心时间为因素,以产品脂肪质量分数为指标进行L9(3^4)正交设计试验。按照极差大小,从中筛选出对脂肪质量分数影响较大的3个因素。

4.Box-Behnken Design 响应面优化试验:在正交试验的基础上,根据 Box-Behnken 模型的中心组合试验设计原理,综合真空油炸条件研究结果,采用三水平三因素的响应面方法分析预测。以真空油炸温度、真空油炸时间、离心转速为影响因素,以脂肪质量分数为最终评价指标进行研究。用 Design-Expert 6.05 软件进行数据分析处理,找出能够有效降低产品含油量的操作条件。各因素水平编码值见附表8。

附表8　真空油炸紫薯片降脂工艺响应面法分析因素及水平

水平	因素		
	X_1(油炸温度/℃)	X_2(油炸时间/min)	X_3(离心转速/r·min^{-1})
−1	85	13	300
0	90	15	350
1	95	17	400

(二)分析方法

1.水分质量分数的测定:按照 GB/T 5009.3—2003,将样品研磨后测定。

2.脂肪质量分数的测定:按照 GB/T 5009.6—2003,将样品研磨后测定。

3.真空油炸紫薯感官评分:选定感官评定人员10名,对感官评价人员进行培训,熟悉真空油炸产品的品质组成因素,进行5分快感标度接受性试验,感官评定的评分指标和标准见附表9。

附表9　感官评定的评分指标和标准

评分/%	样品属性
色泽 20	由不同波长的光线对视网膜的刺激而产生的感觉;能引起颜色感觉的产品特性
纹理 20	紫薯呈现出的线形纹路
风味 20	食品给人们味觉和嗅觉的综合感觉;特指真空油炸紫薯片的番薯香味
油腻 10	口腔中有易流动,有不易混合的液体存在的感觉
硬度 10	样品放在臼齿间或舌头与上颚间,均匀咀嚼,评价压迫食品所需的力量
松脆 20	咬下一块样品,嘴唇尚未闭合时对产品的主观感受,表示一咬即碎的性质(触觉)

(三)统计分析

脂肪质量分数、水分质量分数均重复测定3次,以平均值作为测定结果。

根据 GB/T 15682—2008 处理感官品评数据,以各项的平均值加权后作为感官评定结果。

采用 Excel 和 SPSS 18.0 进行数据统计及分析。

五、结果分析

(一)真空油炸条件对产品品质影响

1. 真空油炸温度对紫薯片品质的影响:如附图22所示,在相同的真空度和油炸时间下,真空油炸温度对紫薯片水分质量分数和脂肪质量分数有明显影响。水分质量分数随着油炸温度的升高有所降低,水分的损失符合传统的干燥规律。脂肪质量分数随着温度升高而有所升高。

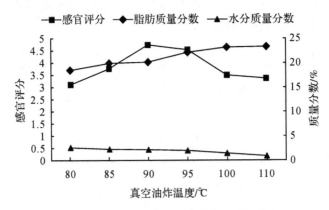

附图22　真空油炸温度对紫薯片品质的影响

在真空油炸过程中,紫薯片在一个密闭的负压系统中被加热,这种系统能降低物料中水的沸点和油的沸点。当油的温度达到水的沸点时,紫薯片中的自由水很快移出。在真空油炸过程中,紫薯片表面水分快速蒸发,产生水分分布梯度;同时,内部水分也逐渐蒸发,形成压力梯度,使得薯片表面逐渐干燥。在压力作用下,致细胞壁结构坍塌,组织失去亲水性,周围的油脂快速吸附到薯片上并进入其内部,因而脂肪质量分数与水分蒸发量有关。这与Shyi SL等研究真空油炸胡萝卜水分蒸发与脂肪吸收规律一致。综合油炸时间对感官品质的影响情况,真空油炸的温度范围选择在85～95 ℃。

2. 真空油炸时间对紫薯片品质的影响:如附图23所示,在相同的真空度和固定的油炸温度下,比较不同真空油炸时间对产品品质的影响。当油炸时间3～6 min时,水分质量分数随着油炸时间的延长明显下降;9 min后水分质量分数下降缓慢,这与传统干燥中的降速干燥阶段相符。脂肪的增加趋势与水分的降低趋势一致,9 min后脂肪质量分数增加缓慢。

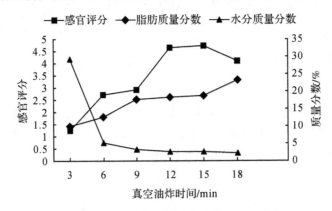

附图23　真空油炸时间对紫薯片品质的影响

真空油炸对紫薯片结构产生显著影响。在油炸初期紫薯片的表面被破坏并形成外壳结构,随着油炸时间的延长,外壳结构越来越厚,孔隙越来越多,内部孔隙的逐步增大,引起紫薯片的扩大和膨胀。这为冷却期间油沿着孔隙进入紫薯片内部创造了条件。选择感官品质和脂肪含量比较稳定的区间9～15 min进行试验。

3.离心转速对紫薯片品质的影响:由附图24所示,产品的脂肪质量分数随着离心转速的增加而减小。这与Rungsinee Sothornvit等的理论,油的离心转速越高,产品的吸油量越小一致。如附图24所示,脂肪质量分数随着脱油时间的延长逐渐下降,最后趋于平稳。

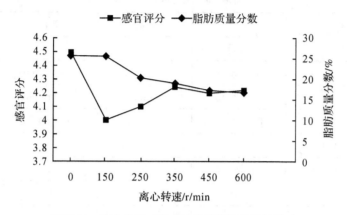

附图24　离心转速对真空油炸紫薯片品质的影响

产品吸油是一种界面现象,发生在油炸后的冷却阶段,被称为真空效应。当食品油炸完成,从油炸锅中移出时,产品开始冷却,水蒸气凝结,由此内部压力减小,吸附在食品表面的油被吸入食品的空隙内。紫薯片的油由两部分组成:在真空油炸过程中,紫薯片内部结构的吸收油;油炸结束时,由表面渗透到内部结构的油和仍保留在紫薯片表面的油。这是因为离心只能脱除紫薯片表面的油,而渗入组织结构内部的油并不随着离心时间的延长而脱除。考虑到离心转速越高对机器的损耗越大,选择离心转速在350 r/min。综合感官品质,离心时间选择在6～8 min。

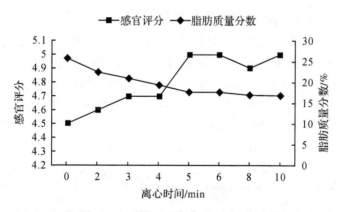

附图25　离心时间对真空油炸紫薯片品质的影响

(二)真空油炸降脂方法

真空油炸方法初步试验结果表明,真空油炸工艺条件对紫薯片脂肪质量分数产生显著影响,而其大部分处理对水分质量分数的影响不显著。根据上述结果,以紫薯油炸温度、油炸时间、离心转速、离心时间 4 个因素,以产品脂肪质量分数为指标,采用 L9(3⁴)正交设计试验对脂肪质量分数的影响因素排序,结果见附表 10。

由附表 10 极差值可知,真空油炸工艺条件对紫薯片脂肪质量分数影响的顺序为脱油转速＞油炸时间＞油炸温度＞离心时间。表明脱油转速是影响紫薯片脂肪质量分数的主要因素,离心时间对脂肪质量分数影响最小。验证试验证明,最优真空油炸工艺条件:油炸温度 90 ℃,油炸时间 15 min,离心时间 7 min,离心转速 350 r/min。

附表 10　正交试验分析表

| 实验 | 油炸温度 | 油炸 | 离心 | 离心 | 脂肪质量 |
		时间	时间	转速	分数(%)
1	1(85 ℃)	1(9 min)	1(5 min)	1(300 r/min)	19.808
2	1	2(12 min)	2(6 min)	2(350 r/min)	17.9815
3	1	3(15 min)	3(7 min)	3(400 r/min)	16.9882
4	2(90 ℃)	1	2	3	17.0291
5	2	2	3	1	19.0147
6	2	3	1	2	16.2152
7	3(95 ℃)	1	3	2	16.9661
8	3	2	1	3	18.8448
9	3	3	2	1	18.9053
K_1	18.259	17.934	18.289	19.243	
K_2	17.420	18.614	17.972	17.054	
K_3	18.239	17.370	17.656	17.621	
R	0.839	1.244	0.633	2.189	

(三)Box-Behnken Design 响应面优化试验

1.响应面回归模型的建立与检验:用 Design-Expert 6.05 软件进行试验设计和数据分析处理。在 BBD 试验设计中,共计 17 个试验点,其中 12 个为分析因子,5 个为零点。以真空油炸温度(X_1)、真空油炸时间(X_2)、离心转速(X_3)为自变量,以脂肪质量分数(Z)为响应值,利用 Special Cubic 模型对附表 11 中的数据进行多元回归拟合,得到回归模型:

$$Y = 15.07 + 2.32X_1 + 2.83X_2 - 2.02X_3 + 1.66X_1^2 + 3.56X_2^2 + 1.98X_3^2 + 0.40X_1X_2 + 0.22X_1X_3 - 1.27X_2X_3 - 0.96X_1^2X_2 + 1.55X_1^2X_3 - 1.73X_1X_2^2$$

附表 11　Box-Behnken 试验设计及结果

实验	X_1(油炸温度)	X_2(油炸时间)	X_3(离心转速)	脂肪质量分数/ %
1	0.000	0.000	0.000	15.1096
2	0.000	0.000	0.000	15.0049
3	−1.000	0.000	−1.000	17.0639
4	0.000	0.000	0.000	15.0821

实验	X_1（油炸温度）	X_2（油炸时间）	X_3（离心转速）	脂肪质量分数/ %
5	0.000	−1.000	−1.000	18.5264
6	1.000	0.000	−1.000	21.2624
7	−1.000	0.000	1.000	15.6903
8	−1.000	−1.000	0.000	18.2274
9	0.000	1.000	1.000	20.1475
10	−1.000	1.000	0.000	21.1646
11	0.000	−1.000	1.000	17.0291
12	1.000	0.000	1.000	20.7751
13	1.000	−1.000	0.000	18.6081
14	0.000	0.000	0.000	15.1314
15	0.000	1.000	−1.000	26.7192
16	1.000	1.000	0.000	23.149
17	0.000	0.000	0.000	15.0004

响应面回归模型方差分析见附表 12 和附表 13。结果表明，响应面回归模型的 $P<$ 0.0001，达到高度显著水平，模型决定系数 $R^2=0.9999$，修正相关系数平方和为 0.9997，说明该模型能够反映 99.99% 的响应值变化。通过使用诊断工具，分析残差和库克距离对每个实验点的影响，结果在正常范围，说明该模型能提供稳定的研究范围。本模型的噪声比为 221.541，大于期望值，说明此模型在回归空间内拟合度较好，可用此模型分析和预测真空油炸紫薯片的脂肪质量分数。回归模型各项方差检验表明，一次项 X_1，X_2，X_3 影响极显著，且由一次项的回归系数绝对值大小可知，3 个因素对响应值的影响排序为油炸时间→油炸温度→离心转速。

附表 12　回归方程可信度分析

项目	平均值	标准差	R^2	R^2_{Adj}	变异系数	噪声比
数值	18.45	0.060	0.9999	0.9997	0.33	221.541

附表 13　响应面回归模型方差分析表

方差来源	平方和 SS	自由度	均方 MS	F 值	P 值	显著性
模型	182.93	12	15.24	4213.04	<0.0001	＊＊
A	21.54	1	21.54	5954.35	<0.0001	＊＊
B	31.99	1	31.99	8839.90	<0.0001	＊＊
C	16.28	1	16.28	4498.52	<0.0001	＊＊
A^2	11.56	1	11.56	3194.94	<0.0001	＊＊
B^2	53.50	1	53.50	14785.98	<0.0001	＊＊

续　表

方差来源	平方和 SS	自由度	均方 MS	F 值	P 值	显著性
C^2	16.43	1	16.43	4540.20	< 0.0001	＊＊
AB	0.64	1	0.64	177.70	0.0002	＊
AC	0.20	1	0.20	54.27	0.0018	＊
BC	6.44	1	6.44	1779.10	< 0.0001	＊＊
A^2B	1.84	1	1.84	507.57	< 0.0001	＊＊
A^2C	4.82	1	4.82	1331.43	< 0.0001	＊＊
AB^2	5.98	1	5.98	1653.43	< 0.0001	＊＊
纯误差	0.014	4	3.618E−0.03			
总和	182.95	16				

注：＊表示显著($P<0.05$)；＊＊表示极显著($P<0.01$)。

2.因素交互作用分析：附图 26a 为油炸温度与油炸时间交互作用的响应面和等高线图。经计算，二者的最优值分别为油炸温度 87.7 ℃，油炸时间 11.8 min。当油炸温度不变时，脂肪质量分数随着油炸时间的增加先降后升；当油炸时间 11.8 min 时，脂肪质量分数达到最低值，且下降速率比上升速率快。当油炸时间不变时，脂肪质量分数随着油炸温度的上升先减小后增加，当油炸温度 87.7 ℃时，脂肪质量分数达到极小值，且减小速率比增加速率快。响应值对油炸时间的变化更敏感，二者交互作用显著。

附图 26b 为油炸温度与离心转速交互作用的响应面和等高线图。经计算，二者的最优值分别为油炸温度 87.7 ℃，离心转速 369.18 r/min。当油炸温度不变时，脂肪质量分数随着离心转速的增加先上升；当离心转速超过 369.18 r/min 时，脂肪质量分数达到极小值，且下降速率比上升速率快。当离心转速不变时，脂肪质量分数随着油炸温度的增加先降后升。当油炸温度 87.7 ℃时，脂肪质量分数达到极小值，且下降速率比上升速率慢，二者的交互作用为显著。

附图 26c 为油炸时间与离心转速交互作用的响应面和等高线图。经计算，二者的最优值分别油炸时间 11.8 min 与离心转速 369.18 r/min。当油炸时间一定时，脂肪质量分数随着离心转速的增大先降后升，离心转速为 369.18 r/min 时，脂肪质量分数达到极小值，且下降速率比上升速率慢。当离心转速不变时，脂肪质量分数随着油炸时间的增加先降后升。当油炸时间为 11.8 min 时，脂肪质量分数达到极小值，下降速率比上升速率快。响应值对油炸时间的变化更敏感，油炸时间与离心转速的交互作用极显著。

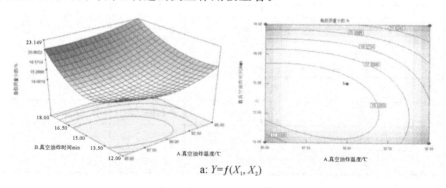

a: $Y = f(X_1, X_2)$

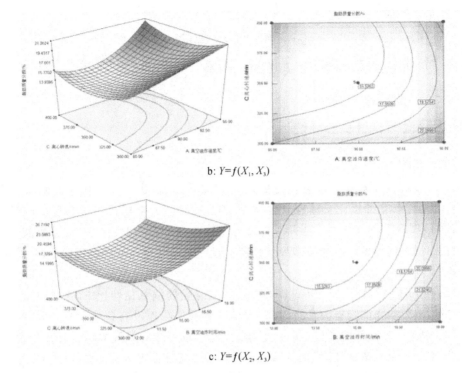

b: $Y=f(X_1, X_3)$

c: $Y=f(X_2, X_3)$

附图 26　真空油炸马铃薯脆片脂肪含量的响应面图和等高线图

　　根据上述响应面回归模型,由软件分析得到能够降低紫薯片油脂含量的加工方法,即油炸温度 87.7 ℃、油炸时间 11.8 min、离心转速 369.18 r/min。所得产品脂肪质量分数降至 13.74%。根据实际情况对上述加工方法进行验证,测得紫薯片平均脂肪质量分数为 13.92%,与预测值基本一致,说明用响应面法得到的降低紫薯片真空油炸含油量的方法回归模型可靠。

六、结论

　　采用响应面分析法对降低真空油炸紫薯片油脂含量的加工方法进行研究,结果表明,所得回归模型拟合度好,误差小,可用于分析和预测真空油炸紫薯片的脂肪质量分数,方法可靠。油炸温度、油炸时间、离心转速对真空油炸紫薯片脂肪质量分数影响极为显著。因素间的交互作用对真空油炸紫薯片脂肪质量分数影响显著,可有效降低真空油炸紫薯片油脂含量的加工方法为油炸温度 87.7 ℃、油炸时间 11.8 min、离心转速 369.18 r/min。在该条件下测得紫薯片平均脂肪质量分数为 13.92%。产品脂肪质量分数明显降低,产品品质显著提高。

附录二十二　研究型实验报告实例

——紫苏油（α-亚麻酸）软胶囊产品开发及工厂建设初步设计

一、项目建设的背景及必要性

（一）建设背景

紫苏（Perilla）系唇形科一年生草本植物，原产于喜马拉雅山及我国中南部地区。在全世界很多国家和地区都有种植。紫苏籽含油率为 30％～45％。主要是不饱和脂肪酸系列，以 α-亚麻酸含量最高，达 50％～60％左右。其余为亚油酸（12％～13％）、油酸、棕榈酸、硬脂酸等。还含 18 种氨基酸和多种对人体多种疾病有明显疗效和保健作用的物质，具有很高的营养和药用价值。

α-亚麻酸在人体内可转化成 EPA、DHA，且 α-亚麻酸的抗氧化性比 EPA、DHA 好，紫苏油为植物油脂，不像动物油脂有大量胆固醇；它具有清香气味而没有鱼油腥味。因此，医学界认为紫苏油制剂是鱼油制剂的换代产品。近年来，由于 α-亚麻酸的保健功能日益为世界各国所重视，紫苏油也身价上扬。韩国年消耗紫苏油约 1000 t，日本则主要以紫苏油为富含 α-亚麻酸的来源制作各类保健品。

国外流行软胶囊保健食品大约有 2000 多个品种，国际上对软胶囊的开发和研究也非常重视。我国对软胶囊制剂的生产和开发也比较重视，取得了较大的进展，生产范围亦从单纯西药制剂向中成药制剂发展，生产规模也逐步扩大。因此，软胶囊制剂的发展呈现良好的市场前景。

本项目以紫苏籽为原料，将紫苏籽烘干、精选、分级，将优质的紫苏籽脱壳后进行皮仁分离，然后通过低温螺旋榨油机对紫苏籽仁进行低温压榨产油。将优质紫苏油加工成软胶囊高档保健品，有效保护了紫苏油的天然活性成分，提高了产品的附加值。脱皮低温压榨紫苏油色泽浅，未与有机溶剂接触、富含 α-亚麻酸。提取后的渣料中富含蛋白质，可作为高蛋白饲料粕。此项目的实施，实现了紫苏籽资源的综合高效利用，可以促进并带动地区相关产业的发展，增加就业机会，提高农民收入，为相关产业和行业的可持续发展提供了一条崭新的途径。同时加工后的产品更利于人们的消化吸收，产品在市场销售，必将产生良好的经济效益与社会效益。

（二）建设必要性

1. 紫苏籽资源丰富。中国是农业大国，农副产品、土特产资源十分丰富。紫苏在我国分布较广，北纬 42 度以南的广大地区都有零星分布，但多为野生，大面积种植较少，湖北已有大面积栽培，上海、浙江、安徽等地近年来比较重视紫苏的试种工作，具有广阔的开发前景。紫苏油被称为油中之王，紫苏是卫生部首批颁布的既是食品又是药品的 60 种药食两用物品之一。紫苏作为油源之一，在我国的西南、西北、华北、东北大量种植，资源遍及全国 20 多个省区。

2. 紫苏油具有很高的生理活性。紫苏油的主要成分 α-亚麻酸是 ω-3 系列高度不饱和脂肪酸的母体，是补充人体缺乏 ω-3 系列不饱和脂肪酸最理想的资源。1990 年世界卫生组织和联合国粮农组织召开的"ω-3 系列脂肪酸与健康的国际讨论会"慎重声明：鉴于已有明确证据表明，ω-3 系列油在人体发育和健康中不可缺少、人体不能自然合成。人体若缺乏 α-亚麻酸会造成脑、视神经系统功能障碍，脂肪代谢紊乱，免疫力下降，缩短寿命。

紫苏油具有如下保健功效：

(1)优生优育。紫苏油含有大量人体所需 DHA，如果孕妇缺少 DHA，胎儿脑细胞数必然不足，严重时会引起弱智或流产。孕妇在妊娠时长期补充紫苏油，通过母体将 DHA 输送到胎儿大脑，对胎儿大脑的初期发育起到良好作用，并可增加产后乳汁分泌，提高乳汁质量。

(2)益智健脑。α-亚麻酸所合成的 DHA 是大脑的重要物质，它能促进核酸新蛋白质形成，对脑神经元和神经胶质细胞及神经传导突触的形成、生长、增殖、分化、成熟有显著的作用，从而增强大脑神经膜、突触前后膜的通透性强，使神经信息传递通路畅通，提高神经反射能力，使人的语言思维能力、反应能力得以提高，这对于老年人防止大脑衰老是十分有益的。摄入足量的紫苏油，大脑中有足够的 DHA，能显著促进儿童智力发育，有效地提高学生的学习成绩。

(3)减肥健美。紫苏油是纯天然植物性减肥食品，不需节食且不会引起腹泻，可以阻断人体脂肪合成，防止和消除脂肪囤积。紫苏油不含任何激素与兴奋剂，对人体无任何副作用，停食后，也不会出现反弹现象。长期食用能很好地调节人体机能，达到减肥健美之目的。

(4)降低血脂。紫苏油含 α-亚麻酸，在体内吸收转变为 DHA 和 EPA，是神奇的血管清道夫，大大降低血中的脂肪，查拉(Zhara)等人研究证明，紫苏油可以控制人体内血小板凝聚，降低血液中的中性脂质，清除胆固醇，防止血栓形成，减少心血管疾病的发生。

(5)延年益寿。据文献报道，随着年龄的增加，MDA 含量增高，而 SOD 活力下降。美国专家华达巴博(Watababe)试验发现，摄取紫苏油可明显提高红细胞中超氧化歧化酶(SOD)的活力，对延缓机体衰老、防治老年痴呆症有明显作用。老年人摄入充足的 DHA 后，已萎缩的脑细胞会再度生长延长，代替已死亡的脑细胞，能正常有效地提高记忆力和思维能力，大大延缓大脑衰老、防治老年痴呆症的发生。长期服用紫苏油，不仅对高血压、高血脂、冠心病、糖尿病等有明显疗效，而且有阻止前列腺合成、平衡脂肪酸代谢作用，有利于身体健康、延年益寿。

(6)抗过敏症。α-亚麻酸是重要的不饱和必需脂肪酸，它可减轻机体组织对炎症的反应。因此摄取较多 EPA 与 DHA 能使机体减轻炎症发生，并使微血管扩张，降低过敏现象发生。荷利(Horri)及日本名古屋市立大学奥山教授等的研究证明，给小白鼠喂养紫苏油可以使引起过敏的物质白三烯及中间体血小板凝集活化因子(PAF)的产生量明显减少从而抑制过敏性反应，达到健美皮肤的功效。

(7)提高视力。在视网膜脂质中 DHA 含量高达 $50\% \sim 60\%$。因此，如果能补充足够 DHA，对活化衰弱的视网膜细胞，强化视力有很好的帮助。紫苏油对防治青少年近视、泪腺分泌异常、用眼过度引起的疲倦、老年性老花眼、视力模糊、白内障以及糖尿病晚期出现的眼部并发症等都有显著的效果。

(8)防癌抗癌。当紫苏油的摄取量占全天脂肪摄取量的 25% 时，可降低患结肠癌的风险。在日本针对大肠癌做对比试验，证实紫苏油有抑制大肠癌作用。紫苏油能明显抑制化学致癌剂 DMBA 所致乳腺癌的发病率，还可降低结肠网膜鸟氨酸脱羧酶的活性，从而抑制结肠癌的发生。二十碳五烯酸(EPA)能控制癌症患者的消瘦，还能使肿瘤缩小。此外，紫苏油还有抑制大肠菌的作用。

(9)防腐保鲜。紫苏是一种天然的食品防腐剂,紫苏油中含有紫苏醛,具有抗菌防腐保鲜作用,是新开发的植物天然保鲜剂。据有关材料介绍,酱油中加入少量紫苏油可防腐保鲜。此外,紫苏醛味甘甜,可作甜味剂,甜度比砂糖大得多。

(10)护肤美容。纯度达90％的α-亚麻酸,供作化妆品原料。用α-亚麻酸衍生物配制成各种化妆品,可以防止皮肤干燥,粗糙以及皲裂和预防皮肤老化;由于紫苏油加热时易产生氧化作用,产生对人体有害的过氧化脂质,因此调理方面宜采用冷油方式,例如生菜沙拉的调味酱,以避免营养素的流失。

3.低温压榨技术实现了紫苏子的高效利用。脱皮低温压榨紫苏油是未与有机溶剂接触及化学剂接触的绿色天然植物油,国内外食品和制药行业有很大的市场需求;精制紫苏油,是供国内人民安全食用的高档食用植物油,将紫苏油加工成软胶囊更是顺应当今市场的需求;它可补充人体所必需的α-亚麻酸的不足。另外,我国是世界第一牲畜养殖大国,每年养殖牲畜4.5亿头,我国畜牧业饲料供应严重不足;紫苏高蛋白饲料是一种蛋白质含量高,不含硫甙、芥子碱、棉酚等抗营养物质,且氨基酸组成平衡的优良饲料,广泛用于仔牛及奶牛饲养,可缓解蛋白饲料的紧缺局面。

4.软胶囊制剂有效保护紫苏油的活性成分。软胶囊制剂多用于非水溶性、对光敏感、遇湿热不稳定、易氧化和挥发性的药物,以增强药物的稳定性。此外,还有掩盖药物不良嗅味的作用。紫苏油中主要成分α-亚麻酸,另外还富含其他多种不饱和脂肪酸。由于高度的不饱和性,在高温条件下易发生氧化反应,降低其营养价值和经济价值。制成软胶囊后,避免了与外界空气、湿热等接触,可以长时间保持稳定。

5.项目的实施是振兴地域经济和企业自身发展的需要。进入新世纪,经济全球化、新技术革命和经济结构战略性调整三大趋势日益增强,社会生产和生活方式正在发生深刻变化,可持续发展已成为世界各国的共识。随着中国经济持续、稳定快速发展,国民生活水平不断提高,在满足基本生活要求的同时,人们越来越注重饮食结构的合理与保健功效,生活的改善使营养食品消费市场出现了一些新的变化,特别是天然制品和绿色食品消费将成为人们的普遍追求。紫苏油系列产品是真正的绿色、保健食品,在国内市场一定会深受消费者的欢迎。

采用绿色无污染技术生产紫苏油软胶囊系列产品,建立现代农业加工项目,并加大技术、资金的投入,使之成为高附加值产品中的佼佼者,是今天紫苏油加工的必走之路。该项目产品的独特功效和先进的产品理念必将带来巨大的市场开发潜力和前景。因此,项目建设十分必要。

二、建设内容、生产规模及产品方案

(一)建设内容

1.紫苏籽脱壳冷榨生产线。脱壳冷榨技术生产的紫苏油品质有很大提高,明显优于传统压榨技术和溶剂提取技术;精制紫苏油是供国内人民安全食用的高档食用植物油,将紫苏油加工成软胶囊是市场发展的方向。低温压榨副产物紫苏粕蛋白质含量高,可作为高蛋白动物饲料。

2.紫苏油软胶囊生产线。以优质紫苏油为主要材料,复配生育酚等其他营养物质,作为胶囊的内容物。以明胶、甘油和水为原料制作囊材。经软胶囊机压制成丸,再经干燥、抛光等工艺制得紫苏油软胶囊产品。

3.紫苏油软胶囊产品全自动包装线。产品包装采用全自动包装设备,经自动理瓶、数粒灌装、塞干燥剂、下盖旋盖、封口、贴标以及装盒等步骤完成包装。

(二)生产规模

本项目建设是以紫苏油深加工为主要发展方向,开发紫苏油软胶囊系列保健品。根据市场需求情况、原材料供应情况、当地的建厂条件,设计产品生产线,确定建设规模为年加工紫苏籽1250吨。

(三)产品方案

根据建设规模,确定产品方案如附表14所示:

附表14　紫苏油系列产品方案

产品名称	单位	数量	备注
嘉州·孕护康	吨/年	75	
嘉州·俐之源	吨/年	75	
嘉州·伽力嘉	吨/年	75	
嘉州·善康素	吨/年	75	
嘉州·御疾康	吨/年	70	
紫苏高蛋白饲料	吨/年	750	榨油残渣

三、技术方案、设备方案和工程方案

(一)技术方案

1. 生产工艺流程图。

(1)紫苏籽低温压榨制油工艺流程:

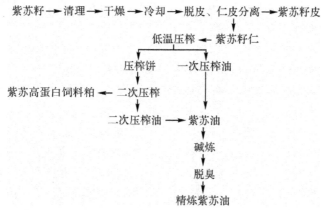

(2)软胶囊产品生产工艺流程:

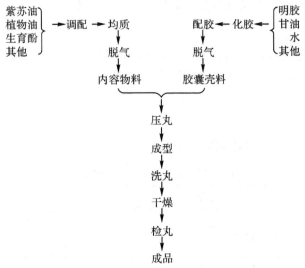

(3)产品包装工艺流程：

自动理瓶 → 数粒灌装 → 塞干燥剂 → 下盖 →旋盖 → 铝箔封口→ 贴标 → 装盒

2.技术要点。

(1)原料。

①软胶囊内容物的配方：

紫苏油：360 mg/500 mg；

生育酚：500 μg/500 mg；

植物油及其他成分：139.5 mg/500 mg。

(注：国外推荐的摄入量为成人每日摄入 α-亚麻酸：800~1000 mg 即可满足需要。紫苏油中 α-亚麻酸含量高达 40%~60%，每天摄入 2 g 精制的亚麻油，即可满足需要。

ω-3 系列脂肪酸属不饱和脂肪酸,极易氧化；在食用时应同时摄入具有抗氧化作用的维生素 E,Ve 每日的摄入量为 100~150 mg 。)

②胶囊皮的配方：

明胶：水：甘油=1：1：0.35(根据要求，可加色素)

③防腐剂：常用对羟基苯甲酸甲酯 4 份,对羟基苯甲酸丙酯 1 份的混合物,为明胶量的0.2%~0.3%。

(2)紫苏籽脱壳。采用先进紫苏籽脱皮、皮仁分离专用设备。紫苏籽脱皮设备采用了对紫苏籽的挤压、剪 切、搓撕原理；皮仁分离设备根据皮、仁容重及过筛能力不同,采用了振动筛分及风选的原理；脱皮率可达 90%~98%(水分 2%~10%),仁中含皮率减少至 1%~4%。

(3)低温压榨。紫苏籽进行脱壳后,进行低温压榨(入榨温度低 10~50 ℃),冷榨获得高质量的紫苏毛油(出油率大约 35%~40%)和副产品紫苏粕。

(4)二次低温压榨。一次压榨后干紫苏粕仍含有 10% 以上的油脂,二次压榨饼残油率可降低至 4%~8%左右。

(5)碱炼。紫苏油升温至 30 ℃,按油酸值加入一定浓度的氢氧化钠溶液,搅拌,皂化 10 min,升温,加 6% 同温度热水,搅拌,保温 1.5~2 h,放掉皂化物及水,加入油量 50% 同温度热水和 1%NaCl 搅拌,洗至水液为中性。离心,无水硫酸钠脱水。

(6)脱臭。将皂化后的紫苏油升温至 50 ℃,于搅拌下加入 1.8% 活性炭、2.2% 白陶土(预先于 160 ℃干燥 1 h),继续加热至一定温度,同时抽真空,搅拌,保温一定时间将温度降至 30 ℃,停止抽真空,放出油液,板框式压滤机压滤,得到精制苏子油。

(7)调配。按设计比例取紫苏油、维生素 A 等配料共同加热,熔化冷却后搅拌均匀。

(8)均质。使用可循环的胶体磨进行研磨,然后存入恒温储存罐。

(9)真空脱气。将调配好的物料在真空状态下脱气,排除混入的气体。

(10)调胶、脱气。将明胶、甘油、水按比例在配胶罐内混配,水浴加热,物料温度不超过 70 ℃,同时抽真空,真空度为 0.05～0.09 MPa,并同时进行搅拌,在此状态下保持 3～4 h,可直接使用或者放出明胶液至恒温储存罐内,60 ℃以上保温,备用。

(11)压丸。根据要求的形状和重量,进行压丸,刚压制出的软胶囊在温度为 15～20 ℃,相对湿度 RH 为 40%～50% 的环境下干燥 2～3 h。

(12)洗丸。将干燥成型的软胶囊用 95% 的乙醇清洗除去软胶囊外壳上的油渍。

(13)干燥。此时环境温度为 24～28 ℃,相对湿度 RH 为 30%～40% 的条件下干燥 5～6 h。

(14)选丸。软胶囊进行挑选,选出外形不美观、有气泡、有渗漏等问题的软胶囊丸,将合格的软胶囊进行包装,即为成品。

(15)自动理瓶。SLP200 型配套提升理瓶机独特的旋转分瓶和移位翻瓶机构,使理瓶的产量大大提高;设备的能耗低,噪音控制在 60 dB 以下。

(16)数粒灌装。由电子数粒灌装机完成。

(17)塞干燥剂。由机器完成,干燥剂防止瓶内物品在运输和储存过程中受潮。

(18)下盖旋盖。由高速旋盖机完成。

(19)铝箔封口。对瓶口进行铝箔封口。

(20)贴标。由全电脑控制立式圆瓶贴标机完成。

(21)装盒。由自动装盒机完成。

3. 质量标准。

(1)软胶囊产品标准。

①感官要求。感官指标应符合附表 15 的要求。

附表 15　感官要求

项　目	指　标
色　泽	棕褐色胶囊,有光泽,色泽均匀一致
滋味、气味	具有产品特有的滋味和气味,无酸败等异味
形　态	胶囊,内容物为金黄色半透明油状液体,无明显异物

②理化指标。理化指标应符合附表 16 的要求。

附表 16　理化指标

项　目	指　标
铅(以 Pb 计,mg/kg)	≤1.0
砷(以 As 计,mg/kg)	≤0.5
铬(以 Cr 计,mg/kg)	≤0.3
食品添加剂	按照 GB 2760 和 GB 14880 执行

③微生物指标。微生物指标应符合附表 17 的要求。

附表 17　微生物指标

项　　目		指　　标
菌落总数,cfu/g		≤1000
大肠菌群,MPN/100g		≤40
霉菌,cfu/g		≤25
酵母菌,cfu/g		≤25
致病菌	沙门氏菌 志贺氏菌 金黄色葡萄球菌 溶血性链球菌	不得检出

④营养成分指标。营养成分指标应符合附表 18 的要求。

附表 18　营养成分指标

项　　目	指　　标
α-亚麻酸(mg/500mg)	≥180
维生素 E(μg/500mg)	≥500

(2)紫苏高蛋白饲料。蛋白含量 25%～35%;参考相关标准。

(3)标签、标志、包装、运输、贮存。

①标签、标识。产品的标签、标识应符合 GB 7718 和 GB 13432 的规定。

②包装。产品内包装采用聚丙烯塑料瓶,内包装瓶应符合 GB 9688 要求。包装规格为 500 mg/粒×60 粒/瓶,500 mg/粒×100 粒/瓶,500 mg/粒×120 粒/瓶。本产品的外包装箱采用瓦楞纸箱。纸箱应符合 GB 6543 要求,外包装上应印有产品名称、生产企业名称、商标、营养成分、生产日期、保质期,箱内必须有产品合格证或产品质量检验证。

③运输。运输工具清洁、干燥,在运输过程中应有遮盖物,防止日晒、雨淋受潮。不得与有毒有害物质混运。

④贮存。贮存产品的仓库应保持清洁、阴凉干燥通风,严防受热或阳光暴晒。产品不得与潮湿地面接触,不得与有毒有害物质混贮。

⑤保质期。产品在本标准(3)和(4)规定的条件下,自生产之日起,保质期为 24 个月。

(二)主要设备方案

1.主要生产设备。

(1)脱壳、低温压榨制油生产线主要设备:全线价格为 14.5 万元,主要设备如附表 19 所示。

附表 19　脱壳、低温压榨制油生产线主要设备

工序	设备序号	名称	型号	数量	单价(万元)	合计(万元)	备　　注
脱壳分离	1	壳仁分离机		1台	2	2	处理量 45 t/20h
	2	配件、备品		1套			
低温榨油	3	低温榨油机	LYZX-18	1台	4.5	4.5	该型号处理量 5 t/20h,可根据需求配置其他型号。入榨温度在 50 ℃以下
	4	剩料桶		1件			
	5	配件、备品		1套			
	6	工具		1套			
精制	7	精炼设备		1套	8	8	

(2)软胶囊生产线主要设备:全线价格为 52.9 万元,主要设备如附表 20 所示。

附表 20　HSR-100 软胶囊生产线配套表

工序	设备序号	名称	型号	数量	单价(万元)	合计(万元)	备　　注
溶胶配料	1	真空搅拌罐	HSZJ-200	1台	5	12.5	水浴电加热,搅拌溶胶
	2	真空冷凝罐		1只	1.5		冷凝并贮存冷凝水
	3	水环真空泵		1只	0.5		
	4	汽水分离器		1只	0.3		
	5	真空搅拌桶	HSZJ-80	1台	2		搅拌配料,或少量溶胶
	6	不锈钢缓冲罐	30升	1只	0.2		溶胶、配料抽真空缓冲
	7	不锈钢胶体磨	TM-85	1台	1		配料或调色
	8	保温贮存桶	HSBZ-140	2只	2		
制丸	9	软胶囊主机	HSR-100	1台	20(24)	20(24)	自动控制温度,精度可达±0.1 ℃,产量每年可达 7500 万粒以上(以 8♯ OV, 250 天计)。电控有两种形式:A:普通控制,简单实用 HSR-100:20 万元 B:PLC 控制,统计方便 HSR-100B:24 万元
	10	微油展胶系统		1套			
	11	模具		1套			
	12	移动平台		1台			
	13	电控柜		1套			
	14	剩胶桶		1件			
	15	配件、备品		1套			
	16	工具		1套			
制丸辅助	17	输送机		1台	0.8	1	
	18	空压机组		1套	0.2		
制冷	19	冷风机		1台	0.8	2	
	20	冷水机		1台	1.2		
干燥	21	干燥机	HSGZ-1	1台	7	7	无油润滑,高效传动;内置接盘,方便清理。

工序	设备序号	名称	型号	数量	单价(万元)	合计(万元)	备　注
晾丸	22	干燥车盘	40盘/车	4套	1.1	4.4	晾干,可自备
检丸	23	灯检台		1台	0.4	0.4	检视胶囊,可自备
辅助 (选用)	24	离心机	SS-450	1台	1.3	1.6	回收液体,可自备
	25	物料中转桶	40桶	5套	0.06		带脚轮和盖,可自备

　　注:1.上述软胶囊机生产线需要用户提供的各种管材管件,并提供压缩空气配套。2.上述配置为普通配套,仅供参考,具体需要可根据实际情况进行调整。

　　(3)软胶囊包装线主要设备:全线价格为49.1万元,主要设备如附表21所示。

附表21　软胶囊包装线主要设备

工序	设备序号	名称	型号	数量	单价(万元)	备注
理瓶	1	理瓶机	SLP-800	1台	3.5	7200瓶/h
送料	2	送料机		1台	1.2	
装瓶	3	高速电子数片机	ITC-12	1台	8.6	
	4	塞干燥剂机	DI200	1台	5.5	
	5	高速旋盖机	GX-200	1台	5.8	自动加盖、旋盖
	6	电磁感应复合 铝箔封口机	JF-2	1台	2.5	
贴签	7	贴标机	DLTB-A	1台	4.2	可按需求定制
装盒	8	装盒机	ZH-100	1台	17.8	

　　(4)微生物分析检测仪器:全线价格为20.15万元,主要设备如附表22所示

附表22　微生物分析检测仪器

序号	设备名称	型号	单位	单价(万元)	数量	备注
1	无菌操作台	1.5X625X545	台、套	1.5	2	
2	灭菌锅	30L	台、套	0.5	1	
3	生化培养箱	150L	台、套	1.3	1	
4	双目高级生物显微镜	CX21	台、套	1.0	1	日本
5	高级偏光显微镜	LV100POL	台、套	1.5	1	
6	冰箱	−86℃	台	4.7	1	
7	电子天平	AL−204	台	0.8	1	
8	鼓风干燥箱	500 X600	台	0.5	1	
9	酸度计	PHX−3C	套	0.2	1	
10	移液器	PL1000、0.2 mL	套	0.15	5	
11	超纯水	20L/h	台	3.0	1	
12	其他常规分析仪器		台、套	5.0		

(三)工程方案

1.主要建、构筑物的建筑特征及结构方案。

本项目拟建以下土建工程:

(1)紫苏油提取车间:拟建车间建筑面积1440 m²,建筑平面54m×24m,砖混结构。

(2)软胶囊生产车间:拟建车间建筑面积2160 m²,建筑平面60m×30m,砖混结构。

(3)原料库:单层,拟建建筑面积1296 m²,建筑平面54m×24m,砖混结构。

(4)成品库:单层,拟建建筑面积1296 m²,建筑平面54m×24m,砖混结构。

(5)锅炉房:单层,砖混结构,建筑面积300 m²,坡屋面。

(6)配电室:单层,砖混结构,建筑面积108 m²,坡屋面。

2.编制主要建、构筑物工程一览表。

项目主要建构筑物工程见附表23所示:

附表23　主要建、构筑物一览表

序号	工程名称	建设性质	建筑面积(m²)	占地面积(m²)	建筑平面(m)	结构特征
1	主要生产工程					
1.1	生产车间					
1.1.1	紫苏油提取车间	新建	1440.0	1296.0	54.0×24.0	局部二层,砖混结构
1.1.2	软胶囊生产车间	新建	2160.0	1800.0	60.0×30.0	局部二层,砖混结构
2	辅助生产工程					
2.1	科研化验中心	新建				综合车间内
2.2	原料库	新建	1296.0	1296.0	54.0×24.0	单层,砖混结构
2.3	成品库	新建	1296.0	1296.0	54.0×24.0	单层,砖混结构
2.4	机修间	新建	108.0	108.0	18.0×6.0	单层,砖混结构
2.5	地磅房	新建	54.0	54.0	10.8×5.0	单层,砖混结构
3	办公生活设施					
3.1	办公楼	新建	1260.0	420.0	30.0×14.0	三层,砖混结构
3.2	职工宿舍	新建	1680.0	420.0	30.0×14.0	四层,砖混结构
3.3	职工食堂	新建	432.0	432.0	24.0×18.0	单层,砖混结构
4	动力车间					
4.1	锅炉房	新建	300.0	300.0	30.0×18.0	单层,砖混结构
4.2	配电室、	新建	108.0	108.0	6.0×18.0	单层,砖混结构
4.3	蓄水池	新建	300.0	300.0		钢筋混凝土
4.4	深井泵及水泵房	新建	36.0	36.0	6.0×6.0	单层,砖混结构
5	室外工程					
5.1	污水处理站	新建	800.0	800.0	40.0×20.0	钢筋混凝土
5.2	传达门卫	新建	24.0	24.0	4.0×6.0	单层,砖混结构

序号	工程名称	建设性质	建筑面积(m²)	占地面积(m²)	建筑平面(m)	结构特征
5.3	围墙	新建			200×266.8×2	砖混结构
5.4	堆场	新建	1800.0	1800.0	30.0×30.0×2	混凝土
	合计		13094.0	10490.0		

四、原料、辅助材料、燃料及动力

(一)主要原料、辅助材料价格

根据近几年市场情况,预计本项目主要原材料紫苏籽 1 万元/吨、甘油 0.9 万元/吨、明胶 4.8 万元/吨。

(二)主要原料、辅助材料、燃料及动力年消耗量

主要原材料、辅助材料、燃料动力年消耗量如附表 24 所示。

附表 24　主要原材料、燃料动力需用量估算表

序号	名称	单位	数量	备注
1	紫苏子	吨/年	1250	干品
2	辅料 1	吨/年	30	软胶囊用
3	辅料 2	吨/年	60	软胶囊用
4	包装瓶(50 g/瓶)	万个/年	750	软胶囊用
5	包装盒(1 瓶/盒)	万个/年	750	软胶囊用
6	包装箱	万个/年	7.5	软胶囊用
7	水	吨/年		
8	电	kW/年		
9	气	吨/年		

五、项目总体布置

全厂按功能分为生活区、办公区、生产区、动力区四部分。主要原则和依据是生产工艺流程的顺序和当地主导风向的影响。

(一)总平面布置原则

生产区设在厂区的西南部,办公设在厂区的西北部,生活区设在厂区的东北部,均处于上风方位。

动力区包括水、电、汽,设在厂区的东部,靠近生产车间,处于下风方位,这样既便于向生产区输送水、电、汽等动力资源,也有利于工厂合理布局。

(二)生产区

本项目生产车间均为轻钢结构,建筑物耐火等级为二级,生产类别为甲类。为满足生产卫生洁净度的要求,内墙面、棚面、地面的表面要保证其平整、光滑、不起灰、避免眩光。阴阳角均

做成园角,对有腐蚀及潮湿房间的地面、墙面、棚面做防腐蚀、防潮、防水处理。

洁净区内的隔断本身及其与墙面、棚面、地面交接处要保证良好的气密性。

(三)公用设施区

1.锅炉房。锅炉房建筑物耐火等级为二级,生产类别为丁类,普通装修,安全等级为二级。框架结构。室外装修贴白色瓷砖,室内刮大白,地面为水泥砂浆地面,屋面采用阻燃聚苯板保温,APP卷材防水,有组织排水。立面设计与其他建筑物风格协调统一。锅炉房建筑面积为540平方米。

2.变电所。变电所采用毛石基础,砖混结构,地面为水泥砂浆地面,屋面采用阻燃聚苯板保温,APP卷材防水,有组织排水。立面设计与其他建筑物风格协调统一

(四)厂区绿化

生产区与动力区之间、各建筑单体四周均设绿化带,有利于改善工作人员及工人的操作、生活环境,从而也有利于产品质量的提高。

(五)工程建设总平面主要设计指标

详见附表27。

附表27　总平面布置主要技术指标

序号	指标名称	单位	数量	备注
1	全厂占地面积	m²	40020	折60亩
2	建(构)筑物占地面积	m²	10490	
3	厂区道路占地面积	m²	3000	
4	渣、原材料堆场	m²	1800	
5	厂区建筑系数	%	25.91	
6	土地利用系数	%	65.41	
7	厂区绿化系数	%	30.00	

注:1亩=667 m²

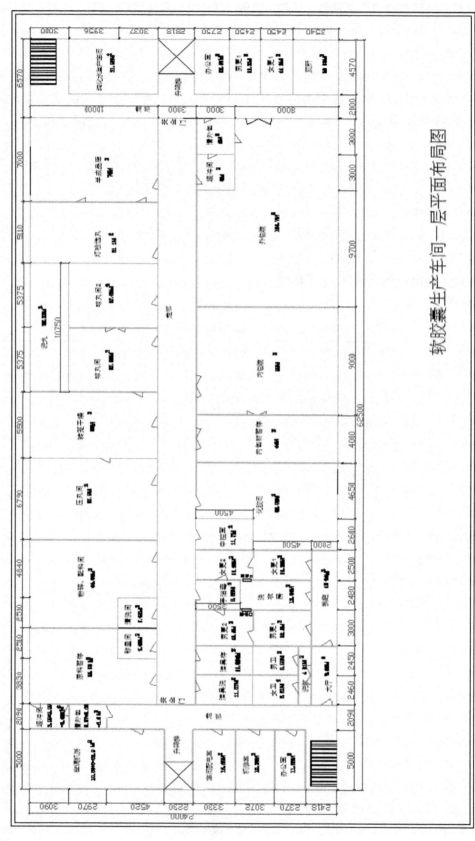

附图 26 软胶囊生产车间平面图